सकाळ प्रकाशन

नर–मादी ते स्त्री–पुरुष

प्रा. डॉ. मिलिंद वाटवे

(M.Sc., University of Pune, Ph.D., Indian Institute of Science, Bangalore)

विज्ञानशिक्षक, संशोधक आणि विज्ञान लेखक म्हणून चाळीस वर्षांहून अधिक काळ कार्यरत. प्राथमिक शाळेपासून, Ph.D. आणि Post Doctoral पर्यंतच्या विद्यार्थ्यांना शिकवण्याचा आणि मार्गदर्शन करण्याचा अनुभव. आबासाहेब गरवारे महाविद्यालय, इंडियन इन्स्टिटट्यूट ऑफ सायन्स, बंगळुरु, आणि इंडियन इन्स्टिटट्यूट ऑफ सायन्स एज्युकेशन ॲण्ड रिसर्च (आयसर), पुणे या संस्थांमध्ये शिक्षण, संशोधन आणि विज्ञानप्रसाराचे काम. गेली काही वर्षे स्वतंत्र संशोधक म्हणून आदिवासी, शेतकरी, विद्यार्थी आणि इतर सामान्य लोकांना बरोबर घेऊन संशोधनाचे काम. विज्ञानलेखन, विज्ञानकथा, ललितलेखन, अनुभवलेखन याबरोबरच मराठी आणि उर्दू कवितासंग्रह आणि संगीतरचना प्रसिद्ध.

नर-मादी ते स्त्री-पुरुष

डॉ. मिलिंद वाटवे

Nar-Maadi Te Stree-Purush
© Dr. Milind Watve, 2022

नर-मादी ते स्त्री-पुरुष
© डॉ. मिलिंद वाटवे, २०२२

प्रथम आवृत्ती	:	जुलै २०२२
मुखपृष्ठ	:	संदीप देशपांडे
मुद्रितशोधन व मांडणी	:	अश्विनी महाजन
प्रकाशक	:	सकाळ मीडिया प्रा. लि.
		५९५, बुधवार पेठ, पुणे ४११ ००२
मुद्रणस्थळ	:	
ISBN	:	978-81-953649-8-5
संपर्क	:	०२०-२४४० ५६७८ / ८८८८८ ४९०५०
		sakalprakashan@esakal.com

मूळ मातीत असतं

मूळ हा झाडाचा सर्वांत आवश्यक अवयव खरं तर! पण तो पाहणाऱ्याला दिसत नाही. खोड, फांद्या, पानं, फुलं, फळं हे सगळं दिसतं. मूळ आहे म्हणूनच हे सगळं असतं. पण मूळ जाणायला वरवरच्या दृष्टीपलीकडे जाऊन काहीतरी करावं लागतं. माणूस, त्याचा समाज, कुटुंब, पालकत्व, अर्थकारण, राजकारण याची मुळं अशीच न दिसणारी खोल असतात. सहज दिसेल तेवढंच पाहून त्याचा थांग लागण्याची शक्यता नाही. आपल्याला जे दिसतं त्याची न दिसणारी कारणं शोधणं हे फार मोठं आव्हान आहे. माणसाच्या वागण्यामागची मूळ कारणं प्रत्यक्ष-अप्रत्यक्षपणे उत्क्रांतीमध्ये कुठेतरी दडलेली आहेत आणि उत्क्रांतीच्या प्रक्रिया खूप सूक्ष्म आहेत. उत्क्रांतीची तत्त्वं फक्त शारीरिक घडणीला लागू नसून माणसाच्या मानसिक-सामाजिक घडणीलाही लागू आहेत.

नुसती जीवघेणी स्पर्धा म्हणजे उत्क्रांती नव्हे. ज्या उत्क्रांतीमधून स्वार्थ, स्पर्धा, हिंसा, क्रूरता आली त्याच उत्क्रांतीमधून प्रेग, वात्सल्य, मैत्री, गाती, निष्ठा, आपलेपणा, एकोपा आला. एवढंच नव्हे, तर स्वार्थत्यागही आला. आणि या सगळ्या गोष्टी एकमेकांत मिसळूनच आल्या. आपल्याच वागण्याची मुळं शोधायची तर उत्क्रांतीच्या सूक्ष्म तत्त्वांत शिरणं अपरिहार्य आहे.

एकीकडे स्वतःच्या भावना सगळ्यांसारख्याच जपत जाऊन, त्याच वेळी दुसरीकडे त्याची मुळं शोधणारा अभ्यासक या भावनेने मी हे लिहीत आहे. त्यात विज्ञान आहे, अर्थशास्त्र आहे, समाजशास्त्र आहे, राजकारण आहे, इतिहास आहे, मानसशास्त्र तर आहेच आहे. कुणी एक माणूस या सगळ्या विषयांतील तज्ज्ञ नसतो. अर्थातच, मी नाही. पण तज्ज्ञ नसण्याचे अनेक फायदे असतात. आपल्याला या विषयातलं काही कळत नाही असं मानणारा माणूस जास्ती मूलभूत प्रश्न विचारतो.

कदाचित ते प्रश्न त्या विषयात अनेक वर्षं काढलेल्या व्यक्तींनी विचारलेले नसतातही! प्रश्न नवीन असतील तर त्यानंतरचा शोधही नवीन असतो. नवीन दृष्टिकोनातून काही नव्या गोष्टी नक्कीच दिसतात. मला सगळं समजल्याचा दावा मी करू शकत नसलो तरी काही नव्या शक्यता, नवे दृष्टिकोन आणि नवीन वास्तवही उजेडात आणल्याचा दावा नक्कीच करू शकतो.

या विषयावर इंग्लिशमध्ये खूप लिहिलं गेलं आहे. मीही लिहिलं आहे. काही इंग्लिश पुस्तकांची उत्तम दर्जाची मराठी भाषांतरं झालीही आहेत. तरीसुद्धा या विषयावर मराठीत खूप कमी लिहिलं गेलं आहे. पण इंग्लिशमधलं ज्ञान मराठीत आणणं हा माझा मूळ हेतू नव्हता आणि नाही. मला जे समजलं आहे असं वाटतं ते मला मोकळेपणाने मांडायचं होतं आणि मला स्वतःला मराठीत अधिक चांगलं व्यक्त होता येतं. त्यामुळे या पुस्तकातला काही भाग, काही विचार अद्याप इंग्लिशमध्येही लिहिला गेलेला नसावा, असं मला वाटतं.

विषय खूप संवेदनशील आहे आणि उद्या त्यातल्या कशानेतरी, बहुतेक करून नीट न वाचताच, भावना दुखावून घेऊन कुणी विरोध केल्यास ती पचवण्याची भूमिका मी घेतली आहे. परंतु तो विरोध वैचारिक असावा, कारण या आधी मी याच विषयावरची लेखमाला *मिळून साऱ्याजणी* मासिकातून अनेक लेखांच्या स्वरूपात लिहिली होती. त्यातल्या काही गोष्टी वरवर पाहता तरी प्रचलित, पुरोगामी, स्त्रीवादी तत्त्वांच्या विरुद्ध जात आहेत असं कुणाला वाटू शकलं असतं.

पण, विद्याताई बाळ, ज्यांनी माझ्या आईची मैत्रीण असल्याच्या नात्यानं मला शाळेत असल्यापासून पाहिलं होतं, त्यांनी तरी स्पष्टपणे मला जसं वाटतं तसं लिहायला उत्तेजनच दिलं. मग गीतालीताई आणि *मिळून साऱ्याजणी*च्या साऱ्या जणी यांच्यामुळे ही लेखमाला पूर्ण झाली. त्यात माझा लिहिण्याचा आळस मधे येऊ न देण्यात प्रीती ओसवाल या माझ्याच माजी विद्यार्थिनीची खूप मदत झाली. लिहीत असताना या विषयावर अनेक स्त्री-पुरुषांशी चर्चा झाल्या, वादविवाद झाले.

मला नेहमी एक शंका वाटत राहिली होती. जीवशास्त्र आणि उत्क्रांतीची तत्त्वं मी अभ्यासली आहेत, त्यात काही संशोधनही केलं आहे; हा एक भाग झाला. दुसरीकडे माणूस म्हणून माझे अनुभवही आहेत. या दोन्हींच्या संगमातूनच चांगलं लिहिलं जाईल ही गोष्ट खरी; पण अनुभवांच्या बाबतीत एकांगीपणा राहणार. माझ्याकडे पुरुषाचे अनुभव आहेत. स्त्रीचे कुठे आहेत? ही उणीव अंशतः तरी भरून काढण्यात या चर्चांचा बराच उपयोग झाला. वेगवेगळ्या वयाच्या अनेक स्त्रियांनी

कधी कुठे न बोलले जाणारे विषयही मोकळेपणाने बोलून माझ्या अनुभवातली उणीव अंशतः तरी भरून काढली. त्या सगळ्यांची नावं याच कारणासाठी लिहीत नाही.

खरं तर स्त्री-पुरुष संबंधांच्या कुठल्याही पैलूबद्दल बोलणं अशिष्ट मानलं जावं असं काही कारणच नाही. मूळ भारतीय परंपरेमध्ये हा विषय त्याज्य मानलेला नाही. *कामसूत्र*सारखा ग्रंथ किंवा अनेक मंदिरांवर असलेली – आपण आज ज्याला अश्लील समजू अशी – प्रणयशिल्पं हेच दाखवतात, की हा विषय उघडपणे मांडावा अशीच परंपरा होती. आयुष्याच्या इतर अनेक पैलूंसारखाच हा एक. आज तर त्यात विज्ञानाने अनेक गोष्टींचं खोलवरचं ज्ञान समोर आणलं आहे. तेव्हा मध्ययुगीन अनावश्यक बंधनं सोडून आपण या विषयामागचं वास्तव समजून घेण्याचा प्रयत्न करावा हेच योग्य. खोट्याच्या किंवा लपवाछपवीच्या आधारावर नीतिमत्ता उभी करता येत नाही. सत्याला उघडपणे सामोरं जाणं हाच नीतिमत्तेचा पाया असला पाहिजे. मग जे वास्तव आहे, जे उत्क्रांतीनं माणसाला दिलेलं आहे त्याला आपण काही वळण देऊ या का, अधिक स्थिर आणि न्याय्य समाजासाठी त्याचा कसा उपयोग करून घेता येईल असा विचार करता येईल. परंतु वास्तव नाकारल्यानं ते होणार नाही; तर वास्तव समजून घेतल्यानं होईल. आपल्या कल्पना बदलायला थोडा वेळ लागेल हे खरं; पण नवीन पिढीमध्ये हा बदल दिसायला सुरुवात झालीच आहे, त्या बदलाला समजून घ्यावं आणि त्याचं स्वागत करावं.

समाजाच्या विचारांमध्ये बदल होणं ही खूप गुंतागुंतीची प्रक्रिया आहे. एका पुस्तकानं एकदम मोठा फरक पडेल अशी अपेक्षा नाही. मला जसं चित्र दिसतं तसंच सगळ्यांना दिसेल अशीही अपेक्षा नाही. मतभेद तर राहतीलच; पण बदल त्यातूनच होतात. आणि बदलाची दिशा एक माणूस, एखादा विचार, एक पुस्तक ठरवत नाहीत; तर इतिहास घडवणारे, एकात एक गुंतलेले अनेक प्रवाह ठरवतात. यातला एक छोटा प्रवाह व्हावं आणि किमान काही लोकांच्या विचाराला चालना मिळावी, एवढीच माझी माझ्या या पुस्तकाकडून अपेक्षा आहे.

डॉ. मिलिंद वाटवे

अनुक्रमणिका

१.

प्राण्यांमधला माणूस आणि माणसातला प्राणी

ती धडपड करते आहे. परंतु त्याची पकड आणखी घट्ट होत जाते. त्याला दूर लोटण्याचा, त्याच्या पकडीतून सुटण्याचा ती जिवापाड प्रयत्न करते. तोही सर्व ताकदीनिशी आपली पकड कायम ठेवतो. अखेर तिच्या विरोधाची धार हळूहळू कमी होत जाते...

उपरोल्लेखित 'तो' आणि 'ती' आहेत, बेडकांच्या एका जातीतले. या बेडकांची रीतच अशी...मादी अंडी घालेपर्यंत नर तिला चिकटून राहतो. कधी-कधी एका मादीला दोन-तीन नर झोंबून राहिलेले असतात. मादी जेव्हा अंडी घालते, तेव्हा हे नर त्यांवर शुक्रजंतू सोडतात. बेडकांमध्ये अंड्यांचं फलन शरीराच्या बाहेर होतं. अंडी फलित झाली की नरांचं काम झालं. ते त्या मादीला सोडून जातात. मादीला घट्ट पकडून ठेवू शकणारे नर हेच पिल्लांचे बाप होऊ शकतात. नराला पाठीवरून ढकलून देणं हा चांगला नर निवडण्याचा मादीचा मार्ग असतो. या प्राण्यांची रीतच अशी...

बेडकांमध्ये नर हे मादीपेक्षा लहान असतात. 'गॅमॅरस' नावाचा पाणपिसूच्या जातीचा एक प्राणी आहे. त्यांच्यात नर हा मादीपेक्षा मोठा असतो. मादी सापडली की नर तिला धरूनच ठेवतो. अंडी घालण्याच्या वेळेपर्यंत तिच्यावर तो पूर्ण कब्जा करतो. अंडी घालून झाली की तो त्या मादीला सोडून देतो आणि दुसऱ्या मादीचा शोध करतो.

डासांच्या काही जातींमध्येही नराने मादीवर कब्जा करण्याचा प्रकार दिसतो. डासांच्या वाढीच्या चार अवस्था असतात. त्यांपैकी अंडी, अळी, कोश या अवस्था पाण्यात असतात आणि शेवटच्या प्रौढ अवस्थेत प्राण्यांना पंख असतात.

काही जातींमध्ये प्रौढ नर संध्याकाळी, म्हणजेच कोश फुटून प्राणी बाहेर पडण्याच्या वेळी, पाण्याच्या पृष्ठभागावरच घुटमळत राहतात. एखादी मादी बाहेर पडू लागली की ती पूर्णपणे बाहेर येऊन उडू लागण्यापूर्वींच तिच्याशी जुगतात. काही वेळा तर या नर-डासांना इतकी घाई झालेली असते, की बाहेर आलेला प्राणी नर आहे की मादी हे न पाहताच ते त्याच्याशी झोंबू लागतात. या उदाहरणांमध्ये नराची निवड करण्याचं स्वातंत्र्य माद्यांना अर्थातच राहत नाही. मादीची इच्छा असो वा नसो, नरानं तिच्यावर कब्जा केलेला असतो. पण याच्या अगदी विरुद्ध टोकाची उदाहरणंही आहेत.

शेरटा नावाचा एक पक्षी आहे. याच्या नरांना सिंहासारखी आयाळ असते. ती रंगीबेरंगी असते. विणीच्या हंगामात काही ठरावीक जागी अनेक नर एकत्र येऊन नाच करतात, आपला पिसारा फुलवून दाखवतात. माद्या येऊन 'विंडो शॉपिंग' करतात. जो नर सर्वांत जास्त आवडेल, त्याच्याशी जुगतात आणि निघून जातात. आकर्षक नरांना डझनानं प्रेमिका मिळतात. दुर्दैवी किंवा खुडुक पिसाऱ्याचे नर उपाशी राहतात.

पक्ष्यांच्या अनेक जातींमध्ये अशी व्यवस्था असते. सगळ्यांमध्ये इतकं उघडउघड 'विंडो शॉपिंग' असेलच असं नाही. परंतु माद्यांना नर निवडण्याचं कमीअधिक स्वातंत्र्य असतं. अशा वेळी माद्यांनी आपलीच निवड करावी यासाठी नरांना आकर्षक पिसारे असतात, वेधून घेणारे रंग असतात. या संदर्भातलं मोर हे आपल्या परिचयामधलं सर्वोत्तम उदाहरण. तसं पाहता, सस्तन प्राण्यांमध्ये रंगाचा वापर कमी; पण आयाळ, सुळे, शिंगं यांसारखं काहीतरी असतं. नराच्या यांपैकी कुठल्यातरी वैभवाकडे पाहून माद्या त्यांची निवड करत असल्याचे स्पष्ट पुरावे काही जातींमध्ये सापडले आहेत. इतर जातींमध्ये असंच होत असावं, हा अंदाज!

गंमत म्हणजे, ज्या जातींमध्ये नर खूप आकर्षक असतो, त्या जातींमध्ये माद्या बहुधा अगदीच अनाकर्षक, मळकट रंगाच्या असतात. या जातींमध्ये अंडी-पिल्लांची काळजी घ्यायचं काम मुख्यतः मादीकडेच असतं, हे यामागचं मुख्य कारण होय. मादी आकर्षक रंगाची असेल तर शिकारी प्राण्या-पक्ष्यांचं लक्ष वेधलं जाऊन धोकाच निर्माण व्हायचा. हा धोका टाळण्यासाठी नर रंगीत असेल तर अंडी-पिल्लांपासून लांबच राहिलेला चांगला!

साहजिकच, ज्या जातींमध्ये माद्यांना नराच्या निवडीची जास्तीत जास्त संधी असते, त्या जातींमध्ये मादीला एकटीलाच संसाराचा सगळा भार पेलावा लागतो. नर आकर्षक पाहिजे; पण त्यानं संसारात मदतही करायला पाहिजे हे पक्ष्यांमध्ये तरी अवघड दिसतं.

पण 'नर संसारात मदत करत नाही' हा प्राणिजगताचा नियम आहे, असं काही म्हणता येत नाही. कारण, याच्या उलट टोकाची उदाहरणंही बरीच आहेत. धनेश, गरुड अथवा करकोच्यांच्या सर्व जातींमध्ये पिल्लांसाठी नर-मादी दोघंही जोडीनं कष्ट घेतात.

घरकामात मदत करणारे नर

'नाराच' गरुडाच्या एका घरट्याचा मी आणि माझ्या काही तरुण मित्रांनी सलग पाच वर्षं अभ्यास केला. या जातीत अंडी उबवण्याचा काळ सव्वा महिन्याचा असतो. हा सव्वा महिना आणि पिल्लं दहा दिवसांची होईपर्यंतचा काळ मादी दिवसरात्र घरट्यातच बसून राहते. नर शिकार करून आणून तिला खाऊ घालतो. या काळात मादीनं स्वतः शिकार करण्याचा एकदाही प्रयत्न केला नाही, असं आमच्या पाहण्यात आलं. कधी-कधी संध्याकाळचा अर्धा-एक तास मादी जरा पंख मोकळे करायला बाहेर पडली, त्या वेळी नर घरट्यावर अंडी उबवत बसला. म्हणजे इथे सरळसरळ कामाची विभागणी होती. पण पिल्लं वाढवण्यात दोघांचेही सारखेच कष्ट होते. बहुतेक वेळा नर शिकार करत असला तरी मादी शिकार करतच नाही, असं नाही. पिल्लं वेगानं वाढत असतात तेव्हा त्यांची भूक जबरदस्त असते. मग एकट्या नराचे प्रयत्न अपुरे पडू शकतात, तेव्हा मादीसुद्धा नराच्या बरोबरीनं किंवा स्वतंत्रपणे शिकारीला बाहेर पडते. म्हणजे इथे कामाची वाटणी आहे; पण ती तशी लवचीक आहे.

धनेश पक्ष्यांमध्ये याच्याही पुढची पायरी दिसते. धनेशाची घरटी झाडाच्या ढोल्यांमध्ये असतात. अंडी घालायच्या वेळेस मादी घरट्यात जाऊन बसते. नर हा घरट्याच्या ढोलीचं दार मातीनं लिंपून जवळजवळ बंद करतो. केवळ चोच बाहेर काढण्यापुरतीच जागा राहते. मग अंडी उबवून, ती फुटून त्यातून बाहेर आलेली पिल्लं मोठी होईपर्यंत मादी घरट्यातच राहते. सर्वांना पुरेल एवढं अन्न गोळा करून

आणण्याचं काम नर एकटा करतो. म्हणजे सरळसरळ आणि संपूर्ण वेळ कामाची विभागणी! कदाचित, नराचे एकूण कष्ट मादीपेक्षा काकणभर जास्त असावेत.

त्याच्याही पुढची पायरी म्हणजे 'दुर्लाव' अथवा 'लाल पाणलाव' या पक्ष्यांमध्ये मादी अंडी घालून निघून जाते. अंड्यांची आणि पिल्लांची सगळी उस्तवार नर करत राहतो. दरम्यानच्या काळात जमलं तर मादी दुसरा नवरा गटवते. गंमत म्हणजे, लाल पाणलावींमध्ये नर मळक्या रंगाचे, तर मादी लाल रंगाची असते.

नर संसाराचा जास्त भार उचलतात अशी उदाहरणं काही कमी जातींमध्ये नाहीत. या जाती प्राणिजगतात वेगवेगळ्या वर्गांमध्ये दिसतात. काही कीटक, काही समुद्री प्राणी, काही बेडूक, काही पक्षी अशा नानाविध जातींमध्ये नरानं सगळा संसारभार उचलण्याची रीत आहे. याच्या अगदी उलट, सिंहांमध्ये शिकारीचं आणि बालसंगोपनाचं काम फक्त सिंहिणी करतात. सिंह ऐतखाऊ असतात.

छोट्या-मोठ्या कळपांनी राहणाऱ्या अनेक प्राण्यांमध्ये एखादा प्रबळ नर अनेक माद्यांचा जनानखाना बाळगून असतो. इथे नरा-नरांमध्ये या जनानखान्याच्या स्वामित्वासाठी स्पर्धा असते. कधी-कधी जीवघेण्या मारामाऱ्याही होतात. जन्माला येताना नर-मादी पिल्लांचं प्रमाण एकास एक असतं. परंतु वयात येणारे नर आपल्या आया-मावश्यांचा जनानखाना सोडून दुसऱ्या माद्यांच्या शोधासाठी बाहेर पडतात. यासाठी त्यांना इतर नरांशी स्पर्धा-भांडण-मारामाऱ्या कराव्या लागतात. अनेक नर मरतात आणि काही थोडे यशस्वी होतात. प्रौढ पक्ष्यांचा विचार करता, नर थोडे, माद्या जास्त असं संख्येचं प्रमाण झालेलं आढळतं. कारण बरेच नर लवकर मरतात.

याउलट, रानकुत्र्यांसारख्या काही प्राण्यांमध्ये पांडवांसारखं 'एक मादी आणि पाच नर' असंही दिसतं. वयात येणारी मादी कळप सोडून बाहेर पडते... दुसरे नर शोधत. ते मिळेपर्यंत तिला एकटीनं राहावं लागतं. हे तसं अवघड असतं. कारण अनेक माद्या मरतात. नरांमध्ये बहुतेक भाऊ-भाऊ एकत्र राहतात, एकत्र शिकार करतात. त्यांच्याबरोबर मादी एखाददुसरीच असते. तिच्याशी जुगणं वाटून घेतात. त्यावरून भांडताना दिसत नाहीत.

मागे एकदा मदुमलाईच्या जंगलात दोन भांगपाड्या माकडांना जुगताना मी पाहिलं. दोन-तीन फोटो घेतले. काही सेकंदांतच ती दोन्ही माकडं निघून गेली. नंतर फोटो पाहताना लक्षात आलं, की ते दोन्ही नरच होते. म्हणजे आपल्या भाषेत ते समलिंगी संबंध होते. पुढे वाचनात आलं, की माकडं, रानकुत्री, चित्ते अशा काही प्राण्यांमध्ये नर-नराचं असं खोटं जुगणं (pseudo-mounting) अधूनमधून दिसतं.

काही अभ्यासकांच्या मते, आपलं वर्चस्व सिद्ध करण्याचा हा मार्ग असतो. दुसऱ्या नराला काही क्षणांपुरती प्रतीकात्मक मादीची पोझ घ्यायला लावणं म्हणजे त्याच्याकडून आपलं वर्चस्व मान्य करून घेणं. प्राणी अभ्यासकांनी लावलेला अर्थ योग्य असेल तर या जातीमध्ये 'नरपणा' हे वर्चस्वाचं प्रतीक आहे. याउलट, 'नाराच' गरुडाचा अभ्यास करताना मला असं स्पष्ट जाणवत होतं, की तो गरुड त्या गरुडिणीच्या अगदी अर्ध्या वचनात होता. कधी-कधी मारलेली शिकार ती त्याच्याकडून काढूनच घ्यायची आणि तो निमूटपणे द्यायचा.

> ही अशी सगळी वरकरणी तरी परस्परविरोधी उदाहरणं पाहिली की असा प्रश्न पडतो, की 'निसर्गात नर-मादी संबंध असे असतात', असं काही सूत्ररूपानं सांगणं शक्य आहे की नाही? हा प्रश्न अनेक दृष्टींनी महत्त्वाचा आहे. आज स्त्रीवादी चळवळ सगळ्या जगात जोर धरत आहे. याचा परिणाम म्हणून उत्क्रांतिशास्त्राच्या अभ्यासकांनीही स्त्री-पुरुष संबंधांच्या उत्क्रांतीवर आपलं लक्ष केंद्रित केलं आहे. मानवी व्यवहारात एखादा वादाचा मुद्दा उभा राहतो, तेव्हा नैसर्गिक काय आहे, आणि मानवनिर्मित, कृत्रिम अथवा लादलं गेलेलं काय आहे, या प्रश्नाला महत्त्व येतं.

मग, निसर्गनियम काय आहे, हे पाहण्यासाठी आपण प्राण्यांच्या वागणुकीकडे पाहू लागतो.

अनेक जण याच कारणानं माणसाविषयी बोलताना प्राणिजगतातली अनेक उदाहरणं घेतात, निसर्गाचे आपापल्या भूमिकेप्रमाणे अर्थ लावण्याचा प्रयत्न करतात. उदाहरणार्थ, स्त्रीवाद आणि निसर्गवाद यांचं एकत्रीकरण करणाऱ्यांनी अशी गांठणी केली आहे की, निसर्गात मूलतः एक स्त्रीतत्त्व आणि एक पुरुषतत्त्व असतं. त्यांपैकी स्त्रीतत्त्व म्हणजे निर्माण, सर्जन, जतन; आणि पुरुषतत्त्व म्हणजे शोषण, वापर, विनाश. एक कविकल्पना म्हणून या विचाराचं कौतुक करायला हरकत नाही, पण विज्ञान म्हणून त्यात काही तथ्य शोधण्यात वेळ वाया घालवण्याचं कारण नाही.

मुळात सजीवांपैकी फार कमी जातींमध्ये नर-मादी व्यवस्था आहे. त्यांपैकी माणूस एक आहे. मिथुनवीण किंवा लैंगिक पुनरुत्पत्ती नसलेल्या जीवजाती भरपूर आहेत. मिथुनवीण आहे; पण नर-मादी असा भेदच नाही, अशा जातींचीही मुळीच कमतरता नाही. म्हणजे निसर्गात मूलतः काही नर-मादीतत्त्व आहे असं दिसत नाही.

नर-मादी व्यवस्था काही जातींमध्ये, काही वर्गांमध्ये काही कारणांमुळे उत्क्रांत झाली आहे. आपण त्यांपैकी असल्याकारणानं आपल्याला त्याचं महत्त्व जास्त वाटतं इतकंच! जसं, हत्तीला सोंडेचं महत्त्व वाटत असेल आणि सोंडेशिवाय जगणं कसं शक्य आहे असं वाटत असू शकेल, अगदी तसंच. म्हणून निसर्गनियम काय आहेत हे जाणून घेऊन त्यांचा आपल्या जीवनाशी संबंध जोडायचा का आणि कसा? या प्रश्नाकडे खूप काळजीपूर्वक पाहिलं पाहिजे.

साधारणतः विचारवंतांमध्येसुद्धा एक प्रवृत्ती नेहमी दिसते, की ते निष्कर्ष आधी ठरवतात आणि मग पुराव्यांचा शोध करतात. पुरुषाचं वर्चस्व हा निसर्गनियम आहे, असं माझ्या मनानं आधीच ठरवलेलं असेल तर माझ्या म्हणण्याच्या समर्थनार्थ प्राणिजगतातली डझनावारी उदाहरणं मी देऊ शकेन. याउलट, 'निसर्गतः पुरुषापेक्षा स्त्री श्रेष्ठ' असा निष्कर्ष आधीच काढून त्याला अनुकूल उदाहरणं शोधायला बसता येईल, आणि इथेही भरपूर उदाहरणं मिळतील. म्हणून असा काही प्रयत्न करण्यापूर्वी प्राण्यांच्या वागणुकीचा अभ्यास आपल्याला आपले आजचे प्रश्न सोडवायला काही मदत करणार आहे का? असेल तर कशा प्रकारे? असं आपल्याला आधी विचारायला हवं.

प्राण्यांच्या नर-मादी संबंधांमध्ये अगणित तऱ्हा आहेत. गमतीची गोष्ट ही की, कधी नियम म्हणून असेल तर कधी अपवाद म्हणून असेल; पण या सगळ्या तऱ्हा माणसामध्येही दिसतात. जेव्हा प्राण्यांच्या आणि माणसाच्या एखाद्या वागणुकीत साम्य दिसतं तेव्हा ते योगायोगानं दिसणारं वरवरचं साम्य असतं की अधिक खोलवरचं? कधी-कधी अगदी वेगळ्या कारणांनी सारखे दिसणारे परिणाम घडू शकतात. अशा वेळी या घटनांमधलं साम्य वरवरचं असतं. जेव्हा प्राणी माणसासारखे अथवा माणूस प्राण्यासारखा वागतो असं दिसतं तेव्हा त्या वागणुकीमागच्या प्रेरणाही सारख्या असतात की वेगळ्या?

या प्रश्नाचं थेट उत्तर मिळण्याचा कोणताही मार्ग आपल्याकडे नाही. कारण एखाद्या प्राण्याला 'काय वाटतं' ते आपल्याला कळू शकत नाही, तो प्राणी कसं वागतो तेवढं फक्त दिसू शकतं. यामुळेच प्राण्यांच्या स्वभावाचा अभ्यास हा प्राण्यांच्या वागणुकीचा अभ्यास होऊन बसला.

प्राण्यांच्या स्वभावशास्त्राचे अभ्यासक राग, द्वेष, प्रेम, हेतू हे शब्द वापरणं शक्यतो टाळतात. याचा अर्थ प्राण्यांना या भावना नसतातच असं नाही. पण ज्या गोष्टी दाखवता येत नाहीत, मोजता येत नाहीत, त्याविषयी विज्ञान साधारणपणे मौन बाळगतं.

प्राण्यांच्या वागणुकीचे अर्थ

उत्क्रांतिशास्त्रातल्या सिद्धान्ताच्या प्रकाशात लावले जातात. प्राण्यांची शरीरं जशी उत्क्रांतीच्या प्रक्रियेनं घडवली, तशी त्यांची वागणूकही! आणि उत्क्रांतीचं सर्वात महत्त्वाचं तत्त्व आहे, 'जो जगायला लायक आहे, तोच जगेल. रगेल तो तगेल!' 'survival of the fittest'. मग जे अवयव विशिष्ट परिस्थितीत जगायला लायक बनवतील, ते विकसित होतील. तसंच ज्या वागणुकीनं त्या प्राण्याची जीवनक्षमता वाढेल, ती वागणूक त्या प्राणिजातीमध्ये रुजलेली दिसेल. उदाहरणार्थ, जी पक्षीण अंड्यांची आणि पिल्लांची नीट काळजी घेईल तिची जास्त पिल्लं जगतील, सुदृढ होतील; जी असं करणार नाही तिचा वंशच खुंटेल. पण ज्या जातींमध्ये मादी पिल्लांना खरंच वाचवू शकते तिथेच असं दिसेल. पिल्लं वाचणं जर आईच्या प्रयत्नांपेक्षा नशिबावर जास्त अवलंबून असेल तर घातलेल्या अंडी-पिल्लांची काळजी घेण्यात वेळ आणि शक्ती खर्च करण्यापेक्षा शक्य तितकी जास्त अंडीच घालावीत, जी जगतील ती जगतील अशा धोरणाला कदाचित जास्त यश मिळू शकेल. अशी परिस्थिती असेल तर अशा दिशेनं मादी स्वभावाची उत्क्रांती होईल.

हीच गोष्ट आपण माणसांच्या बाबतीत कशी पाहतो? आई आपल्या मुलांची काळजी का घेते? त्यांच्यासाठी खस्ता का खाते? तर, तिचं त्यांच्यावर प्रेम असतं म्हणून. हे प्रेम करताना आपला वंश वाढेल का किंवा आपल्यातली किती जनुकं पुढच्या पिढीत उतरतील, याचा हिशेब त्या आईच्या मनात नसतो. ही गोष्ट आपल्याला अनुभवानं माहिती आहे. मग ही आई आणि पिल्लांची काळजी घेणारी पक्षीण यांच्या वागणुकीमधलं साम्य हे वरवरचं आहे की खोलवरचं? माणसाच्या आणि प्राण्यांच्या वागणुकीची तुलना करणं कितपत बरोबर आहे? असा तुलनात्मक अभ्यास केल्यानं काही फायदा होईल का?

उत्क्रांतमानसशास्त्र : एक आधुनिक विज्ञानशाखा

'उत्क्रांतमानसशास्त्र' म्हणजे उत्क्रांत झालेल्या मनाचं शास्त्र. ही एक आधुनिक विज्ञानशाखा असं म्हणते की, अशा तुलनात्मक अभ्यासाचा फायदा नक्कीच होईल.

किंबहुना, प्राण्यांची वागणूक थोडीतरी समजून घेतल्याशिवाय मनुष्यस्वभावातल्या खाचाखोचा समजतील, हे संभवतच नाही. प्राण्यांच्या स्वभावाचा अभ्यास केलेले अनेक तज्ज्ञ या मताशी सहमत होतील, होतात, असं मी पाहिलं आहे. मात्र, माणसाचा अभ्यास करणारे म्हणजे मानसशास्त्र, समाजशास्त्र इत्यादींचे अभ्यासक या मताशी फारसे सहमत असत नाहीत.

मला वाटतं, याचं कारण असं असावं की, प्राण्यांच्या अभ्यासकांना आपल्या अभ्यासातून प्राण्यांची आणि आपल्या अनुभवातून माणसांची माहिती असते. त्यामुळे त्यातला समान धागा त्यांच्या पटकन ध्यानात येऊ शकतो. याउलट, जे केवळ माणसांचा अभ्यास करत असतील, त्यांचं ज्ञान एकांगी असू शकतं. प्राण्याबद्दल काही अर्धवट, वरवरची, ऐकीव माहिती असल्याचा फायद्यापेक्षा तोटाच जास्त होतो.

मात्र, एक गोष्ट आज सगळे जण मान्य करतील, की माणूस काही आकाशातून पडलेला नाही. प्राणिजगताच्याच एका शाखेतून माणसाची उत्क्रांती झाली. इतर 'एप'पेक्षा वेगळी अशी माणसाच्या पूर्वजांची शाखा किमान चाळीस लाख वर्षं जुनी आहे. उत्क्रांतीच्या ज्या नियमांनुसार आणि ज्या प्रक्रियेतून इतर प्राणी तयार झाले, त्यानुसार माणूसही घडला.

हां... आता एक गोष्ट खरी, की आजचं माणसाचं जीवन खूपच वेगळं आहे आणि आजच्या आपल्या जीवनपद्धतीला ते उत्क्रांतीचे नियम जसेच्या तसे लावून पाहणं कदाचित चूक नसेल; पण सरळ, सोपं तर नक्कीच नाही. हा गेल्या काही हजार वर्षांचा काळ उत्क्रांतीच्या हिशेबातून काही मोठे बदल व्हायला फारच अपुरा आहे. आपला भूतकाळ काही आपण पुसून टाकू शकत नाही. आपल्यात एक पाषाणयुगीन नागडा माणूस अद्याप आहे आणि तो राहणार आहे, हे विसरून आपण आपल्याकडे पाहायला गेलो, तर ती मोठी चूक ठरेल.

हा मुद्दा तत्त्वतः अनेकांना मान्य होईल. तरीसुद्धा प्राण्यांच्या वागणुकीच्या संदर्भात विचारात घेतलं जाणारं तर्कशास्त्र माणसाच्या बाबतीत विचारात घेण्यास भलेभले शास्त्रज्ञसुद्धा कचरतात. याची कारणं अनेक आहेत. एक म्हणजे, माणसाचा आणि प्राण्यांचा अभ्यास करण्याच्या आपल्या पद्धती वेगळ्या आहेत आणि त्या तशा राहणार, हे उघड आहे. पण वेगळ्या पद्धती वापरल्यामुळे चित्र वेगळं दिसू शकतं. तसंच, पद्धतींमुळे पडलेले फरक खरेच आहेत असं मानण्याचा मोह होतो. उदाहरणार्थ, प्राण्यांच्या भावभावनांचा अभ्यास करण्याच्या चांगल्या

पद्धती आपल्याकडे नाहीत; प्राण्यांच्या वागणुकीचा अभ्यास करण्याच्या फक्त आहेत. त्यामुळे प्राण्यांना समज नसते; भावभावना, हेतू नसतात, असं काही अभ्यासक मानतात. पण ही समजूत केवळ अभ्यासपद्धत वेगळी असल्यामुळेच आली असल्याचं ते विसरतात.

सरडे रंग का बदलतात?

एखाद्या वागणुकीमागची कारणं शोधायची म्हटली तर हे काम निरनिराळ्या पातळ्यांवर होऊ शकतं. उदाहरणार्थ, काही जातींचे सरडे आजूबाजूच्या परिसराप्रमाणे रंग बदलतात. 'सरड्यांनी रंग का बदलला?' असा प्रश्न विचारला, तर त्याचं –

- एक कारण असं सांगता येईल, की 'आजूबाजूची परिस्थिती बदलली म्हणून!' हे उत्तर चुकीचं आहे का? तर, नाही. ते खरंच आहे.
- दुसरं कारण असं सांगता येईल, की 'कातडीखालच्या शाईपेशी आकुंचन किंवा प्रसरण पावल्या म्हणून रंग बदलला.' हे कारणसुद्धा योग्यच आहे.
- तिसरं कारण असं सांगता येईल, की विशिष्ट परिस्थितीत विशिष्ट रंग धारण करण्याच्या गुणधर्मामुळे सरडे आपलं संरक्षण अधिक चांगल्या प्रकारे करू शकतात. त्यामुळे असा गुणधर्म असणारे सरडे असं करू न शकणाऱ्यांपेक्षा वरचढ ठरले. त्यामुळे असा गुणधर्म स्थिरावला.

यांपैकी पहिल्या दोन कारणांच्या पातळ्या तात्कालिक आहेत, म्हणजे ते निमित्त कारण आहे (proximate cause) तर तिसरं खरं मूळ कारण (ultimate cause) म्हणता येईल.

साधारणपणे प्राण्यांच्या वागणुकीचे अभ्यासक मूळ कारणाला जास्त महत्त्व देतात; तर माणसाच्या वागणुकीच्या अभ्यासात नैमित्तिक कारणांना आजवर जास्त महत्त्व दिलं गेलं आहे. वागणुकीचा अर्थ लावण्याच्या पद्धतींतले हे फरक आहेत. पण यामधून माणूस जे काही वागतो, त्याचा जन्म, विचार आणि भावना यांमधून होतो. मात्र, प्राणी जसं वागतात त्याच्यामागे हे असं काही नसतं, तर फक्त उत्क्रांतीचं स्वच्छ, शुद्ध गणित असतं. प्राण्यांच्या आणि माणसाच्या वागणुकीतला हा मुख्य फरक आहे, असा एक गैरसमज रुजला गेला आहे.

माणसाच्या स्वभावाकडे उत्क्रांतीच्या दृष्टिकोनातून न बघण्यामागे दुसरं एक कारण आहे. डार्विननंतरच्या एकोणिसाव्या शतकात आणि विसाव्या शतकाच्या पूर्वार्धात डार्विनचे सिद्धान्त अर्धेकच्चे आणि संदर्भ सोडून मानवी समाजाला

लावण्याचा प्रयत्न झाला. त्यातून 'सोशल डार्विनिझम', सुप्रजनन – 'यूजेनिक्स' यांसारखी प्रकरणं निघाली. आणि या अध्र्याकच्च्या तत्त्वज्ञानांचा वंशवादी आणि शोषणवादी लोकांनी गैरफायदा घेण्याचा प्रयत्न केला. यावर नंतरच्या काळात इतकी टीका झाली, की डार्विनवाद आणि मानवी समाज हे शब्द एकत्र आणायलासुद्धा लोक घाबरू लागले.

तिसरं कारण असं, की प्राण्यांविषयी बोलताना आपण त्रयस्थपणे विचार करू शकतो. परंतु माणसाचा संबंध आला की आपल्या भावना, आपले आदर्शवाद आणि आपल्या श्रद्धा यांसारख्या गोष्टी बहुधा आपल्या तर्कशास्त्रावर मात करतात. प्राण्यांविषयी एखादा नवा सिद्धान्त मान्य करायला आपलं काही बिघडत नाही; पण माणसाविषयी असं काही करण्यात आपल्या आयुष्यात आपण जी तत्त्वं, जी मूल्य आधारभूत मानली, त्याला धक्का लागून आपल्या पायाखालची वाळू घसरल्यासारखी वाटली तर त्यात नवल नाही.

उत्क्रांतिविज्ञान डार्विनच्या पुढे

उत्क्रांती म्हटलं की सामान्य माणसाला डार्विनच्या पलीकडे फारसं काही माहीत नसतं. पण आता उत्क्रांतिविज्ञान डार्विनच्या कितीतरी पुढे गेलं आहे. गेल्या साठ वर्षांत उत्क्रांतिशास्त्रात इतके नवनवे आणि सुंदर सिद्धान्त मांडले गेले आहेत, की त्यांनी आता या विज्ञानशाखेचा चेहरामोहराच बदलून टाकला आहे. परंतु या घडामोडी सामान्य माणसापर्यंत पोहोचलेल्या नाहीत. आपल्याकडे तर नाहीच नाहीत. मात्र, जीवशास्त्रातल्या या नवनवीन सिद्धान्तांनी जीवनाचा इतक्या बारकाईनं विचार करायला सुरुवात केली आहे, इतकी सुंदर गणितं मांडली आहेत, की त्यांच्या प्रेमातच पडावं. पण हे सिद्धान्त मांडणारे शास्त्रज्ञसुद्धा माणसाबद्दल बोलायला थोडेतरी बिचकतातच.

विल्यम हॅमिल्टन हा एक ब्रिटिश शास्त्रज्ञ. १९६४मध्ये वयाच्या अवघ्या सव्विसाव्या वर्षी त्यांनं एक छोटासा निबंध लिहिला, तो पुढल्या अनेक दशकांमधील सैद्धान्तिक घडणींना पायाभूत ठरला. माझ्या सुदैवानं, विल्यम हॅमिल्टन हा तीन वेळा भारतात आला. त्या तीनही वेळी त्याला भेटण्याचा योग आला. त्यादरम्यान

एकदा हा साधा माणूस आमच्या घरी राहून जेवूनही गेला. हॅमिल्टनशी अनेक विषयांवर चर्चा करायला मिळाली.

एकदा मी त्याला विचारलं, 'तुमच्या मते माणूस इतर प्राण्यांपेक्षा इतका वेगळा आहे का, की आपण प्राण्यांच्या वागणुकीचे अर्थ लावताना ज्या प्रकारचं तर्कशास्त्र किंवा ज्या प्रकारच्या विचारपद्धती वापरतो, त्या माणसालाही लागू करायला काही हरकत आहे?'

विल्यम हॅमिल्टन

हॅमिल्टननं थोडक्यात; पण मासलेवाईक उत्तर दिलं, 'असा विचार जरूर करा. पण त्यावर काही लिहू नका. लिहिलंत तर संकटात सापडाल.'

दुसरं म्हणजे, पाश्चिमात्य समाजाच्या पारंपरिक तत्त्वज्ञानात माणसाला फार वेगळं स्थान आहे. इतर सर्व प्राण्यांपेक्षा माणूस फार 'स्पेशल' आहे. देवानं माणसाला 'स्वतःच्या प्रतिमेत' घडवलं. याउलट, आपल्या तत्त्वज्ञानात एकच आत्मा सगळ्या योनींमध्ये फिरतो. त्यामुळे माणसाचा आणि प्राण्यांचा आत्मा काही वेगळा नसतो. आता, आज भले आपण आत्माबित्मा न मानणारे असलो, तरी या गोष्टीचा संस्कार कुठेतरी उमटलेला असतोच. त्यामुळे प्राण्यांची आणि माणसांची तुलना पाश्चिमात्य समाजाला जेवढी आक्षेपार्ह वाटते, तेवढी भारतीय समाजाला नक्कीच वाटत नाही.

तिसरं म्हणजे, हॅमिल्टनबरोबरच्या संवादाला आता तीस वर्षं होऊन गेली. इतक्या वर्षांत विज्ञानातलं चित्रही बरंच बदललं आहे. माणसाच्या स्वभावाच्या उत्क्रांतीविषयी बोलण्याला असलेला विरोध पूर्णपणे गेला नसला, तरी खूप कमी झाला आहे.

पण, अशा काही तुलनेद्वारे आपल्याला काय साधायचं आहे? आपणच आपल्याला नीट समजू शकलो पाहिजे, हे साधायचं आहे. कोणत्याही गोष्टीचा विचार करताना आपण काही गोष्टी गृहीत धरलेल्या असतात. अर्थात, असं करावंच लागतं. कारण गृहीतांशिवाय कोणतंही प्रमेय मांडताच येत नाही. पण शहाणपणाची गोष्ट ही, की शक्य असेल तेव्हा आपण ही गृहीतं तपासून पाहिली पाहिजेत. किमानपक्षी 'ही गृहीतं तपासून पाहिलीत का? ती बरोबर आहेत कशावरून?' असा कुणी प्रश्न केला तर त्यावर चिडू नये.

स्त्री-पुरुष संबंध

अनेकांच्या दृष्टीनं स्फोटक अशा 'स्त्री-पुरुष संबंध' या विषयात शिरलं तर अनेक प्रकारच्या मतांना चिकटून माणसं अनेक प्रकारची विधानं करत असतात. या प्रत्येक मतांमागे काही गृहीतं असतातच. 'बायकांना अक्कल नसते', असं एक पारंपरिक पुरुषी गृहीतक आहे. याउलट, शारीरिक बळ सोडलं तर स्त्री-पुरुषांमध्ये कोणताही फरक नाही. किंबहुना, स्त्री श्रेष्ठ आहे असा कुणाकुणाचा दृढ विश्वास असतो. र. धों. कर्वे यांनी असं लिहिलं आहे की, 'स्त्रीला आर्थिक स्वातंत्र्य असावं; पण प्रत्येक बाबतीत पुरुषांशी बरोबरी करणं हे अनैसर्गिक आहे.' या मतामागेही एक गृहीत आहे, की निसर्गतः स्त्री-पुरुषांच्या जडणघडणीत मोठे फरक आहेत.

आपण बलात्काराविषयी बोलत असू; वेश्याव्यवसायाविषयी बोलत असू; अथवा एकूण सामाजिक विषमता, न्याय-अन्याय यांविषयी बोलत असू; आपली गृहीतं तपासून पाहिली पाहिजेत. ज्या पायावर आपण आपली विधानं करतो तो कुठून आला, हे समजलं पाहिजे. निदान समजून घेण्याचा प्रयत्न केला पाहिजे. यामुळे काय होईल? एक शक्यता म्हणजे, आपला पाया अधिक बळकट होईल. तसं झालं तर?... अर्थात, आपल्याला आनंदच होईल.

दुसरी शक्यता म्हणजे, आपला पाया ढासळून पडेल आणि आपलं सगळंच तत्त्वज्ञान कोलमडून पडेल. असं काही झालं तर ते पचवायला कठीण असतं. पण स्वतःला बुद्धिवादी म्हणवणाऱ्यांनी त्याची तयारी ठेवली पाहिजे.

तिसरी अवस्था मला जास्त संभाव्य वाटते. आपल्या गृहीतांपैकी काही कदाचित हलवून बळकट होतील, काही थोडी चुकीची सिद्ध होतील, आणि काही शंकास्पद राहतील.

परिणामी, या शंका मिटवण्यासाठी पुन्हा आणखी अभ्यास, आणखी विचार, आणखी निरीक्षणं, आणखी विश्लेषण करावं लागेल. यातून काही प्रश्नांची उत्तरं मिळतील... पण काही नवे प्रश्नही उभे राहतील... नव्या प्रश्नांची उकल करण्याच्या नादात काही नव्या पद्धतीही सापडतील... असं सुरू राहील, सुरू राहिलं पाहिजे. वैज्ञानिक मनोवृत्तीचं मुख्य लक्षण हेच, की कोणतंही गृहीत, कोणताही सिद्धान्त अंतिम न मानणं, सतत प्रश्न करणं. सगळ्या प्रश्नांना तयार उत्तरं नसतात, पण ती असती तर सगळी मजाच गेली असती.

प्राण्यांमधल्या स्त्री-पुरुष संबंधांचे, हवं तर नर-मादी म्हणा, काही नमुने आपण पाहिले. या प्रत्येकाच्या जवळपास जाणारी उदाहरणं आपल्याला माणसातही

दिसतात, असंही जाणवलं. आता प्राण्यांपुरता आपल्याला आधी असा प्रश्न विचारला पाहिजे, की ही विविधता का दिसते? काही प्राणी असे वागतात, काही तसे वागतात. असं का?

काही सहसंबंध तपासणे

या विविधतेतही आपल्याला काही समान धागे, काही सहसंबंध शोधता येतात का, असंही आपण पाहू शकतो. उदाहरणार्थ, काही जातींमध्ये नर हा मादीपेक्षा मोठा आणि बलवान असतो, तर काही जातींमध्ये मादी मोठी आणि प्रबळ असते. यांपैकी कोणते प्राणी पहिल्या प्रकारचे आणि कोणते प्राणी दुसऱ्या प्रकारचे आहेत, त्याची यादी करावी लागेल. त्यानंतर पहिल्या प्रकारातल्या प्राण्यांचे इतर गुणधर्म तपासून त्याची दुसऱ्या प्रकारातल्या प्राण्यांशी तुलना करता येईल. त्यातून काही सहसंबंध सापडतील. उदाहरणार्थ, उष्ण रक्ताच्या प्राण्यांमध्ये जिथे-जिथे एक नर-एक मादी असं बरोबरीनं पिल्लांची काळजी घेतात, तिथे-तिथे नर-मादी आकारानं आणि रंगानं सारखेच दिसतात किंवा मादी नरापेक्षा मोठी असते.

याउलट, ज्या-ज्या प्राण्यांमध्ये मादीवर पिल्लांची जबाबदारी टाकून नर निघून जातो अथवा एक नर अनेक माद्या बाळगतो, त्या जातींमध्ये नर हा मादीपेक्षा अधिक मोठा किंवा अधिक आकर्षक रंगाचा असतो. असे काही सहसंबंध शोधणं ही आपली पहिली पायरी असेल. या सहसंबंधांना अर्थातच 'का' हा प्रश्न विचारता येईल. असं करत गेलं, तर प्राण्यांच्या वागणुकीतल्या अथांग विविधतेतूनही सुसंगत नियम सापडू शकतील. एक ढोबळ नियम असा सांगता येतो की, प्राणी ज्या परिस्थितीत उत्क्रांत झाला, ती परिस्थितीच त्या प्राण्याची जीवनपद्धती, शरीररचना आणि वागणूक ठरवते.

इथेच आपल्याला माणसापर्यंत येणारी तर्कशुद्ध वाट सापडते. माणूस कोणत्या परिस्थितीत उत्क्रांत झाला? आणि त्या परिस्थितीत कुठल्या प्रकारची वागणूक उत्क्रांत होणं अपेक्षित आहे? प्रत्यक्षात ती तशी असल्याचे काही प्रत्यक्ष-अप्रत्यक्ष पुरावे मिळतात का?

प्राण्यांवरून माणसांच्या वागणुकीचं मूळ शोधताना एक चूक होण्याची दाट शक्यता आहे. अनेक जण अशी मांडणी करतात, की बहुसंख्य प्राण्यांमध्ये जो दिसतो तो 'नियम', अल्पसंख्य तो 'अपवाद'; मग जो 'नियम' तो माणसाला लागू करा. पण, माणूस हा त्या नियमापैकीच आहे, अपवादापैकी नाही, हे कशावरून?

नराची आकर्षकता हा नियम

एक साधं उदाहरण घेऊ. बहुतेक प्राण्यांमध्ये आकर्षक असतो तो नर; मादी नव्हे. म्हणजे 'नराची आकर्षकता' हा नियम. यावरून असं म्हणण्याचा मोह होतो की, माणसामध्ये स्त्री-सौंदर्याला दिलं जाणारं महत्त्व अनैसर्गिक आहे. मात्र, प्राण्यांमध्येसुद्धा नर आकर्षक असतो, या नियमाला अपवाद आहेतच. नर मळकट, मादी रंगीत अशा जाती आहेत. माणूस हा त्या 'बहुसंख्य नियम'वाल्यांमध्ये बसतो, की 'अल्पसंख्य अपवाद'वाल्या जातींमध्ये, हे कसं ठरवायचं? त्यासाठी नियम का आला आणि अपवाद का निर्माण झाले ते पाहिलं पाहिजे.

मग अमुक एका परिस्थितीत आकर्षक, नटवे नर आणि तमुक परिस्थितीत नटव्या माद्या असा काही नियम सांगता येतो का, ते पाहावं लागेल. जेणेकरून माणूस यांपैकी कोणत्या परिस्थितीत उत्क्रांत झाला ते पाहिलं की स्त्री-सौंदर्याचं महत्त्व नैसर्गिक का कृत्रिम, ते सांगणं शक्य होईल. असा खोलवर, पद्धतशीर विचार न करता, घाईघाईनं काढलेली तात्पर्यं आपल्याला चुकीच्या मार्गावर नेण्याची शक्यता आहे.

प्राण्यांच्या उत्क्रांतीचे नियम माणसाला लावण्याची ही पद्धत तर्कशुद्ध असली तरी ती परिपूर्ण नाही, उत्क्रांत होत असलेल्या माणसाचा हा विचार झाला. पण ज्या परिस्थितीत माणसाची उत्क्रांती झाली, त्यापेक्षा खूपच वेगळ्या परिस्थितीत आज आपण जगतो आहोत. आपण खूप वेगळी जीवनपद्धती अंगीकारलेली आहे. यातून कोणत्या प्रकारचे बदल होणं अपेक्षित आहे? आजच्या माणसाच्या वागण्यात नागडा आदिमानव किती प्रमाणात आणि सुसंस्कृत सुटाबुटातला किती प्रमाणात दिसतो? आपल्या वागण्यात अंत:प्रेरणेचा भाग किती आणि शिकून, संस्कारांनी अथवा विचारपूर्वक आलेला किती?

या शेवटच्या पायरीवर आपल्याकडे आज तरी उत्तरापेक्षा प्रश्नच जास्त आहेत. या विषयासंदर्भात आज जगभरात वेगानं संशोधन सुरू आहे. आपल्या वागण्याचे नवे अर्थ आपल्याला लागू शकतील, अशी परिस्थिती निर्माण होते आहे. यासाठी वापरली जाणारी तर्कपद्धती कशी असते, कशी असावी, याचं एक रेखाटन केलं आहे. या पद्धतीनं विचार केला तर स्त्री-पुरुष संबंधच नव्हे; तर जीवनाच्या प्रत्येक अंगाचा एक नवा अर्थ आपल्याला उलगडत जाईल. अर्थातच, त्यासाठी आपल्याला एकेका विषयाच्या सूक्ष्म तपशिलात शिरावं लागेल.

२.

डार्विनच्या पलीकडे...

'उत्क्रांती म्हटलं की डार्विन' आणि 'डार्विन म्हटलं की उत्क्रांती', असं समीकरण जगाभरातल्या वाचकांच्या मनात पक्कं आहे. ते योग्यही आहे; पण पुरेसं मात्र निश्चित नाही. कारण एकीकडे डार्विननं इतरही महत्त्वाचं संशोधन केलं आहे आणि त्या अनुषंगाने लिहिलंही आहे; पण ते तितकं प्रसिद्धीला आलं नाही. तर दुसरीकडे, डार्विनच्या आधीही उत्क्रांतीबद्दल लिहिलं गेलं आहे आणि डार्विननंतर उत्क्रांतीचं हे विज्ञान त्याच्या खूपच पुढेही गेलं आहे. अर्थात, डार्विनचं उत्क्रांतिसिद्धान्तामधलं योगदान खूप मोठं आणि एकमेवाद्वितीय आहे, यात काही शंकाच नाही. परंतु विज्ञान डार्विनच्या पुढे गेलं, तरी समाजातील सामान्य वाचक डार्विनच्या फारसा पुढे न गेल्यामुळे एकीकडे उत्क्रांतिविचाराचं आणि दुसरीकडे वाचकांचंही नुकसान झालं आहे.

आज आपल्याला माहीत असलेली उत्क्रांती ही डार्विनला माहीत नव्हती. कारण, एकतर डार्विनच्या काळात पेशी कशी काम करते, जनुक म्हणजे काय, डीएनए म्हणजे काय, आनुवंशिकता नक्की कशी येते, यांबद्दल काहीच माहीत नव्हतं. आनुवंशिकता हा उत्क्रांतीचा पाया आहे. हा पायाच खरं तर डार्विनच्या काळात नव्हता. तो नसतानाही डार्विनचा विचार मात्र काळाच्या पुढे कसा योग्य दिशेनं चालत होता, ही गोष्ट थक्क करणारी आहे. पण त्याचबरोबर, जीवशास्त्राचे अनेक बारकावे माहीत नसल्यामुळे निर्माण झालेल्या मर्यादा खूपच बाधक होत्या.

उत्क्रांती की परमेश्वराची रचना ?

दुसरी महत्त्वाची गोष्ट म्हणजे, डार्विनचं उत्क्रांतीवरचं पहिलं पुस्तक प्रकाशित होताक्षणी ख्रिस्ती समाजाच्या धार्मिक श्रद्धांशी झालेल्या संघर्षामुळे 'उत्क्रांती की परमेश्वराची रचना' या वादावरच सगळं लक्ष केंद्रित झालं. परिणामी, उत्क्रांतीच्या प्रक्रियेमधील बारकाव्यांकडे काही दशकांपर्यंत बऱ्याच अंशी दुर्लक्ष झालं.

तिसरी गोष्ट अशी घडली की, डार्विनवादाला एक वेगळा फाटा फुटला; तो म्हणजे 'सामाजिक डार्विनवादाचा!' काही लोकांनी वंशवादाच्या समर्थनासाठी याचा उपयोग केला. त्यांच्या मते, अधिक बलवान समाजानं इतर समाजांवर अत्याचार केले, तर ते डार्विनच्या 'बळी तो पिळी' या निसर्गनियमांना धरूनच आहे. जे समाज आणि वंश आज राजकीयदृष्ट्या वरचढ दिसतात, ते जास्त श्रेष्ठ असल्यामुळेच वरचढ आहेत. त्यांना इतरांवर वर्चस्व गाजवण्याचा अधिकारच आहे.

जीवशास्त्रीय उत्क्रांतीबद्दल…

वास्तविक, अशी कुठलीही मांडणी डार्विननं स्वतः केलेली नाही. डार्विनचा विचार 'जीवशास्त्रीय उत्क्रांती'बद्दल होता. त्या काळात अनुवंशशास्त्राबद्दल स्पष्टता नव्हती, उत्क्रांतीचं एकक काय, नैसर्गिक निवड नक्की कशावर काम करते यांविषयी स्पष्टता नव्हती. त्यामुळे डार्विनवादाचे वंशशास्त्रीय अर्थ काढणं सोपं होतं. वंशवादाला विरोध करणाऱ्यांनी काही काळ डार्विनच्या सिद्धान्तांनाही विरोध केला किंवा ते माणसाला लागू होत नाहीत, अशी भूमिका घेतली.

आज ही परिस्थिती बदलली आहे. म्हणजे डार्विनचे सिद्धान्त माणसालाही लागू होतात; पण त्यातून वंशवादाचं समर्थन होत नाही, हे स्पष्ट झालं आहे. कारण मूळची डार्विनची नैसर्गिक निवडीची प्रक्रिया जनुकांवर काम करते. वंशाचं वर्चस्व जनुकांमधल्या फरकांमुळे ठरत नाही, त्यामुळे त्याला डार्विनवाद जसाच्या तसा लागू होत नाही. पण ही गोष्ट 'जनुक म्हणजे काय' हे अंशतः तरी समजल्यानंतरच स्पष्ट झाली. डार्विनच्या काळात ती स्पष्ट नव्हती. त्यामुळे डार्विनवादाचे चुकीचे अर्थ लावणे सोपे होते.

या चुकीच्या अर्थांचा परिणाम असा झाला, की समाजमनात 'डार्विन काय म्हणाला' याबद्दल चुकीची प्रतिमा निर्माण झाली. ती अजूनही पूर्णपणे पुसली गेलेली नाही. अजूनही समजांपेक्षा गैरसमजच जास्त आहेत. योग्य अर्थांपिक्षा चुकीचे अर्थच जास्त प्रचलित आहेत. म्हणूनच, माणसाच्या स्वभावाच्या आणि समाजाच्या उत्क्रांतीविषयी बोलण्याआधी उत्क्रांतीविषयीचे गैरसमज उखडून टाकण्याची गरज आहे. उत्क्रांतीच्या उत्क्रांतीचा इतिहास म्हणजे या विज्ञानशाखेच्या विकासाचा इतिहास हा अनेक वादांनीच भरलेला आहे. त्यांपैकी काही वादांचा आता योग्य निकाल लागला आहे, तर काहींवर अजून सहमती झालेली नाही.

लमार्क-डार्विन वाद

लमार्क-डार्विन

लमार्क या फ्रेंच शास्त्रज्ञानं डार्विनच्या तीन दशकं आधी उत्क्रांतीचा सिद्धान्त मांडला. लमार्क आणि डार्विन यांच्या मांडणीमध्ये अनेक फरक आहेत. आपल्या दृष्टीने महत्त्वाचा फरक हा, की लमार्कच्या विचारधारेत उत्क्रांतीला एक दिशा असल्यासारखे दिसते. उत्क्रांतीची वाटचाल अधिक प्रगतीकडे, अधिक विकासाकडे, साध्या रचनेतून अधिक जटिल रचनेकडे होणं हे उत्क्रांतीमध्ये मूलभूत आहे.

डार्विनचा विचार मात्र असं म्हणत नाही. डार्विनच्या उत्क्रांतीला काही मूलभूत ध्येय नाही, दिशा नाही, दूरदृष्टी नाही. उद्या आपल्याला कोणत्या परिस्थितीत जगावं लागेल किंवा उद्या कोणत्या गुणधर्मांचा उपयोग होईल, ते गुणधर्म विकसित करू या, असा विचार नाही. डार्विनच्या विचारांना आजच्या जनुकविज्ञानाची जोड दिली असता 'आधुनिक डार्विनविचार' तयार होतो. त्यात हे अधिक स्पष्ट केलं आहे.

जीवशास्त्रीय उत्क्रांतीमध्ये होणारे बदल हे तत्त्वत: डीएनएमधल्या बदलांमुळे; म्हणजे म्युटेशनमुळे होत असतात. म्युटेशन ही डीएनएमधली चूक असते फक्त, मुद्रणदोषासारखी! क्वचित केव्हातरी चुकून ही चूकच उपकारक ठरते. त्यातून जिवाला उपयुक्त असे बदल होतात. तसे झाले तर त्यावर नैसर्गिक निवड काम करते. उपयुक्त असे जनुक टिकतात, निरुपयोगी असे नामशेष होतात. म्हणजे अपघातानं होणारे बदल सगळ्या उत्क्रांतीच्या मुळाशी आहेत, दूरदृष्टीनं घडवून आणलेले नाहीत.

लमार्कच्या म्हणण्याप्रमाणे, एखाद्या जिवाला जगताना ज्या-ज्या आव्हानांना सामोरं जावं लागतं, त्यानुसार त्याच्या शरीरात बदल होत जातात. उदाहरणार्थ, ज्या स्नायूंना जास्त काम पडतं, ते बलवान होतात. हे बदल पुढच्या पिढीत उतरतात, त्यामुळे त्या जातीचे गुणधर्म हळूहळू बदलतात. ही गोष्ट आधुनिक डार्विनवादाला मान्य नाही. 'आधुनिक डार्विनवादाला' असं म्हणण्याचं कारण म्हणजे डार्विनच्या हयातीत हा वादाचा मुद्दा उपस्थित झालाच नव्हता. 'लमार्कचं म्हणणं चूक आहे' असं डार्विनने स्वत: कधी म्हटलं नाही. तो वाद नंतर उद्भवला.

आज आपल्याला अनुवंशशास्त्राची जी माहिती उपलब्ध आहे, त्याप्रमाणे लमार्कच्या म्हणण्यानुसार घडत नाही. एखादा माणूस व्यायाम करून पैलवान झाला तर त्याचा मुलगा जन्मत:च पैलवान नसतो. त्यालाही तितकाच व्यायाम करावा लागतो. आजचं उत्क्रांतिविज्ञान या वादाच्या पुढे गेलेलं आहे. तरीही, सामान्य माणसांत चुकीच्या अनेक समजुती प्रचलित आहेत. उदाहरणार्थ, माणसाची नखं आणि भुवया आणखी काही पिढ्यांमध्ये नाहीशा झालेल्या दिसतील, अशी एक समजूत आहे. वापरात नसलेले अवयव नाहीसे होतात, असं समजलं जातं. जर हे अवयव असल्याचा जगण्याला अडथळा होत असेल, ते नसलेला म्युटेंट अधिक चांगला जगू शकत असेल, तरच असं होईल. एरवी केवळ 'वापरात नाही' हे एखादा अवयव उत्क्रांतीमध्ये नाहीसा व्हायला पुरेसं कारण नाही. तरीही, अशी समजूत सामान्य माणसांत अजूनही प्रचलित असलेली दिसते.

शेपटी वापरात नाही म्हणून माणसाची शेपटी गेली असं म्हटलं जातं. परंतु शेपटी माणसाच्या कितीतरी आधीच गेली आहे. चिंपांझी, गोरिला, ओरांगउटान, गिबन या 'एप' फॅमिलीमध्ये कुणालाच शेपटी नव्हती आणि नाही. याच फॅमिलीमधून माणसाची उत्क्रांती झाल्यामुळे माणसातही ती नाही. माणसाच्या उत्क्रांतीमध्ये तो दोन पायांवर चालायला लागल्यानंतर ती गळून पडलेली नाही. आपले असे गैरसमज आता दूर करायला हवेत.

१९६०-७०च्या दशकात आणखी एक वाद युद्धपातळीवर लढला गेला. 'जी गोष्ट जगण्याला उपयुक्त असेल, ती टिकेल', असा तो वाद होता. हे तत्त्व मान्य केलं तरी एक प्रश्न उरतो, तो म्हणजे 'कुणाला उपयुक्त?' समजा, एखादी गोष्ट व्यक्तीसाठी उपयुक्त, पण समाजासाठी घातक असेल तर...? किंवा व्यक्तीसाठी

वाईट, पण समूहासाठी चांगली असेल तर...? नैसर्गिक निवड अशा गोष्टींवर कशी काम करेल?

वास्तविक, याचं उत्तर इतकं सोपं नाही. १९४०-५०च्या दशकापर्यंत हा सूक्ष्म प्रश्न विचारलाच गेला नव्हता, असं नाही. परंतु त्यातल्या खाचाखोचा आणि बारकावे ओळखून त्याला सामोरं जाण्याचा पुरेसा प्रयत्न झाला नव्हता. जी गोष्ट व्यक्तीच्या हिताची तीच समष्टीच्याही हिताची, आणि जे समूहाच्या फायद्याचं ते व्यक्तीच्याही फायद्याचं, असंच गृहीत धरलं गेलं होतं. मात्र, हळूहळू या समजाला तडा जाईल अशी उदाहरणं समोर येऊ लागली.

अनेक जातींचे पक्षी रात्री मोठ्या झाडांवर झोपायला एकत्र येतात. त्यापूर्वी मावळतीला चारही दिशांकडून एकत्र येऊन ते खूप मोठा किलबिलाट करतात. एवढा मोठा आवाज करण्याचं कारण तरी काय? एकानं असं सुचवलं की, सगळ्या समूहाच्या एकत्र किलबिलाटावरून त्यांना आपल्या पक्ष्यांच्या संख्येचा बरोबर अंदाज येतो. या अंदाजावरून ते पुढल्या विणीच्या हंगामात किती पिल्लं घालायची, ते ठरवतात. म्हणजे वरवर जो गोंधळ वाटतो, तो त्यांचा अंतर्गत स्तरावर पक्ष्यांच्या संख्येचा नियंत्रणाचा शिस्तबद्ध आणि सूत्रबद्ध कार्यक्रम आहे. ही कल्पना खूपच आकर्षक आहे आणि कल्पकही!

निसर्गात किती शहाणपणा, दूरदर्शीपणा, सुसूत्रता भरलेली आहे असं वाटलं तर अनेकांना ते खूप आवडतं आणि त्यामुळे ते त्वरित मान्यही होतं. तरीदेखील यामध्ये नैसर्गिक निवडीच्या तर्कशास्त्रानुसार एक प्रश्न राहतो.

चिमण्यांच्या सर्व माद्या आपल्या जातीच्या पक्ष्यांच्या संख्येचा अंदाज घेऊन किती अंडी घालायची ते ठरवतात, असं आपण गृहीत धरू. पक्ष्यांची संख्या जास्त असेल तर कमी अंडी घालतात. त्यामुळे त्यांची संख्या नियंत्रणात राहून कुणावरही उपासमारीची वेळ येत नाही. आता, समजा या चिमण्यांमध्ये एक म्युटेंट निघाली, की जिच्यात असं करण्याची क्षमता नाही आणि ती नेहमी जेवढी घालता येतील तेवढीच अंडी घालते, तर पुढच्या पिढीमध्ये काय होईल? समूहावर संकट नको म्हणून सगळ्या माद्या एक-दोन अंडीच घालतील. मात्र, ही चिमणी समजा पाच-सहा अंडी घालेल. असं झालं तर पुढच्या पिढीत हिचा म्युटेंट जनुक तुलनेनं अधिक प्रमाणात जाईल. ज्या पिल्लांमध्ये हा म्युटेंट जनुक असेल त्यांनासुद्धा जास्त पिल्लं होतील. असं करता-करता या म्युटेंटचं प्रमाण वाढतच जाईल.

बरं! चिमण्यांची संख्या प्रमाणाबाहेर वाढल्याचा तोटा सगळ्यांनाच होणार; फक्त या जनुकवाल्यांनाच होईल असं नाही. म्हणजे फायदा फक्त यांचा, तोटा मात्र सगळ्यांचा! याचा अर्थ असा की, काही पिढ्यांमध्ये चिमण्यांच्या संख्येचा अंदाज घेऊन मर्यादित अंडी घालण्याचा जो काही गुणधर्म असेल, तो त्या समूहामधून निघून जाईल. या उदाहरणात व्यक्तीच्या फायद्याचा आणि समूहाच्या फायद्याचा संघर्ष होता. आणि त्यात व्यक्तीच्या फायद्यावरच नैसर्गिक निवडीची मेहेरबानी होईल असं तर्काला धरून म्हणावं लागलं.

अशा अनेक उदाहरणांचा, त्याच्यावरून मांडलेल्या गणितांचा प्रत्यक्षातल्या निरीक्षणांचा समावेश करून १९६०-७०च्या दशकात अशी मांडणी केली गेली की, जेव्हा समूहाचा फायदा आणि व्यक्तीचा फायदा यांचा संघर्ष होतो तेव्हा नेहमी व्यक्तीच्या फायद्याचीच नैसर्गिक निवड होते. डार्विनप्रणीत निवड ही समूहावर काम करत नाही. या वादाला 'समूहनिवडीचा वाद' असं म्हणतात.

समूहनिवडीचा विचार कायमचा निकालात निघाला असं चित्र त्यानंतरच्या दोन-तीन दशकांमध्ये दिसत होतं. पण समूहनिवडीचा विचार आणि त्यावरील विवाद संपला नव्हता. काही उत्क्रांती-अभ्यासकांनी त्याला पुन्हा उजाळा दिला. त्याच्या साहाय्याने, समूहनिवड काही विशिष्ट परिस्थितीत नक्कीच प्रबळ होते आणि व्यक्तीच्या हितावर मात करू शकते, अशी मांडणी त्यांनी केली. विशेषतः माणसाच्या जीवशास्त्रीय आणि त्याहून अधिक सांस्कृतिक उत्क्रांतीमध्ये समूहनिवडीचा वाटा खूप मोठा आहे, असं अनेकांचं मत आहे. हा वाद अजून संपलेला नाही, पण आता त्याचं स्वरूप बदललेलं आहे. 'समूहनिवडीची कल्पना चुकीची की बरोबर?' या प्रश्नावरून आता 'कोणत्या परिस्थितीत ती प्रबळ असते, कोणत्या परिस्थितीत दुबळी ठरते?' या प्रश्नावर आला आहे.

समाजजीवनाची उत्क्रांती

निसर्गात ज्याला आपण 'निःस्वार्थी' म्हणू शकू अशा इतरांसाठी, समूहासाठी, समाजासाठी केलेल्या कृती आढळतात. जसं कामकारी मुंग्या किंवा मधमाश्या स्वतः अंडी न घालता राणीमुंगीनं किंवा राणीमाशीनं घातलेल्या अंड्यांची आणि पिल्लांची आयुष्यभर देखभाल करतात. यात उत्क्रांतीच्या सिद्धान्ताला एक आव्हान आहे. कोणतिही जीवशास्त्रीय गुणधर्म विणीतून पुढच्या पिढीत जातो. जी मादी विणारच नाही, पिल्लांना जन्मच देणार नाही, तिचे गुणधर्म पुढच्या पिढीत जाणार

कसे ? हा प्रश्न डार्विनलासुद्धा पडला होता. पण त्या वेळी जनुक ही संकल्पना किंवा अनुवंशाची काही यंत्रणा अजिबातच माहीत नव्हती.

या प्रश्नाचं एक उत्तर त्यानंतर शंभर वर्षांनी दिलं गेलं. ते म्हणजे, बिल हॅमिल्टनचं 'किन सिलेक्शन'. हॅमिल्टनच्या वेळी जनुक ही संकल्पना चांगली रुजली होती. गुणसूत्रं काय असतात, आणि ती पुढच्या पिढीत कशी जातात, हे नीट माहीत झालं होतं. हॅमिल्टनला त्यामुळे एक साधं गणित मांडून दाखवता आलं. मिथुनवीण असलेल्या जातींमध्ये नर किंवा मादी आपल्या गुणसूत्रांचा एकेक संच पुढच्या पिढीच्या प्रत्येक पिल्लामध्ये पाठवतात. म्हणजे, आईकडून ५० टक्के आणि बापाकडून ५० टक्के घेऊन प्रत्येक पिल्लाचा जनुकांचा संच तयार होतो. कुठले ५० टक्के घ्यायचे ते प्रत्येक पिल्लात स्वतंत्रपणे ठरतं. परिणामतः आई-मूल किंवा बाप-मूल यांच्यात ५० टक्के जनुक एकसमान असतात. सख्ख्या भावांमध्ये अथवा बहिणींमध्ये ५० टक्के साम्य असतं, तर चुलत भावंडांत २५ टक्के साम्य असतं. आता माझे जनुक पुढच्या पिढीमध्ये जसं माझ्या स्वतःच्या पिल्लांमुळे जाऊ शकतात, तसंच माझ्या भावंडांच्या मुलांमधूनही जाऊ शकतात. मात्र, आकड्यांच्या हिशेबात थोडा फरक आहे. माझ्या भावंडांत माझे ५० टक्के जनुक असल्यामुळे मला एक मूल होणं हे भावंडाला दोन मुलं होण्याच्या बरोबरीचं आहे.

कामकरी मुंगी स्वतःची अंडी घालत नसली, तरी जी राणीमुंगी अंडी घालते, तिची ती 'रक्ताची' नातलग आहे. त्यामुळे राणीच्या अंड्यांमधून कामकरीचे जनुकही पुढच्या पिढीत जातातच. याचाच अर्थ, रक्ताच्या नात्यात एकमेकांसाठी आपला जीव धोक्यात घालणं हे जनुकीय स्वार्थाच्या आड येत नाही.

परार्थी अथवा स्वार्थत्यागाची वागणूक कशी उत्क्रांत होते, ते समजून घेण्याची हॅमिल्टनचं गणित ही नुसती सुरुवात होती. मात्र, यामुळे फक्त जवळच्या नात्यात एकमेकांसाठी कष्ट घेण्याचं स्पष्टीकरण मिळतं. परंतु रक्ताचं नातं नसतानाही दुसऱ्यासाठी कष्ट किंवा जोखीम घेण्याची वृत्ती ही माणसातच नाही ; तर प्राण्यांमध्येही दिसते. ती हॅमिल्टनच्या गणितात बसत नाही. त्यासाठी उत्क्रांतीमधील आणखी काही गणितं सापडली आहेत.

उत्क्रांती : जनुकीय स्वार्थ

उत्क्रांती हा काही निव्वळ जीवघेणी स्पर्धा करण्याचा आणि एकमेकांचे गळे घोटण्याचा खेळ नाही, हेच त्यातून दिसतं. जनुकीय स्वार्थ उत्क्रांतीच्या मुळाशी आहे, ही गोष्ट खरी ; पण जनुकीय स्वार्थामधूनच प्रेम येतं, सहनशीलता येते,

सहकार्य येतं. एवढंच काय; स्वार्थत्यागसुद्धा येतो. कोणती भावना निर्माण होते, कोणता स्वभाव उत्क्रांत होतो; ते परिस्थितीवर अवलंबून असतं. काही परिस्थितींत दुसऱ्याचा गळा घोटूनच जनुकीय स्वार्थ साधला जाऊ शकतो, तर काही परिस्थितींत परस्पर-सहकार्य अधिक फायदेशीर ठरतं. त्यानुसारच प्राण्यांचे स्वभाव उत्क्रांत होतात.

विकासाच्या थोड्या पुढच्या पायरीवर असलेली परिस्थिती ओळखून त्याप्रमाणे आपलं वागणं बदलण्याची पात्रता प्राण्यांमध्ये उत्क्रांत झालेली असते. म्हणजे तोच प्राणी एका परिस्थितीत अत्यंत क्रूर असेल तर दुसऱ्या परिस्थितीत एकदम प्रेमळ! काही परिस्थितींत इतरांचा घोट घेऊन जगेल, तर कधी सहकार्यानं जगेल. या दोन्ही गोष्टी नैसर्गिक असून जनुकीय स्वार्थाला पूरक आहेत. म्हणजेच परिस्थितीप्रमाणे आपलं वागणं बदलण्याचा गुणधर्म उत्क्रांतीनं दिला आहे आणि दिल्या क्षणीची वागणूक परिस्थितीनं ठरवली आहे. या दोन्हींमध्ये एकसूत्रता असून ही एकसूत्रता उत्क्रांतीचीच देण आहे.

अंगभूत विरुद्ध की अधिक संस्कारित ?

मानसशास्त्राच्या अभ्यासात बरीच वर्षं 'स्वभावातील जन्मजात काय आणि संस्करित काय' यांच्यात फार मोठा गोंधळ घातला गेला आहे. 'मूल म्हणजे मातीचा गोळा, आकार द्यावा तसा...' इथपासून 'बीज शुद्ध असेल तरच...' इथपर्यंत प्रचलित मतं आहेत. मानववंशाच्या अभ्यासकांनी Nature विरुद्ध Nurture असा वाद बराच काळ घातला आहे. उत्क्रांती समजून घेतली तर हे दोन्ही एकमेकांच्या विरुद्ध नसल्याचं लक्षात येतं. अंगभूत काय असावं आणि संस्कारित काय असावं हेसुद्धा उत्क्रांतीनं ठरवते.

टिटवी आपली अंडी जमिनीवरच घालते. तिच्या पिल्लांना जन्मतः पिसं असतात आणि अंड्यातून बाहेर आल्यावर काही मिनिटांतच ती तुरुतुरु धावू शकतात. त्यांच्या आयुष्यात येणारे खड्डे म्हणजे फारफार तर चिखलात म्हशीच्या पायामुळे पडलेले! ही पिल्लं धडपडत चालतात आणि उंचीचा अंदाज अनुभवानं शिकतात. याउलट, गरुडाची घरटी कडेकपारीत असतात. पिल्लांना उंचीचा अंदाज जन्मतःच असावा लागतो; नाहीतर कधीही खाली पडून मरायची. त्यांच्यात तो जन्मजात असणंच उत्क्रांत झालं आहे.

याचा अर्थ असा की, कोणत्या गोष्टी उपजतच याव्यात, कोणत्या शिकून याव्यात हे ठरण्यात उत्क्रांतीचा शहाणपणा आहे. हे समजून न घेताच आपण

मुलांवर आपल्याला हवे तसे संस्कार करायला गेलो, तर आपली काही बाबतीत तरी निराशाच होईल. याउलट, मुलांच्या अंत:प्रवृत्तींना मोकळीक दिली तर सर्व काही उत्तमच घडेल, अशी समजूतही तितकीच भाबडी ठरेल.

> माणसाच्या वागण्यात उपजत प्रवृत्ती, विकासाचे टप्पे अगदी आईच्या पोटात असल्यापासूनचे – लहानपणचे अनुभव, मोठ्यांचं अनुकरण, समवयस्कांचा प्रभाव, नात्यांमधल्या खाचाखोचा, औपचारिक आणि अनौपचारिक शिक्षण, आत्ताच्या परिस्थितीचा अंदाज, आपल्या फायद्या-तोट्याचा स्वत:च्या नकळत केला जाणारा हिशेब अशा अनेक घटकांचा प्रभाव असतो. त्यामुळे माणसाचं वागणं इतके टक्के जन्मजात आणि इतके टक्के संस्कारित, असं म्हणणं बालिशपणाचं ठरतं. जे लहान मुलांमध्ये दिसतं ते जन्मजात आणि मोठे समजून-उमजून वागतात ते संस्कारित, असंही म्हणता येत नाही. कारण माणसाच्या शिकण्याची, म्हणजे आजूबाजूच्या परिस्थितीप्रमाणे स्वत:मध्ये बदल करण्याची सुरुवात खूप आधी, अगदी गर्भात असल्यापासून होते. याउलट, अनेक जन्मजात प्रेरणा ठरावीक वयानंतरच व्यक्त होतात.

मुळात Nature विरुद्ध Nurture हा वादच अनाठायी आहे. या काही परस्परविरुद्ध दोन गोष्टी नाहीत. त्यांचे माणसाच्या वागणुकीवरचे परिणाम वेगळे करून दाखवता येत नाहीत. पण, माणसाच्या स्वभावाचा कुठला कल जन्मजात असेल, त्यामध्ये परिस्थितीनुरूप किती आणि कसे बदल होऊ शकतील, यामागे उत्क्रांतिविज्ञानाची एक कारणमीमांसा आहे. ती समजून घेतली तर आपल्या स्वत:विषयीच्या ज्ञानाच्या परिपक्वतेत खूपच फरक पडेल.

उत्क्रांतमानसशास्त्र

माणसाच्या वागण्याचा अभ्यास करण्यासाठीच मानसशास्त्र ही विद्याशाखा तयार झाली. पण अगदी आत्ता-आत्तापर्यंत उत्क्रांतिविचाराचा मानसशास्त्रानं पुरेशा गांभीर्यानं विचार केलेला नव्हता. माणसाचा स्वभाव, माणसाचं मन, त्याची वागणूक कशी आहे, हा प्रश्न मानसशास्त्र विचारत होतं. पण ‘ते तसं का आहे’ हा प्रश्न विचारण्याला किंवा त्याची उत्तरं शोधण्याला काही भक्कम पाया नव्हता. हा पाया

घेऊन उत्क्रांतमानसशास्त्र म्हणजे 'उत्क्रांत झालेल्या मनाचं शास्त्र' ही विद्याशाखा १९९०च्या दशकात अनेक विद्यापीठांमधून शिकवली जाऊ लागली, त्यावर पुस्तकं लिहिली गेली, परिषदा घेतल्या जाऊ लागल्या. अजूनही ही विद्याशाखा कोवळीच म्हटली पाहिजे.

सनातनी मानसशास्त्रानं अजून सर्वत्र तिचा स्वीकार केलेला नाही. काही ठिकाणी विरोधही केला आहे. हा विरोध करताना केलेली काही टीका योग्यही होती, उत्क्रांतमानसशास्त्रानं एकेक करून आपल्यातले दोष कमी करून या विज्ञानाचा विकास कसा होईल, याचाही विचार केला. हळूहळू हा दुरावा जाऊन त्यातून मानसशास्त्र एकसंध आणि अधिक पक्क्या पायांवर उभं राहील, असं दिसू लागलं आहे.

उत्क्रांतमानसशास्त्राच्या पायाभूत विचारांपैकी काही विचार आधी समजून घेतले पाहिजेत. आपलं स्वतःचं मन आणि विचारशक्ती याविषयी आपले काही अनुभव, काही समजुती असतात. आपण जाणीवपूर्वक काही निर्णय घेतो, असं आपल्याला वाटतं. आपण स्वतः केलेल्या गोष्टींची कारणमीमांसा करू शकतो, असं आपल्याला वाटतं. हेच गृहीत धरून आपणही चालतो. मानसशास्त्राला ही गोष्ट बरीच आधी ठाऊक होती, की आपल्या मानसिक प्रक्रियांचा बराच भाग जाणिवेच्या कक्षात येत नाही. बरेच निर्णय नेणिवेच्या पातळीवर घेतले जातात. पण ते तसे का घेतले जातात, याची कारणमीमांसा उत्क्रांतिशास्त्रानं अधिक तर्कसंगतरीत्या केली. मुळात जाणीव का असते, आणि त्याचं नक्की स्वरूप काय, हेच आता उत्क्रांतमानसशास्त्रामुळे नव्यानं समजू लागलं आहे.

निर्णय घेण्यासाठी 'मेंदू' लागतो?

फक्त प्राणीच नव्हे; तर वनस्पती आणि एकपेशीय जीवसुद्धा अनेक गुंतागुंतीचे आणि लवचीक निर्णय घेत असतात. ज्यांच्यात मेंदूच काय; पण साधी चेतासंस्थासुद्धा नसते, असे सजीवही परिस्थितीनुसार काही निर्णय घेण्याची क्षमता नक्कीच दाखवतात. प्राथमिक दर्जाची असेल; पण वागणुकीतील लवचीकपणा आणि निर्णय घेण्याची क्षमता जिवाणूसुद्धा दाखवतात. वनस्पतीही आजूबाजूच्या परिस्थितीप्रमाणे वाढीची दिशा, फुलण्याचा काळ, मधाची गोडी यांमध्ये सूक्ष्म बदल करू शकतात. म्हणजे निर्णय घेण्यासाठी मेंदू लागतोच असं नाही.

चेतापेशी निर्णयाचा वेग वाढवतात. अत्यंत चपळ हालचाली करण्याची गरज असणाऱ्यांना चेतासंस्थेची आवश्यकता भासते. सावकाश निर्णय घेऊन चालत असेल, तर चेतासंस्थेशिवाय निर्णय घेणं अशक्य नाही असं दिसतं. ज्यांच्यात चेतासंस्था आहे त्यांच्यातही 'जाणीव' असायलाच पाहिजे, असं दिसत नाही. सर्वच प्राण्यांमध्ये जाणीव असते का, हा मुद्दा वादाचा असून त्याचं उत्तर मिळण्याचा काही प्रत्यक्ष मार्ग आत्ता तरी दिसत नाही. कारण 'आपल्याला जाणीव आहे' हे आपण आपल्या अनुभवावरून ठरवतो. दुसऱ्याची फक्त वागणूक पाहता येते, जाणीव पाहता येत नाही. त्यामुळे दुसऱ्या कुणी एखादी गोष्ट जाणीवपूर्वक केली, का नेणिवेतल्या जन्मजात प्रेरणेनं केली, हे खात्रीपूर्वक सांगण्याचा काही मार्ग नाही. आपली स्वतःची जाणीव म्हणजे काय, हे मात्र आपल्याला स्वतःच्या अनुभवांची मीमांसा करून ठरवणं शक्य आहे.

समजा, आपण सायकलवरून घरून कचेरीत गेलो. जाताना वाटेत अनेक अडथळे आले असतील, आपण ते सहज पार केले असतील; पण जाणिवेच्या पातळीवर त्याचा काहीही विचार केला नसेल. बरं, कुठल्या अडथळ्यावर कुठला उपाय करायचा, हा निर्णय काही अगदी साधा नाही. मधे पाठमोरा माणूस असेल तर घंटा वाजवावी; पण खड्डा असेल तर घंटा वाजवून काय उपयोग? म्हैस असेल तर घंटेला अजिबात दाद देत नाही, कुत्रा थोडीतरी देतो, हे आपल्याला अनुभवांनी माहीत असतं. त्या अनुभवज्ञानाचाही आपण वापर करत असतो. त्याच वेळी आपल्या डोक्यात मात्र वेगळ्याच कशाचातरी विचार असू शकतो. इतका, की रस्त्यावरच्या गोष्टी आपल्या विचारांमध्ये डोकावतही नाहीत. रस्त्यावरचे अडथळे आपण आपल्या नकळत सहजच पार करू शकतो. म्हणजे निर्णय घेण्यासाठी जाणीवपूर्वक विचार करण्याची गरज असतेच असं नाही. पण, हेच समजा, तुम्ही दुसऱ्याला सायकल चालवायला शिकवत असाल तर प्रत्येक गोष्टीचा आपण जाणीवपूर्वक विचार करतो आणि त्याला सूचना देतो – 'हँडल सरळ धर', 'चाकाकडे बघू नको, रस्त्याकडे बघ', 'समोर खड्डा आहे, हँडल वळव' हे सगळं जाणिवेच्या पातळीवर येतं. कारण आपल्याला दुसऱ्याला सांगायचं असतं.

माणसाचं जाणीव मन

हे लिहीत असताना वर सुरू असलेल्या पंख्याचा आवाज मी ऐकत नव्हतो. मात्र, आपला मुद्दा स्पष्ट करण्यासाठी 'पंख्याच्या आवाजाचं उदाहरण चांगलं आहे' असं जाणवताक्षणीच मला पंख्याचा आवाज जाणवू लागला. आवाज आधीसुद्धा होताच, कानांच्या पडद्यावर पडत होता..., पडदा कंप पावतच होता..., त्याच्यामागच्या चेतापेशींपर्यंत ती कंपनं पोहोचतच होती; पण तरी जाणीवपातळीवर तो आवाज नव्हता. जेव्हा त्या आवाजाविषयी बोलण्याची वेळ आली तेव्हा तो जाणवू लागला. म्हणजे, भोवतालच्या परिस्थितीचं ज्ञान होण्यासाठी, त्याला अनुसरून कसं वागावं याचा निर्णय घेण्यासाठी जाणिवेची गरज लागत नाही. जेव्हा एखाद्या गोष्टीविषयी संवाद साधण्याची वेळ येते तेव्हाच जाणिवेचा संबंध येतो.

माणसाचं जाणीवमन एखाद्या वृत्तपत्राच्या संपादकीय कचेरीसारखं असतं. वार्ताहर सर्वत्र असतात. त्यांना बाहेरच्या जगातल्या अनेक गोष्टी दिसत असतात. पण प्रत्येक गोष्टीची बातमी होत नाही. ज्या गोष्टींची बातमी होणं शक्य आहे, फक्त तेवढ्याच गोष्टी संपादकीय विभागाकडे येतात. आलेल्या सगळ्या बातम्या छापल्या जातातच असं नाही. काय छापायचं, काय नाही, हे संपादकीय विभाग ठरवतो. ते ठरवण्यात वाचकांना काय आवडेल, कशावर उड्या पडतील, कशामुळे आपण अडचणीत येऊ शकतो, अशा सगळ्यांचा विचार असतो.

माणसाची जाणीव अगदी असंच काम करते. ज्या गोष्टींबद्दल कुणाशीतरी संवाद साधणं शक्य आहे, अशाच गोष्टी जाणिवेच्या पातळीवर येतात. त्यांपैकी काहीच आपण प्रत्यक्ष बोलतो, काही न बोलण्याचं ठरवतो. काय बोलायचं याचा निर्णय घेताना समोर कोण आहे, त्याची प्रतिक्रिया काय असू शकेल, आपल्याला कुठला परिणाम अपेक्षित आहे अशा गोष्टींना महत्त्व येतं, यालाच 'जाणीव' म्हणतात. जाणीव ही प्रत्यक्ष घडलेल्या मानसिक प्रक्रियांचा अत्यंत गाळीव असा अर्क असते. मेंदूत घडणाऱ्या गुंतागुंतीच्या गणितांपैकी फार थोडी गणितं जाणिवेच्या पातळीवर येतात. जी येतात ती दुसऱ्याशी होऊ शकणाऱ्या संवादाला अनुकूल असतील अशीच येतात.

विवेकाभास म्हणजे काय?

याचा अर्थ असा, की आपल्या एखाद्या निर्णयामागची खरी कारणं काय आहेत याची स्वतःलाही पूर्ण जाणीव असेलच असं नाही. बऱ्याचदा इतरांशी योग्य नाती राखण्यासाठी आपण काही गोष्टी राखून बोलतो. सगळं खरं बोलणं नेहमीच

हितावह नसतं. मग दुसऱ्याला जे पटवून द्यायचं ते आधी स्वतःला पटलेलं असेल तर जास्त चांगलं! त्यामुळे आपण आपल्या वागण्यामागची कारणं शोधताना ती स्वतःला आणि आजूबाजूच्या लोकांना पटतील अशीच शोधण्याचा प्रयत्न करतो. मानसशास्त्रात हे दाखवणारे अनेक प्रयोग झाले आहेत, याला 'विवेकाभास' (Rationalization) असं नाव आहे. माणसं अशी का वागतात, याचं कारण शोधायचं असेल तर त्यांना प्रश्न विचारून त्याचं योग्य उत्तर मिळेल अशी अपेक्षा करता येत नाही. कारण कुठल्याही प्रश्नाचं उत्तर देताना माणूस असा विचार करतो, की प्रश्न विचारणाऱ्याचा हेतू काय असू शकेल? त्याला अनुसरून मी कसं उत्तर देणं माझ्या फायद्याचं ठरेल? उत्तर देणारा अगदी प्रामाणिक असला तरी त्याला स्वतःलाच खरं कारण माहीत असेलच असं नाही.

मग या प्रश्नाचं उत्तर कसं शोधावं? इथे प्राण्यांच्या वागणुकीचा अभ्यास करणाऱ्यांनी ज्या पद्धती शोधल्या आहेत, त्यांचा उपयोग होतो. प्राणी, अर्थातच आपल्या प्रश्नांची उत्तरं देत नाहीत. त्यामुळे त्यांच्या वागणुकीवरून त्यांच्या मानसिक प्रक्रियांमध्ये डोकावण्याचे मार्ग शोधावे लागतात; आणि असे मार्ग आहेतही! म्हणूनच, पारंपरिक मानसशास्त्रापेक्षा उत्क्रांतमानसशास्त्रात वापरल्या जाणाऱ्या पद्धती थोड्या वेगळ्या आहेत.

एका गमतीदार प्रयोगाचं उदाहरण घेऊ :
इंग्लंडमध्ये एका विद्यापीठाच्या एका विभागात सुमारे पंधरा वर्षांपूर्वी केला गेलेला एक प्रयोग. त्या विभागात एक कॉफी-मशीन होतं. बटण दाबल्यावर पेलाभर कॉफी यायची. पण पैशांचा हिशेब करण्याची सोय त्या मशीनमध्ये नव्हती. मग कॉफी घेणाऱ्या व्यक्तीनं प्रामाणिकपणे अमुक एक नाणं शेजारच्या पेटीत टाकावं अशी अपेक्षा होती. आता लबाड माणसं जगात सगळीकडेच असतात. तर, दिवसभरात घेतलेली कॉफी आणि गोळा झालेले पैसे यांमध्ये कमीअधिक तफावत असायची. प्रयोग करणाऱ्यांनी मग केलं काय; की त्या कॉफी-मशीनच्या मागे एक पोस्टर लावायला सुरुवात केली. दर आठवड्याला ते पोस्टर बदलायचं. कधी त्यात एखाद्या व्यक्तीचा चेहरा असायचा, तर कधी बगिच्यातली फुलं वगैरे.

काही महिन्यांनंतर असं दिसलं, की ज्या आठवड्यात पोस्टरवरच्या चित्रात डोळे होते, त्या आठवड्यात लोक जास्त प्रामाणिकपणे वागले. जणू काही आपल्याला कुणी पाहत आहे असं समजून लोकांचा लबाडी करण्याचा धीर झाला नाही. हे फक्त चित्र आहे, हे डोळे खरे नाहीत, प्रत्यक्षात आपल्याला कुणी पाहत नाहीये, हे माहीत नाही असं कुणीही नसेल. पण, जाणिवेच्या पातळीवर खोट्या असलेल्या त्या डोळ्यांनी वागणुकीवर मात्र खराच परिणाम केला. म्हणजे वागणुकीवर परिणाम करणारे घटक आणि जाणिवेच्या पातळीवरचा विचार यांचा परस्परसंबंध असेलच असं नाही, हे या प्रयोगात दिसतं.

हा प्रयोग हे एक उदाहरण झालं. असे अनेक गमतीशीर प्रयोग करून माणसाला बोलून व्यक्त करता न येणारे, पण वागणुकीवर परिणाम करणारे घटक शोधता येतात.

निर्णय घेतल्यानंतर जाणीव

चेतासंस्थेचं विज्ञान इतकं पुढे गेलं आहे, की निर्णय आणि वागणूक-प्रक्रियेतील एकेका मज्जारज्जूची कंपनं मोजता येतात. अशा एका प्रयोगात हे दिसून आलं, की आपण एखादा निर्णय घेतला आहे हे जाणिवेच्या पातळीवर येण्याच्या कित्येक मिलिसेकंद आधी त्या निर्णयाची अंमलबजावणी प्रक्रिया सुरू झालेली असते. यावरून असं दिसतं की, जाणीवपूर्वक विचार करून निर्णय घेतला जात नाही; तर निर्णय घेतल्यानंतर त्याची जाणीव होते. मग आपण घेतलेला निर्णय योग्य आहे, हे इतरांना आणि कदाचित त्याआधी स्वतःला पटवून कसं द्यायचं, यासाठी विचार केला जातो.

माणूस विचारपूर्वक निर्णय घेतो आणि आपल्या वागण्यामागची खरी कारणं त्याला स्वतःला माहीत असतात, या भ्रमातून आपण बाहेर पडलो तर माणसाच्या वागण्याचा अभ्यास करणं अधिक सोपं आणि अधिक वास्तववादी होतं. तसंच प्रश्नांची उत्तरं पूर्वग्रहांद्वारे मिळण्यापेक्षा प्रयोगाद्वारे मिळवण्याचा प्रयत्न करता येतो. उत्क्रांतमानसशास्त्राची ही पद्धत आहे.

'तपासून कसं पाहायचं' याच्याआधी 'तपासून काय पाहायचं', हा प्रश्न येतो. विज्ञानात वादमतं (Hypothesis) तपासून पाहिली जातात. ही वादमतं येतात कुठून? तर, विशेषत: उत्क्रांतिविज्ञानानं इतर जातींच्या केलेल्या अभ्यासातून ती येतात. माणसाच्या आणि इतर जिवांच्या उत्क्रांतीच्या तपशिलात बरेच फरक असले, तरी उत्क्रांतीची 'मूळ' तत्त्वं एकच आहेत. त्यामुळे सर्वात आधी त्याच तत्त्वांवर आधारित हायपोथिसिस बनवणं योग्य ठरेल. मग त्या विचारांनी माणसाच्या वर्तनाचा अर्थ लागला नाही, तर हे काहीतरी वेगळं आणि एकमेवाद्वितीय असं माणसात आहे, असं म्हणता येईल. परंतु 'माणूस वेगळा आहे आणि इतर सजीवांचे नियम त्याला लागू होत नाहीत', असं त्याआधीच म्हणणं तर्कसंगत नाही.

सजीवांच्या वर्तनाचे अनेक निर्णय त्या वर्तनाच्या, त्या परिस्थितीतील नफ्या-तोट्याच्या गणितावर अवलंबून असतात. ही नफ्या-तोट्याची गणितं अगदी जिवाणूंपासून सगळ्या प्रकारच्या सजीवांमध्ये केली जात असल्याचं दिसतं. अर्थात, ही गणितं सोडवण्याची क्षमता त्यांना उत्क्रांतीनंच दिली आहे. ज्या प्रकारच्या आव्हानांना तोंड देण्यासाठी ही क्षमता उत्क्रांत झाली, तेवढ्यापुरतंच गणित त्यांना मांडता येतं, ही त्याची मर्यादा आहे. या मर्यादितसुद्धा छोटेमोठे जीव योग्य तो निर्णय कसा घेतात, ही गोष्ट थक्क करणारी आहे.

एखादे साध्य साधण्यासाठी किती गुंतवणूक करणं योग्य आहे, हा असाच एक प्रश्न. गुंतवणूक कमी झाली तर जे साधायचं ते नीट साधणार नाही. याउलट, गुंतवणूक जास्त केली तर तिथे नको तितकी ऊर्जा खर्च होऊन इतर गोष्टींसाठी कमी पडू शकेल. गुंतवणुकीचा सुवर्णमध्य कसा साधायचा, याची गणितं अर्थशास्त्रज्ञ आणि उत्क्रांतिशास्त्रज्ञ यांनी मांडली असून जिवाणूंचे निर्णय जवळजवळ त्या गणिताप्रमाणेच असतात, असं दाखवलं आहे.

उदाहरणार्थ, जिवाणू त्यांना लागणारी प्रथिनं तयार करतात. ती तयार करण्यास काही खर्च येतो, तसंच पुढे त्यांच्या देखभाल-दुरुस्तीसाठीही काही खर्च येतो. आता नवीन प्रथिनं तयार करण्यात जास्त खर्च करावा, की आहे त्यांच्या

देखभालीमध्ये? याचं उत्तर त्या वेळच्या परिस्थितिसापेक्ष द्यावं लागेल. नवीन रेणू तयार करण्यासाठी कच्चा माल जास्त लागतो, तर देखभालीसाठी कच्चा माल कमी लागतो; पण वेळ आणि ऊर्जा जास्त लागते. नवीन रेणू तयार करण्यास बाहेरून पुरेशा पोषकद्रव्यांचा पुरवठा होत असेल तर जिवाणू 'वापरा आणि फेकून द्या' हे तत्त्व वापरतात. त्याने वाढ जास्त वेगाने होते. देखभालीमध्ये वेळ घालवण्याचं कारण राहत नाही. खराब प्रथिनांची दुरुस्ती किंवा पुनर्वापर करण्यापेक्षा नवीन तयार करणं सोपं! याउलट, बाहेरून होणारा अन्नाचा पुरवठा कमी असेल तर जिवाणू देखभालीच्या यंत्रणेवर जास्त खर्च करतात. म्हणजे अगदी माणसासारखाच हिशेब. श्रीमंत देशातील माणसं वर्ष-दोन वर्ष वापरून झालेली गाडी फेकून नवीन घेतात; तर गरीब समाजातील माणसं तीच चप्पल दहा वेळा शिवून वापरतात. म्हणजे, जिवाणूंच्या आणि माणसांच्या निर्णयामागील तत्त्व एकच आहे. माणूस आपल्या निर्णयाचं कारण देण्याचा प्रयत्न करतो, आणि आपलं वागणं विचारपूर्वक ठरवलेलं आहे, अशी समजूत करून घेतो. इतर जीव तसं करत नाहीत इतकंच!

नैतिकता : नफा-तोट्याचा हिशेब

नफ्या-तोट्याचा हिशेब नैतिकतेच्या दृष्टीने खूपच महत्त्वाचा आहे. एखादी गोष्ट नैतिक आहे की नाही, याविषयी भूमिका घेताना बहुतेक माणसं ही भूमिका घेण्यामागचं नफ्या-तोट्याचं गणित कसं असेल याचा विचार जरूर करतात. किंबहुना, तसा विचार करणं ही माणसाची मूळ प्रवृत्ती असावी. त्यामुळेच अनेकांनी अनेक प्रसंगांत घेतलेल्या भूमिकांमध्ये विसंगती दिसते. पण, शक्यतो त्या विसंगतींचंही समर्थन करण्याचा माणूस प्रयत्न करतो. याचा अर्थ, आपल्या नफ्या-तोट्याचा विचार न करता तत्त्वनिष्ठेनं चालणं अशक्य आहे असा नाही. पण, ती माणसाची उपजत प्रवृत्ती नाही. असं करण्यासाठी कमालीचा विवेक आणि आत्मसंयम हवा, तो काहींनाच साधतो.

माणूस आपल्या नैसर्गिक प्रवृत्ती प्रयत्नपूर्वक बाजूला ठेवून वेगळ्या विचारांनी वागू शकतो; पण ही गोष्ट अवघड, आणि म्हणून दुर्मीळ आहे. बहुसंख्य सामान्य माणसांच्या वागण्याचे अर्थ लावताना या नफ्या-तोट्याचं गणित लावणं पुरेसं ठरतं. माणसाची नाती, कुटुंब, प्रेम, भांडणं ही बहुतांशी अशा गणितावर चालतात. मात्र, प्रेम वगैरे भावना नसतात असा याचा अर्थ नाही. पण निर्णय घेण्यात हे नफ्या-तोट्याचं गणित भावनांच्या मागून छुपेपणानं कमीअधिक प्रमाणात काम करत

असतं. मात्र, माणसाच्या जाणिवेच्या आणि प्रकट कारणमीमांसेच्या मधे ते येईलच असं नाही.

माणसाच्या उत्क्रांत व्यवहारांचा मागोवा घेताना आजच्या काळात आणखी एक गोष्ट महत्त्वाची आहे. ज्या काळात आणि ज्या जीवनपद्धतीसाठी माणसाच्या भावभावना उत्क्रांत झाल्या, त्यापेक्षा अगदी वेगळं जीवन आज आपण जगतो आहोत. पण यामुळे आपल्या मूळ भावना आता अप्रासंगिक (irrelevant) झाल्या असा नाही. कारण उत्क्रांत झालेला स्वभाव असा सहजासहजी बदलत नाही. उलट, मूळ स्वभाव आणि आजची परिस्थिती यांमध्ये विसंवाद असल्यानं अनेक जटिल समस्या निर्माण होत आहेत. मूळ स्वभाव नाकारण्यानं त्या समस्या जाणार नाहीत; तर उलट वाढतीलच. याउलट, आपल्या स्वभावाचं मूळ समजून घेऊन त्यावर अधिक चांगलं नियंत्रण ठेवण्याचा प्रयत्न केला तर बदललेल्या समाजातही अधिक चांगलं जगणं पदरात पडणं शक्य आहे.

माणसाचं उत्क्रांत मन आणि आपल्याला आदर्श वाटणारी तत्त्वं यांचा संबंध कसा आहे? हा प्रश्न महत्त्वाचा आहे. कारण अनेकदा या दोन्हींमध्ये संघर्ष येऊ शकतो. तसा आला तर काय? आपण आपल्या उत्क्रांत स्वभावाचे गुलाम आहोत आणि कधी बदलूच शकणार नाही? जे नैसर्गिक आहे तेच चांगलं आणि तसंच जगलं पाहिजे असं म्हणता येईल? का आपल्या नैसर्गिक प्रवृत्तींवर पूर्णपणे मात करून जे नीतिमत्तेचे आदर्श आहेत त्याचप्रमाणे समाज, कुटुंबसंस्था आणि नाती उभी करता येतील?

एखादी इमारत उभी करण्यापूर्वी पाया खणला आणि भरला जातो. या पायामुळे पुढे इमारत कशी बांधली जाणं शक्य आहे, त्यावर काही मर्यादा पडतात. तरीही, प्रत्येक फ्लॅटधारक मला ओटा इथे पाहिजे आणि डायनिंग टेबल तिथे, हे ठरवू शकतोच.

> माणसाचं उत्क्रांतमानस म्हणजे घालून दिलेला पाया आहे. त्यानुसार इमारत कशी बांधायची याचं आपल्याला स्वातंत्र्य आहे; पण पायामुळे आलेल्या काही मर्यादाही! पाया नीट समजून घेऊन इमारत बांधली तर ती जास्त मजबूत होईल. जिथे पायाच नाही तिथे भिंत घातली तर ती कच्ची राहील.

आपल्याला आपलं जीवन उभारण्याचं स्वातंत्र्य तर आहे; पाया बदलण्याचं मात्र स्वातंत्र्य नाही. तो उत्क्रांतीनं आपल्याला दिला आहे. तो समजून घेऊन मग कसं बांधायचं हे ठरवणं; आणि तरीही त्यात आपल्याला हव्या त्या सोयीसुविधा निर्माण करणं हे चांगल्या स्थापत्यशास्त्रज्ञाचं काम! हे काम आपल्यापैकी प्रत्येकाला करायचं आहे. चांगलं जीवन उभारण्याचा हाच सर्वोत्तम मार्ग!

३.

सहनाववतु

सजीवांच्या विणीचा प्रवास एकवचनाकडून द्विवचनाकडे होणं ही उत्क्रांतीमधली फार मोठी घटना होती. ती नक्की का घडली? काही सजीवांमध्येच का घडली आणि स्थिरावली? त्याचे पुढच्या उत्क्रांतीवर काय परिणाम झाले? या प्रश्नांची व्याप्ती एवढी मोठी आहे, की त्यांची संपूर्ण उत्तरं आपल्याला अजून मिळाली की नाही, याबद्दल शंका आहे. पण जेवढं काही समजलं आहे, ते आपल्या अनेक समजुतींना धक्के देणारं आहे.

एकपेशीय प्राण्यांमध्ये पुनरुत्पत्तीची साधी पद्धत असते; ती म्हणजे पेशीच्या विभाजनामुळे एका पेशीच्या दोन होणं. ही गोष्ट अगदी साधी असून इतकी प्रभावी आहे, की अजूनही जीवशास्त्राचा पाया हाच आहे. एकपेशीय सजीवांमध्ये अजून हेच घडतं. एवढंच नव्हे; तर अनेकपेशीय सजीवांमध्येही अजून त्यांच्या प्रत्येक पेशीचं विभाजन याच पद्धतीनं होतं. आपले सगळे गुणधर्म राखून संख्या वाढवण्याची याच्यापेक्षा चांगली दुसरी पद्धत नाही.

मिथुनवीण हा केवळ पर्याय

एकपेशीय सजीवांमध्ये लैंगिक पुनरुत्पत्ती (ज्याला आपण भाषेच्या सोपेपणासाठी मिथुनवीण (Sexual Reproduction) म्हणू!) फारच क्वचित घडते. अनेकपेशीय प्राण्यांमध्येसुद्धा सगळ्या जातींना मिथुनवीण लागत नाही. अनेक वर्गांमध्ये विणीचे अनेक प्रकार शक्य असतात, त्यांपैकी एक मिथुनवीण हा असतो. म्हणजे त्यांना मिथुनवीण हा पर्याय (ऑप्शन) असतो इतकंच!

पक्षी आणि सस्तन प्राणी हे असे गट आहेत, की त्यांना सेक्सशिवाय पिल्लं होण्याचा दुसरा मार्गच नाही. पण, एकूण सजीवांच्या अखख्या जातिविस्ताराकडे पाहिलं तर मिथुनवीण हा विण्याचा प्रमुख मार्ग मुळीच नाही. सर्वात प्रगत किंवा सर्वात चांगला मार्ग आहे, असंही म्हणायला जागा नाही. अनेक प्रकारे मिथुनविणीचे फायद्यापेक्षा तोटेच जास्त आहेत.

नर-मादी ही व्यवस्था ज्या जातींमध्ये असते आणि मिथुनविणीखेरीज दुसरा पर्यायच नसतो, त्या जातींमध्ये निम्म्याच व्यक्ती; म्हणजे माद्याच पिल्लं देतात, नर नाही. आता याची तुलना अशा जातीशी करा, की ज्याच्यामध्ये प्रत्येक व्यक्ती पिल्लं देते. अर्थात, अशा जातीची एकूण वीण जास्त होईल. ज्यांची पिल्लं पुढच्या पिढीत जास्त संख्येनं जातात तेच टिकतात, हे उत्क्रांतीचं तत्त्व खरं असेल तर मिथुनवीण हा आतबट्ट्याचा व्यवहारच म्हटला पाहिजे. असं असूनही पक्षी आणि सस्तन प्राण्यांमध्ये एवढा एकच पर्याय आहे. याचं कारण काय असावं, हा खूप मूलभूत प्रश्न आहे. या प्रश्नाचे अनेक पदर आहेत.

भिन्न पेशींची गरज काय?

आधी मुळात विणीसाठी दोन भिन्न पेशींची गरज काय? अशी कुठली गोष्ट आहे, जी एक पेशी करू शकत नाही? बरं, समजा दोन पेशींना एकत्र येण्यात काही फायदा असेल तर कुठल्याही दोन पेशी असं का करू शकत नाहीत? त्यासाठी अंडं आणि शुक्रजंतू असा भेद कशासाठी? समजा, पेशीच्या पातळीवर असा भेद आवश्यक असलाच तरी नर-मादी अशा भेदाची काय गरज? प्रत्येक जण दोन्ही प्रकारच्या पेशी तयार करू शकेल हे शक्य आहे. एवढंच नव्हे; तर कित्येक जातींमध्ये तसं असलेलं दिसतंही! मग नर-मादी अशी दुभागलेली समाजव्यवस्था मुळात निर्माणच का झाली? हे सगळेच प्रश्न आपल्याला वाटतं त्यापेक्षा अत्यंत गहन आहेत. त्यांची संपूर्ण उत्तरं आज विज्ञानाकडे आहेतच असं छातीठोकपणे म्हणता येत नाही. पण आजच्या ज्ञानाप्रमाणे सर्वात तर्कशुद्ध उत्तरं आपण नक्कीच शोधू शकतो.

एकपेशीय सजीवांपासून आधी सुरुवात करू. यांच्यामध्ये प्रत्येक पेशीच्या विभाजनानं दोन पेशी होणं हा विणीचा सर्वात उत्तम आणि त्या प्रजातीची संख्या वाढण्यासाठी सर्वात प्रभावी मार्ग आहे; आणि सामान्यतः तेच घडतं. पण काही एकपेशीय सजीवांमध्येही काही प्रकारच्या परिस्थितींमध्ये मिथुनवीण होत असल्याचं दिसून येतं. कुठल्या परिस्थितीत? तर, अन्न, पाणी, तापमान यांसारखे परिस्थितीचे घटक प्रतिकूल असतील तेव्हा; आणि दोन जवळजवळच्या, पण

वेगळ्या प्रकारच्या पेशी उपलब्ध असतील तर! इथे वेगळ्या प्रकारच्या म्हणजे नर-मादीच असायला पाहिजेत असं नाही. अनेक प्रजातींमध्ये दोनपेक्षा जास्त वीणवाण (Mating Types) असतात. त्यांपैकी कुठलेही दोन वीणवाण एकत्र आले तरी चालतं. मुळात दोन पेशींनी एकत्र येऊन विशिष्ट प्रकारे वीण घालण्यात काय फायदा असू शकतो?

'म्युटेशन'चा प्रभाव

दोन मुख्य शक्यता मांडल्या गेल्या आहेत : एक म्हणजे, कुठल्याही सजीवाची जनुकीय माहिती ज्या डीएनएच्या लांबलचक रेणूंमध्ये साठवलेली असते, त्या रेणूंमध्ये निव्वळ अपघातानं काही बदल होतात. त्यांतल्या सर्व नाही; पण काही बदलांनी त्या सजीवाचे गुणधर्म बदलू शकतात. याला गुणघात (म्युटेशन) म्हणतात.

हे निव्वळ अपघातानं होत असल्यामुळे ते कुठे, कधी होतील त्याचा काही नियम सांगता येत नाही. पण, याचे चांगले परिणाम क्वचित आणि घातक परिणाम जास्त प्रमाणात होतात. आता गुणघात होणं अपरिहार्य असेल तर असं होत-होत शेवटी मूळ माहिती पूर्णपणे विकृत होऊन जायची भीती असते. जसा कानगोष्टींचा खेळ असतो! यात एक माणूस दुसऱ्याच्या कानात काहीतरी सांगतो, ते ऐकणाऱ्यानं तिसऱ्या व्यक्तीच्या कानात सांगायचं... तिसरीनं चौथीच्या. असं करताकरता जेव्हा तो निरोप विसाव्या-पंचविसाव्या व्यक्तीपर्यंत जातो, तोवर तो इतका बदललेला असतो, की ते सांगितल्यावर सगळ्यांची हसता-हसता पुरेवाट होते.

प्रत्येक पेशीविभाजनाबरोबर मूळ जनुकीय माहितीत असे बदल होत राहिले तर कुठलेच सजीव धड राहणार नाहीत. छोट्या आणि साध्या सजीवांमध्ये याच्यावरचा उपाय सोपा आहे. डीएनएची एकूण लांबी कमी असल्यामुळे त्यात गुणघात असण्याची संभाव्यता कमी असते. म्हणजे प्रत्येक विभाजनामध्ये म्युटेशन होईलच असं नाही. म्हणजेच पुढच्या पिढीतल्या काही पेशींमध्ये ते असेल, तर काहींमध्ये नाही. मग आपोआपच नैसर्गिक निवडीप्रमाणे ज्यांच्यामध्ये घातक बदल आहेत, त्या पेशी मरतील आणि ज्यांच्यामध्ये काही बदल नाही किंवा क्वचित होणारा अनुकूल बदल आहे, त्या जगतील. यातून घातक म्युटेशनची समस्या आपोआपच सुटते.

मात्र, ज्या सजीवांच्या डीएनएची लांबी बरीच जास्त आहे, त्यांना हा उपाय पुरेसा पडत नाही. कारण डीएनएची लांबी खूप जास्त असेल तर प्रत्येक विभाजनाबरोबर

एखादा तरी गुणघात होणारच आणि ते घातक असण्याची संभाव्यता चुकून उपयुक्त ठरणाऱ्या अपघातापेक्षा जास्त! अशा वेळी गुणघात झालेल्या आणि न झालेल्या पेशींमधली स्पर्धा उपयोगाची ठरत नाही. कारण समस्या प्रत्येक पेशीलाच असते. असं झालं तर अशा अपघाती चुका साठत जाण्याचा धोका असतो.

यावर एक संभाव्य उपाय असा, की दोन पेशी एकत्र येऊन आपल्या डीएनएच्या माळा एकत्र येऊ देतात. त्यानंतर त्या माळांमध्ये तुकडेजोड होऊन नवीन माळा सांधल्या जातात. त्यातून योगायोगानं घातक म्युटेशन नसलेली माळ बनू शकते. तशी ती बनली तर काम झालं. पुढच्या पिढीमध्ये निर्दोष डीएनए जाण्याचा मार्ग मोकळा होतो.

> मिथुनविणीचं मुख्य कारण या संभाव्य फायद्यात असावं अशी मांडणी काहींनी केली आहे. पण हा फायदा घेण्यासाठी कुठल्याही दोन पेशी एकत्र येऊन चालेल. एकपेशीय सजीवांमध्ये त्या कुठल्याही दोन पेशी असू शकतील, अगदी सख्ख्या बहिणीसुद्धा! आपल्यासारख्या प्राण्यांमध्ये आपल्याच शरीरातल्या दोन पेशी एकत्र येऊन डीएनएची तुकडेजोड करतील आणि त्यातून नवीन गर्भ राहील. त्यासाठी पुरुष, स्त्री असं काही असण्याची काय आवश्यकता? ज्याअर्थी वेगळे वीणवाण किंवा नर-मादी व्यवस्था अस्तित्वात आहे त्याअर्थी घातक म्युटेशनपासून सुटका हे काही मिथुनवीण उत्क्रांत होण्याचं प्राथमिक कारण दिसत नाही. मिथुनविणीच्या फायद्यामध्ये या गोष्टीची गणना नक्कीच करता येईल. पण यामुळे नर-मादी व्यवस्था निर्माण झाली असावी, अशी शक्यता दिसत नाही.

ज्याअर्थी वेगळे वीणवाण असले तरच जुगण्याची क्रिया होऊ शकते त्याअर्थी, आणि पुढे अधिक विकसित प्राण्यांमध्ये भावा-बहिणींमध्ये समागम टाळण्यासाठी, फुलांमध्ये स्व-परागण टाळण्यासाठी, ज्या अनेक वर्तणुकी उत्क्रांत झाल्या आहेत, त्यावरून डीएनएमध्ये वेगळेपण असणं हे फार महत्त्वाचं असायला हवं असं दिसतं.

मिथुनविणीमुळे जनुकीय वैविध्य वाढतं, प्रत्येक पिढीत जनुकांचे वेगळे संच तयार होतात, ही गोष्ट खरी आहे; आणि जुगण्याच्या दोन जिवांचे जनुक जेवढे वेगळे तेवढा मिथुनविणीचा फायदा अधिक, हे त्यावरून ओघानंच येतं. पण, जनुकीय

वैविध्याचा असा काय फायदा असतो, की त्यासाठी एवढे सोपस्कार करावेत आणि एवढी किंमत मोजावी?

जनुकीय वैविध्याचे फायदे

जनुकीय वैविध्याचे दोन मुख्य फायदे आहेत. एक म्हणजे, परिसरात सतत बदल होत असतील तर उद्याच्या परिस्थितीत कुठले जनुक उपयोगी पडतील हे आधी सांगता येत नाही. अशा वेळी ज्या जनुकांमुळे मिथुनवीण शक्य होते, त्या जनुकांना फायदा मिळतो. कारण ते नेहमी वेगवेगळ्या जनुकांच्या संगतीत शिरत राहतात. त्यांपैकी कुठलाही यशस्वी झाला तरी मिथुनविणीच्या गुणधर्माला जबाबदार असलेले जनुक नेहमीच जिंकतात. यामध्ये मिथुनवीण असलेल्या सजीवांना फायदा मिळतो की नाही, हा मुद्दा नाही. त्यांची एकूण सरासरी नफ्याची असो व तोट्याची; ज्या जनुकांमुळे मिथुनविणीचा जन्म होतो, त्या जनुकांना नक्कीच फायदा होतो. एखाद्या प्रजातीमध्ये मिथुनवीण रुजण्यासाठी एवढं पुरे आहे.

जनुकीय वैविध्याचा दुसरा एक फायदा यापेक्षाही महत्त्वाचा आहे. प्रत्येक प्राण्याला अनेक प्रकारच्या रोगजंतूंना आणि परजीवींना तोंड द्यावं लागत असतं. शरीर रोगजंतूंपासून बचाव करण्यासाठी नानाविध उपाय करत असतं. याउलट, रोगजंतू शरीराच्या प्रतिकारशक्तीवर मात करण्याचे अनेक मार्ग अवलंबण्याच्या प्रयत्नात असतात. प्राण्यांचं आणि रोगजंतूंचं असं उत्क्रांतियुद्ध कोट्यवधी वर्षं चालत आलेलं आहे आणि चालत राहील.

उत्क्रांती ही काही एका पिढीत घडून येणारी गोष्ट नाही. शेकडो-हजारो पिढ्यांमध्ये थोडाबहुत बदल झालेला दिसतो. या बाबतीत रोगजंतूंचा मोठा फायदा आहे. प्राण्यांच्या एका पिढीत जंतूंच्या हजारो पिढ्या होऊ शकतात. विशेषकरून माणूस तर दीर्घायुषी प्राणी! आपल्या एका आयुष्यात, आपल्याच अंगावरच्या जिवाणूंमध्ये, आपल्या प्रतिकारशक्तीवर मात करण्याची क्षमता उत्क्रांत होऊ शकते. तसे पुरावेही आहेत. म्हातारपणी होणारे बरेचसे जंतुदोष हे बाहेरून होणाऱ्या संसर्गानं नाही, तर आतूनच झालेल्या जंतूंच्या हल्ल्याचा परिणाम असतो. प्राण्यांची आयुर्मर्यादा ठरण्यातही शरीरातल्या जंतूंची उत्क्रांती हा महत्त्वाचा घटक आहे.

रोगजंतूंची उत्क्रांती एवढ्या वेगानं होत असेल तर प्राण्यांनाही त्यावर काहीतरी उपाय शोधला पाहिजे. प्रतिकारशक्ती काही एखाद-दुसऱ्या जनुकांमुळे येत नसते. आपल्यामध्ये सहस्रावधी जनुकांचं काम रोगजंतूंपासून रक्षण हेच आहे. पण वेगानं उत्क्रांत होणारे जिवाणू केव्हातरी या हजारो जनुकांच्या फौजेवर मात करायला शिकतीलही! तसं होईपर्यंत या जनुकांमध्येच मोठे बदल घडवून आणले तर...?

मिथुनवीण नेमकी हीच गोष्ट करत असते. प्रत्येक पिढीमध्ये जनुकांचे दोन संच मिसळून, त्यातून एक नवीन मिश्र संच निर्माण करायचा म्हणजे, जंतूसमोर प्रत्येक पिढीत नवीन आव्हानं निर्माण करता येतील. त्याच्यावर त्यांना मात करता येईपर्यंत पुढची पिढी, पुढचे संच. अशा तऱ्हेनं मिथुनविणीसाठी बरीच मोठी किंमत मोजावी लागत असली तरी त्याचा फायदाही तितकाच मोठा असल्यामुळे उत्क्रांतीमध्ये ती स्थिर झालेली दिसते – विशेषत: दीर्घायुषी सजीवांमध्ये! ज्या जातींच्या पिढीमध्ये आणि त्यांच्यावरच्या परजीवींच्या पिढीमध्ये फार मोठं अंतर नसतं, त्यांना मिथुनविणीची फारशी गरज नाही.

म्हणजे जनुकांची विविधता असणं आणि प्रत्येक पिढीमध्ये त्याचं वेगवेगळं मिश्रण करत राहणं याचे अनेक प्रकारचे फायदे आहेत. त्यासाठी मिथुनवीण अनेक वर्गांच्या सजीवांमध्ये उत्क्रांत होऊन स्थिरावल्याचं दिसतं. पण, हेसुद्धा मिथुनविणीचं स्पष्टीकरण झालं, नर-मादी व्यवस्थेचं नाही. जनुकीय वैविध्याचा फायदा कुठल्याही दोन व्यक्तींनी एकत्र येऊन मिळवण्यासारखा आहे. ते नर-मादी असण्याची काय गरज आहे? पेशीच्या पातळीवर समान असलेल्या दोन पेशी आपापले डीएनए एकत्र करून त्यातून सर्व प्रकारचे फायदे मिळवू शकतात. त्यासाठी एक अंडं आणि एक शुक्रजंतू असे वेगळे प्रकार असण्याची काय आवश्यकता?

पहिली मिथुनवीण जलचरांमध्ये

उत्क्रांतीच्या पूर्वार्धात सगळंच जीवन पाण्याखाली होतं. पहिली मिथुनवीण या जलचरांमध्येच उत्क्रांत झाली. जलचरांच्या मिथुनविणीमध्ये दोन पेशींचं मीलन पाण्यातच होतं. बहुपेशीय प्राणीसुद्धा मीलनाच्या पेशी पाण्यात सोडतात आणि तिथेच त्या एकमेकांशी झळून त्यातून नव्या पिढीचा जीव घडवतात. या प्रजाती एकपेशीय किंवा एकसारख्या पेशींच्या बनलेल्या असतील तर दोन मीलनपेशी झळून एक होण्यात आणि नवा जीव तयार होण्यात काहीच अंतर नसतं. परंतु बहुपेशीय, अनेक प्रकारच्या ऊती, अनेक अवयव असलेल्या विकसित प्रजातींमध्ये

मीलनपेशींचं एक होऊन नवी पेशी तयार होणं, आणि नवा प्राणी तयार होणं यांमध्ये विकासाच्या अनेक पायऱ्या असतात.

एका पेशीपासून स्वतंत्रपणे वावरू शकणारं पिल्लू, अळी किंवा तत्सम जीवनावस्था तयार होताना त्या एक पेशीच्या अनेक पेशी होऊन त्या पेशींमध्ये कामाची विभागणी होऊन, वेगवेगळे अवयव असलेला जीव तयार झाल्याशिवाय तो 'पिल्लू' म्हणूनसुद्धा वावरू शकत नाही, स्वतः अन्नग्रहण करू शकत नाही. गर्भविकासाच्या या किमान पायऱ्या पूर्ण होईपर्यंत लागणारी ऊर्जा, पोषण कुठून मिळतं? तर, मीलनपेशींमध्येच त्याची साठवण करून ठेवावी लागते.

पाण्यामध्ये होणाऱ्या पेशींच्या मीलनात योग्य त्या दोन पेशींना एकत्र यावं लागतं. त्यासाठी एकमेकांना शोधावंही लागतं आणि गर्भाच्या किमान विकासापुरता अन्नसाठाही करावा लागतो. आता इथे एक अंतर्विरोध उद्भवतो. अन्नसाठा करायचा झाला, तर ती पेशी अपरिहार्यपणे स्थूल होणार, एकमेकांना शोधायचं असेल तर त्यासाठी हिंडावं लागणार! स्थूलपणा घेऊन हिंडणं सोपं नाही. मग या दोन्ही गोष्टी शक्य करण्यासाठी उत्क्रांतीनं कामाची विभागणी केली आहे. एक प्रकारच्या मीलनपेशी अन्न साठवण्याचं काम करतात, त्या स्थिर राहतात. त्यांना शोधण्याचं काम दुसऱ्या प्रकारच्या पेशी करतात. त्यांना हिंडावं लागतं, त्यामुळे त्या स्थूल असून चालत नाही. म्हणून त्या अन्न साठवत नाहीत. मात्र, त्यांच्याकडे हिंडण्याची आणि योग्य त्या पेशीला ओळखण्याची आवश्यक ती यंत्रणा असते. या कामाच्या विभागणीमधून अन्न साठवणारी स्थूल अंडपेशी आणि वेगानं वळवळणारी छोटीशी शुक्रपेशी किंवा शुक्रजंतू अशी विभागणी झाली. लिंगभेदाचा हा पहिला टप्पा!

अंडं आणि शुक्रजंतूच्या उगमाचं स्पष्टीकरण मिळालं म्हणजे लगेच नर-मादी व्यवस्थेचं स्पष्टीकरण मिळालं असं होत नाही. दोन प्रकारच्या पेशींची आवश्यकता असेल, तरी व्यक्ती दोन प्रकारच्या असायला पाहिजेत असं नाही. प्रत्येक व्यक्ती दोन्ही प्रकारच्या मीलनपेशी तयार करू शकते.

अशी व्यवस्था फुले येणाऱ्या वनस्पतींच्या बहुतेक प्रजातींमध्ये आहेच. प्राण्यांमध्येही गांडुळासारख्या जातीमध्ये प्रत्येक प्राणी अंडी आणि शुक्रजंतू दोन्ही तयार करतो. दोन प्राणी जुगतात तेव्हा दोघंही आपले शुक्रजंतू दुसऱ्याला देतात. गांडुळांमध्ये नर-मादी वेगळे नसतात; मग माणसासारख्या इतर बऱ्याच प्राण्यांमध्ये ते वेगळे का असतात?

याचं उत्तर शोधण्यासाठी आपण एक काल्पनिक प्रयोग करू. समजा, एक उभयलिंगी प्राणिजात आहे. म्हणजे तीत प्रत्येक जण अंडी आणि शुक्रजंतू दोन्ही तयार करतो. त्यामुळे कुठलेही दोन प्राणी एकत्र येऊ शकतात आणि आपले शुक्रजंतू दुसऱ्याची अंडी फळवायला देऊ शकतात.

शुक्रजंतू की अंडी?

आता समजा, या जातीत कुठल्यातरी गुणघातानं एक जण असा तयार झाला, की तो फक्त शुक्रजंतूच तयार करतो, अंडी नाही. तर काय होईल? या प्राण्याला अंड्यामध्ये जी भांडवली गुंतवणूक करावी लागते, ती लागणार नाही. पण शुक्रजंतूंच्या साहाय्यानं त्याचे जनुक पुढच्या पिढीमध्ये जात राहतील. जर समागमाला जोडीदार मिळण्याची वानवा नसेल तर तो इतरांपेक्षा जास्त जोडीदारांशी जुगू शकेल. एका अंड्यात जेवढी गुंतवणूक लागते त्यापेक्षा एका शुक्रजंतूसाठी खूपच कमी लागते. म्हणजे कमी भांडवलात तितकाच किंवा अधिकच जनुकीय फायदा मिळवणं त्याला शक्य होणार आहे.

उत्क्रांतीच्या तत्त्वानुसार, या नराचा वंश अधिक वाढेल. पुढच्या पिढीत याच्यासारखे वागणारे अनेक निघतील. पण असं नेहमीच होऊ शकणार नाही. कारण नरांमधली स्पर्धा जशी वाढत जाईल तसा त्यांना मिळणारा वाढीव फायदा कमीकमी होऊ लागेल. एका संख्येला त्यांचा एकूण फायदा इतरांइतकाच होईल. आता शुक्रजंतूची उपलब्धता खूप असल्यामुळे आधी जे प्राणी दोन्ही प्रकारच्या मीलनपेशी बनवत होते, त्याचा शुक्रजंतू बनवण्यातला लाभ कमी होणार आहे आणि अंडी बनवण्यातला वाढणार आहे. मग त्यांनी शुक्रजंतू कशाला बनवायचे? त्यांनी फक्त अंडीच बनवणं हिताचं आहे. असं झालं की काही जण फक्त शुक्रजंतू बनवू लागले म्हणजे नर झाले, काही फक्त अंडी म्हणजे माद्या झाले.

परंतु कुठल्या परिस्थितीत असं होऊ शकेल याला मर्यादा आहेत. अंडी न बनवून जी गुंतवणूक वाचवली, ती जर पुरेशा अधिक जोडीदारांशी जुगण्यात वापरता आली, तरच नर होण्यात फायदा आहे. म्हणजे, जर तुम्ही अधिक जोडीदारांचा पाठलाग करू शकत असाल, इतर स्पर्धकांवर कुरघोडी करू शकत असाल, तरच नरपणाचा काही फायदा आहे. वनस्पती असं करू शकत नाहीत. गांडुळे आंधळी असतात. जोडीदार योगायोगानं एकत्र येतात, तेव्हाच जुगतात. अशा सजीवांमध्ये नर होण्यात काही फायदा नाही. ते उभयलिंगी असलेलेच चांगले!

नर–मादी मूलतत्त्व नाहीच!

नर-मादी व्यवस्थेच्या या उपपत्तीला पाठिंबा देणारी वस्तुस्थिती म्हणजे काही प्रजातींमध्ये बहुतेक जण उभयलिंगी आणि काही फक्त नर अशी अवस्था अद्यापही दिसते. वळवळे (Nematodes) या कृमीवर्गातील काही प्रजातींमध्ये अशी व्यवस्था आहे. इथे नर-मादी नाहीत; तर नर-उभयलिंगी अशी व्यवस्था आहे.

काही लेखकांनी नर-मादी हे निसर्गामधील मूलतत्त्व आहे अशी मांडणी केली आहे; आणि नरतत्त्व हे आक्रमक, मादीतत्त्व सर्जनशील आणि सोशीक अशी विभागणी केली आहे. ही एक कविकल्पना म्हणून चांगली आहे. पण जीवशास्त्राची नीट माहिती नसलेले तत्त्वज्ञच असे म्हणू शकतात. कारण जीवशास्त्रात नर-मादी हे मूलतत्त्व मुळीच नाही. सगळ्या सजीवांचा एकत्र विचार केला तर नर-मादी व्यवस्था असलेले सजीव अल्पसंख्य ठरतात. काही प्रजाती, काही वर्गांमध्ये अशी व्यवस्था उत्क्रांतीच्या इतिहासात बऱ्याच उशिरानं निर्माण झाली आहे. माणसामध्ये अशी व्यवस्था असल्यामुळे ती आपल्या दृष्टीनं महत्त्वाची आहे, यात शंका नाही. पण ते काही निसर्गाचं मूलतत्त्व वगैरे नाही, हे आधीच लक्षात घेतलं पाहिजे. अशा वेळी कुठल्या परिस्थितीत नर-मादी व्यवस्था उत्क्रांत होते आणि स्थिरावते, ते समजणं महत्त्वाचं आहे.

शुक्रजंतूंच्या यशासाठी आणि अंड्याच्या अथवा गर्भाच्या यशासाठी लागणारी वर्तणूक वेगळी असते, आणि ती एकाच शरीरात नांदू शकत नाही, तेव्हाच वेगळे नर आणि वेगळ्या माद्या अशा व्यवस्थेत काही फायदा आहे. सस्तन प्राण्यांमधलं उदाहरण घेऊ. एका गर्भामागची आणि त्यानंतर मातृत्वामधली गुंतवणूक मोठी असते. त्यामुळे त्याद्वारे होणाऱ्या पिल्लांची संख्या मर्यादित असते. जास्त नरांशी जुगल्यावर तितक्या प्रमाणात मादीच्या पिल्लांची संख्या वाढत नाही.

शुक्रजंतूंचं यश

शुक्रजंतूंच्या यशाची गोष्ट मात्र वेगळी! नराला जास्त माद्या मिळाल्या तर त्याला होणाऱ्या पिल्लांची संख्या तेवढ्या प्रमाणात वाढू शकते. पण, जास्त माद्या मिळवण्यासाठी इतर नरांशी स्पर्धा, कदाचित प्राणघातक मारामारीसुद्धा करावी लागते. त्यासाठी धोका पत्करूनसुद्धा बलवान बनणं आवश्यक असतं. याउलट, मादीच्या शरीरात गर्भ असेल किंवा लहान पिल्लं असतील, तर त्यांना धक्का लागून चालणार नाही. म्हणून मादीला शक्यतो धोका टाळायचा असतो. आता शुक्रजंतूंद्वारे यश मिळवण्यात धोका पत्करणं आणि गर्भाद्वारे यश मिळवण्यात धोका टाळणं

हा आवश्यक गुणधर्म आहे. हे दोन्ही एकाच शरीरात कसे राहू शकतील? एकाच शरीराला धोका पत्करणं आणि टाळणं शक्य होणार नाही. म्हणून एकाच शरीरानं अंडी आणि शुक्रजंतू दोन्ही तयार करणं फायद्याचं नाही. म्हणजे, नर-मादीच्या धोरणांमध्ये विरोध असतो आणि दोन्ही धोरणं एकत्र नांदू शकत नाहीत तेव्हाच अशी व्यवस्था निर्माण होते.

उत्क्रांतीत नक्की कुणाचा आणि काय फायदा महत्त्वाचा असतो, हे समजून घेणं महत्त्वाचं आहे. आपण आता असं गृहीत धरू, की एका जातीत नर-मादी व्यवस्था आता पक्की रुजली आहे. एका पिल्लागणिक मादीची गुंतवणूक जास्त असल्याचं आपण पाहिलं. त्यामुळे मादीला किती पिल्लं होतात हे तिच्याच क्षमतेवर अवलंबून असतं. याउलट, नराला अनेक माद्या मिळाल्या तर कितीही पिल्लं होऊ शकतात.

आता समजा, एका समाजात ९० टक्के माद्या आणि १० टक्के नर असतील तर ते १० टक्के नर संख्येनं जास्त असलेल्या माद्यांना फळवू शकतात. त्यामुळे चांगल्या संख्यावाढीसाठी 'भरपूर माद्या आणि कमी नर' अशी व्यवस्था असलेली चांगली! एखाद्या समाजात ५० टक्के नर आणि ५० टक्के माद्या असतील तर त्यांची संख्या कमी वाढेल. कारण संख्यावाढीचा वेग माद्यांवर अवलंबून असतो, नरांवर नाही. ९०-१० समाज विरुद्ध ५०-५० समाज अशी स्पर्धा लागली तर ९०-१० समाज जिंकेल.

पण स्पर्धा फक्त दोन समाजांमध्ये नसते. एका समाजामध्येही व्यक्ती-व्यक्तीत स्पर्धा असते.

९०-१० समाजातली स्पर्धा कशी असेल!

एका मादीला सरासरी जितकी पिल्लं होतात त्याच्यापेक्षा कितीतरी अधिक पिल्लं सरासरी नराला होतात. म्हणजे नराचं सरासरी जनुकीय यश माद्यांपेक्षा जास्त असणार! आता पिल्लं नर व्हावीत की माद्या, हे ठरवण्याचा अधिकार मादीला आहे, असं आपण क्षणभर गृहीत धरू. अनेक प्राणिवर्गात हे खरंही आहे. जर एखाद्या मादीनं जास्त नर-पिल्लं घालायची ठरवली तर पुढच्या पिढीत तिचा जनुकीय फायदा इतर माद्यांपेक्षा जास्त होणार. कारण नरांना माद्यांपेक्षा जास्त पिल्लं होतात. असं करताकरता पुढल्या पिढीत नरांची संख्या वाढू लागेल. पण नरांचं प्रमाण वाढू लागलं की त्यांचा फायदा कमी होऊ लागेल. असं

करताकरता शेवटी या प्रजातीमध्येही नर-माद्या ५०-५० टक्क्यांवर येऊन ठेपतील. म्हणजे जास्त माद्या असण्यात त्या समाजाचा फायदा असला तरी व्यक्तीच्या जनुकीय फायद्यामुळे नर-माद्या सारख्याच संख्येनं जन्माला घालणं हीच व्यवस्था स्थिर होऊन राहते.

नर-मादी व्यवस्था निर्माण झाल्यानंतर कुणी नर व्हायचं, कुणी मादी हे ठरवण्याचे अनेक वेगवेगळे प्रकार जीवजगतात आहेत. काहींमध्ये अंडं कोणत्या तापमानाला राहिलं, त्यावर त्यातून नर-पिल्लू जन्माला येणार की मादी, हे ठरतं. काही जातींमध्ये बालपणी खायला काय मिळतं त्यावर मोठेपणी नर होणार की मादी, हे ठरतं. काहींमध्ये जनुकांचा एक संच असेल तर नर, दोन असतील तर मादी अशी व्यवस्था असते; तर काहींमध्ये जनुकांवरून किंवा गुणसूत्रांवरून लिंग ठरतं. लिंग ठरण्याचे वेगवेगळे मार्ग वेगवेगळ्या जातींमध्ये उत्क्रांत झालेले दिसत असल्यामुळे नर-मादी व्यवस्था स्वतंत्रपणे अनेक वेळा उत्क्रांत झाली असावी असं दिसतं. यंत्रणा वेगळ्या असल्या तरी ज्या कारणांनी नर-मादी व्यवस्था उत्क्रांत होते, ती कारणं बरीचशी सारखी असल्यामुळे परिणाम अनेक बाबतींत सारखे दिसतात.

थोडक्यात, नर-मादी व्यवस्थेची निर्मिती, कामाची असमान वाटणी आणि काही बाबतींत तरी परस्परविरुद्ध स्वभाव यांच्यामुळे झाली आणि टिकली आहे. जर सर्व बाबतींत समानता असती तर दोन भिन्न लिंगं निर्माण झालीच नसती. बहुतेक जातींच्या फुलांमध्ये जसे परागकण आणि बीजांडं दोन्ही असतात, तसे आपण झालो असतो. नर-मादी व्यवस्थेत असमानता हाच मूलभूत घटक आहे.

यातून लगेच स्त्री-पुरुष समानतेविषयी काही निष्कर्ष काढण्याची घाई करू नका. कारण हा उत्क्रांतीच्या नाटकाचा फक्त पहिला अंक आहे. एकूण नाटक खूपच रहस्यमय आहे. शेवट आधीच कळेल असं हे नाटक नाही.

४.
जाती तितक्या प्रकृती

नर-मादी व्यवस्था काही वर्गांमध्ये उत्क्रांत झाली असली तरी सगळ्या नर-मादी व्यवस्था सारख्या नाहीत. काही जातींमध्ये नर-मादी असतात; पण नराशी जुगूनच अंडी घातली पाहिजेत, असं बंधन मादीला नसतं. नराशी न जुगताच मादी अंडी घालू शकते आणि ती अंडी फळून त्यातून पिल्लं तयारही होतात. म्हणजे जुगणं हे मादीला ऑप्शनल असतं. पण जुगून अथवा न जुगता घातलेल्या अंड्यांमधून येणाऱ्या पिल्लांचे गुणधर्म सारखेच असतात असं नाही.

बहुतेक प्राणिजातींमध्ये गुणसूत्रांचे दोन संच असतात. अंडी किंवा शुक्रजंतू तयार होताना ज्या प्रकारे पेशीविभाजन होतं, त्यात दोनपैकी एकच संच एका अंड्यात किंवा शुक्रजंतूमध्ये उतरतो. हे दोन संच एकमेकांना पुन्हा झाळले जातात तेव्हा त्या झाळपेशीमध्ये (In Zygote) परत दोन संच होतात. म्हणजे नव्या पिढीत जनुकांचा एक संच आईकडून आणि एक बापाकडून आलेला असतो.

गांधीलमाश्यांमध्ये थोडी वेगळी व्यवस्था आहे. यांच्यात मादीमध्ये दोन संच असतात. नरामध्ये मात्र एकच असतो. अंडी घालताना नेहमीप्रमाणे दोनाचा एक होतो; पण शुक्रजंतू तयार होताना नरामध्ये एकच संच असल्यामुळे तो अख्खा तसाच उतरतो. आता नरांनी अंडं फळवलं तर त्यातून दोन संचांची मादी तयार होते. न फळलेल्या अंड्यामध्ये एकच संच राहतो. त्यामुळे त्यातून नराचाच जन्म होऊ

शकतो. म्हणजे गांधीलमाश्यांमध्ये नराशी न जुगता पिल्लं होऊ शकतात; पण मग ते फक्त नरच असतात.

याउलट, इतर वर्गांतल्या अनेक जातींमध्ये गुणसूत्रांचे दोन संच असलेली अंडी मादी एकटीच घालू शकते. ही अंडी नरानं फळवण्याची गरज नसते. यातून बाहेर येणाऱ्या फक्त माद्याच असू शकतात. याला 'मादीवीण' (Parthenogenesis) म्हणतात.

रोटीफर नावाचा प्राण्यांचा एक वर्ग आहे. यातल्या कित्येक जातींमध्ये एके काळी असलेली नर-मादी व्यवस्था पूर्णपणे नामशेष होऊन आता फक्त मादीवीण उरली आहेत. आता या जातींमध्ये फक्त माद्याच असतात आणि त्या फक्त माद्यांनाच जन्म देतात; नर औषधालाही मिळत नाही. म्हणजे नर-मादी व्यवस्थेची उत्क्रांती भुतासारखी उलट्या पावलांनीही चालू शकते; काही प्राण्यांमध्ये चाललेली आहेही!

<blockquote>
पक्षी आणि सस्तन प्राण्यांमध्ये मात्र नर-मादी व्यवस्थेला पर्याय नाही; अपवाद म्हणूनसुद्धा! नर-मादीच्या जुगण्याखेरीज पिल्लं होऊच शकत नाहीत. पण, नर-मादी संबंध कसे असावेत, त्यातून पिल्लांचा जन्म कसा व्हावा, त्यांचं संगोपन करावं की नाही, आणि कुणी करावं यात मात्र कमालीचं वैविध्य आहे.
</blockquote>

हंगामापुरत्या नर-मादी जोड्या

अनेक जातींमध्ये विणीचे हंगाम ठरलेले असतात. बदके आणि बहुतेक जातींचे पाणपक्षी हंगामी विणारे असतात. मात्र, चिमण्या, कबुतरं, उंदीर, माकडं असे काही प्राणी-पक्षी वर्षभरात कधीही पिल्लं जन्माला घालू शकतात. विणीचा ठरावीक हंगाम नसलेल्या जाती जास्त करून विषुववृत्तीय भागात असतात, यात आश्चर्य नाही. कारण इथे हवामानात कमालीचे चढउतार नसतात. थंडीमुळे किंवा पाण्याच्या मर्यादिमुळे जिथे वर्षाचे काही महिनेच पिल्लांच्या वाढीला योग्य असतील त्या प्रांतात वर्षभर वीण चालणार नाही, हे उघड आहे. हंगामी वीण असणाऱ्या बहुतेक जातींमध्ये नर-मादीच्या जोड्याही हंगामापुरत्याच जमतात. एरवी ते जोडीनं राहत नाहीत. विणीच्या हंगामाच्या वेळी या जातींमध्ये शरीरातील चयापचय, संप्रेरके, एवढंच नव्हे; तर त्यांचं रंगरूपही बदलू शकतं. बदकांच्या बहुतेक जातींमध्ये विणीच्या हंगामापुरते नरांना रंगीत पिसारे येतात. हंगाम सरला की त्यांची जागा

अनाकर्षक, मळखाऊ पिसं घेतात. नर-मादी दोघांमध्येही शृंगाराची भावना आणि वर्तन त्या-त्या हंगामापुरतंच मर्यादित असतं.

सारंग हरणांना दर वर्षी विणीच्या आधी नवीन शिंगं उगवतात. वीण संपल्यावर गळून पडतात. कुरंग हरणांची शिंगं मात्र कायमची असतात; हत्तींचे सुळेही कायमचे! काही जातींचे विणीचे आणि एरवी जगण्याचे प्रांतही वेगळे असतात, आणि त्यांच्यात ते हंगामी स्थलांतर करतात. हे स्थलांतर कधी-कधी हजारो किलोमीटर लांब टप्प्यांचं असू शकतं.

ज्या जाती वर्षभरात कधीही पिल्लं जन्माला घालतात, त्या जातींमध्ये मीलनाचे संकेत, शृंगार वर्षातून कधीही घडू शकतात. मात्र, त्यातही एक चाकोरी दिसते. मादी अधूनमधून काही काळाने माजावर येते, तेव्हाच ती मीलनाला तयार असते; आणि त्या काळातच ती नराला लैंगिकदृष्ट्या आकर्षक वाटते, एरवी नाही. माजावर असतानाच तिच्यामध्ये अंडपेशी तयार होते. त्या वेळी समागम झाला तरच गर्भ राहू शकतो. नराची मात्र कायमचीच तयारी असते. माजावर असलेली मादी कधीही दिसली तर नराची प्रणयाराधनाची तयारी कायमच असते.

प्राण्यांमध्येही चॉइस

दिसेल त्या नराशी मादींनी जुगावं किंवा दिसेल त्या मादीशी नरांनी जुगावं असं नसतं. प्राण्यांमध्येही चॉइस असतो; पण तो कुणी-कधी-कसा वापरायचा याच्यामध्येही वैविध्य आहे आणि त्याची कारणंही आहेत. आपण याच्याआधीही असं एक ढोबळ विधान केलं आहे की, साधारणतः एका पिल्लामागे मादीची गुंतवणूक जास्त असते, नराची कमी! एका ठिकाणी गुंतवणूक कमी असेल आणि गुंतवणुकीच्या पर्यायी संधी बऱ्याच असतील, तर आपण कशात गुंतवणूक करतो आहोत त्याबद्दल जास्त चोखंदळ असण्याचं कारण नसतं.

याउलट, आपल्याला एका ठिकाणी जास्त गुंतवणूक करणं भाग असेल, तर अर्थातच, आपण किती ठिकाणी गुंतवणूक करू शकतो यावर मर्यादा पडतात. आणि अशा वेळी कशात गुंतवणूक करायची, ते अतिशय चोखंदळपणे ठरवणं भाग असतं. त्यामुळे जास्त गुंतवणूक करणाऱ्या माद्या – ज्यांचे जनुक घेऊन ही गुंतवणूक करायची – त्या नराच्या निवडीबाबतीत अधिक चोखंदळ असणं अपेक्षित आहे.

नराला अनेक माद्यांशी जुगण्याची संधी असेल तर त्याला फार काळजीपूर्वक मादीची निवड करण्याची गरज नाही. त्यामुळे नर कुठल्याही मादीशी जुगायला

तयार असेल, आणि मादी मात्र नराची निवड अधिक काळजीपूर्वक करेल, अशी अपेक्षा केली तर ती तर्काला धरून होईल.

अनेक प्रजातींमध्ये जवळपास असंच चित्र दिसतं, ही गोष्ट खरी; पण हा सरसकट नियम म्हणून गृहीत धरता येत नाही. कारण हा नियम तुमच्या गुंतवणुकीवर अवलंबून आहे, नर की मादी यावर तो अवलंबून नाही. ज्या परिस्थितीत नराची गुंतवणूक काही कारणांनी वाढते किंवा मादीची कमी होते, त्या परिस्थितीत हा नियम बदलतो. पूर्णपणे उलटाही होऊ शकतो. म्हणजे नराची गुंतवणूक मादीपेक्षा जास्त होऊ शकते. निसर्गात सर्व प्रकारची उदाहरणं आहेतही!

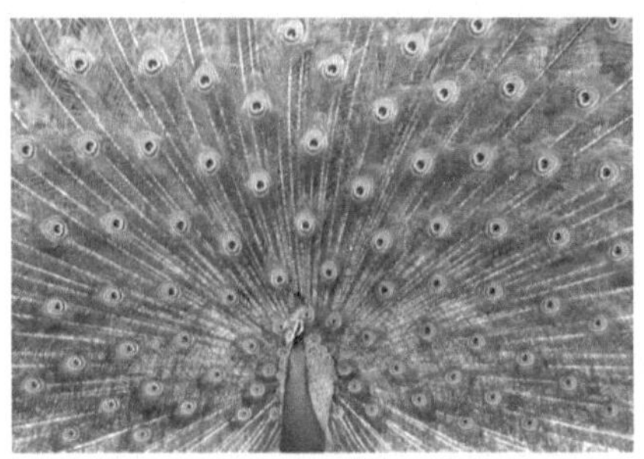

मोराचा पिसारा आणि तो संपूर्ण फुलवून केलेला नाच हे कदाचित सगळ्यांत जास्त चर्चेचं आणि जगात सगळ्यांना माहीत असलेलं उदाहरण! मोर आणि लांडोर यांच्या रंगरूपातच खूप फरक असतो. लांडोरीला मोरासारखी आकर्षक पिसं नसतात आणि ती नरासारखं नृत्य करतानाही दिसत नाही. मोर का नाचतो? तर, अनेक लांडोरींना आकर्षित करण्यासाठी, असं मानलं गेलं आहे. गंमत म्हणजे, सामान्य माणसाला सगळ्यांत जास्त परिचयाच्या असलेल्या नराच्या आकर्षकतेच्या या उदाहरणाचा प्रत्यक्ष अभ्यास मात्र फारसा झालेला नाही. जास्त मोठ्या पिसाऱ्याच्या नराला खरंच जास्त माद्या मिळतात का, आणि परिणामतः जास्त पिल्लं होतात का, हे तपासून पाहिलं गेलं नाहीये.

आफ्रिकेतल्या 'लाँग टेल्ड विडो बर्ड' या जातीत मात्र खूप काळजीपूर्वक केलेल्या प्रयोगांनी लांब शेपटीवाल्या नराला खरोखरीच जास्त माद्या मिळतात

आणि जास्त पिल्लं होतात, हे दाखवलं गेलं आहे. हेच इतर जातींना लागू होत असावं हे नुसतं अनुमान झालं; पण बहुतेक अभ्यासकांनी ते मान्य केलं आहे.

माद्या आकारानं लहान, साध्या, अनाकर्षक, बहुधा मळखाऊ रंगाच्या; आणि नर मोठे आणि त्यांना माद्यांमध्ये नसलेलं मिरवता येण्याजोगं काहीतरी, असा प्रकार खूप जातींमध्ये दिसतो. यात सिंहाची आयाळ, हत्तीचे सुळे, सांबराची शिंगे, पक्ष्यांचे आकर्षक पिसारे, मोरासारखं नृत्य, कोकीळसारखी गाणी, बेडकांसारखा कोलाहल असे अनेक प्रकार येतात.

नर मिरवतात आणि माद्या जास्त चांगलं मिरवणाऱ्या नराची निवड करतात, असं चित्र बऱ्याच वेगवेगळ्या वर्गांतल्या अनेक प्रजातींमध्ये दिसतं. म्हणजे असा नर-मादी संबंध एकदा नाही; तर स्वतंत्रपणे अनेकदा उत्क्रांत झाला असला पाहिजे. उत्क्रांतीमध्ये एकसारखी गोष्ट अनेक वेळा घडत असली तर त्यामागे तितकंच जबरदस्त असं कारण असलं पाहिजे.

मादीची गुंतवणूक नरापेक्षा बरीच जास्त असते आणि म्हणून ती नराच्या निवडीबद्दल जास्त चोखंदळ असते, अशी एक कारणमीमांसा आपण केलीच आहे; पण ती पुरेशी नाही. मादीनं नराच्या कुठल्या गोष्टीबद्दल चोखंदळ असावं हेही महत्त्वाचं असायला पाहिजे.

नराची ताकद, स्वतःचं संरक्षण करण्याची क्षमता, पळण्याचा किंवा उडण्याचा वेग, शिकारी-जात असेल तर शिकारीचं कौशल्य अशा गोष्टींमध्ये चोखंदळपणा ठेवणं आपण समजू शकतो. या गोष्टींचा सरळसरळ जगण्याच्या स्पर्धेत उपयोग आहे. जास्त सक्षम नर मिळाला तर आपली पिल्लंही जास्त सक्षम निपजण्याची शक्यता वाढते. म्हणून माद्यांनी अशा नरांची निवड करणं समजण्यासारखं आहे. काही जातींमध्ये नराच्या निवडीसाठी माद्या असे निकष वापरताना दिसतातही! उदाहरणार्थ, गरुडाच्या अनेक जातींमध्ये नर आपल्या झेप घेण्याच्या आणि सूर मारण्याच्या कौशल्याचं प्रदर्शन करतो. गरुडांच्या प्रणयाराधनेमध्ये या कौशल्यांना महत्त्व आहे; आणि ते का आहे, हे समजण्यासारखं आहे. मोराचा नाच, इतरही अनेक पक्ष्यांचे रंग, गायन, नर्तन यांसारख्या गोष्टी समजायला अवघड आहेत. या गोष्टींचा जीवनावश्यक कौशल्यांशी अर्थाअर्थी संबंध दिसत नाही; तरीही माद्या अशा गोष्टींवरून नराची निवड का करतात, हे थोडंसं गूढ आहे.

रोनाल्ड फिशर

याचं उत्तर देण्याचा प्रयत्न अनेकांनी केला आहे. त्यांपैकी रोनाल्ड फिशरचं म्हणणं असं होतं की, माद्यांनी कशाची निवड करावी याला काही अर्थ असायलाच हवा असं नाही. पण एकदा जर काही माद्यांनी नरामधल्या कुठल्याही एका गुणाची निवड करायला सुरुवात केली तर इतर माद्यांनीही त्याच गुणाची निवड करण्यात फायदा आहे. कारण ज्या नरामध्ये हा गुण आहे, त्याला जास्त माद्या मिळणार... साहजिकच, त्याच्यापासून झालेल्या पिल्लांमध्ये हा गुण उतरण्याची संभाव्यता अधिक... त्या पिल्लांनाही पुढल्या पिढीत जास्त माद्या मिळू शकतात. म्हणून अशा नराची निवड करणाऱ्या माद्यांना पर्यायानं जास्त यश मिळतं. म्हणून नरामध्ये हा गुणधर्म आणि माद्यांमध्ये त्याची निवड करण्याची वृत्ती अशा दोन्ही गोष्टी बरोबरीनं उत्क्रांत होऊ लागतात. मग तो गुणधर्म नक्की काय आहे, याला काही महत्त्व राहत नाही.

दुसरी एक पर्यायी कारणमीमांसा आमोत्झ झहवी या इस्रायली वैज्ञानिकानं सुचवली. त्याच्या म्हणण्याप्रमाणे, नराला पिसाऱ्याचं किंवा तत्सम गोष्टीचं प्रदर्शन करणं एवढं सोपं नाही. त्यासाठी खूप मोठी गुंतवणूक करावी लागते, धोकाही पत्करावा लागतो. उदाहरणार्थ, आकर्षक रंगाचं प्रदर्शन करून नर जसा मादीचं लक्ष वेधून घेऊ शकेल तसंच तो शिकारी-प्राण्याचं लक्षही आपल्याकडे वेधून घेणं अपरिहार्य आहे.

आमोत्झ झहवी

मोराचं पिसारा फुलवून नाचणं असं असतं, की पिसाऱ्यामुळे त्याला मागचं काही दिसणं बंद होतं. मागून एखादा बिबट्यासारखा शिकारी-प्राणी आला तर संपलंच. म्हणजे, नराला या ना त्या प्रकारे प्रदर्शन करणं खूप महागात पडणार असतं. पण या महाग प्रदर्शनात एक संदेश असतो. तो म्हणजे, एवढं महाग प्रदर्शन मी सहज करू शकतो, म्हणजे माझी क्षमता केवढी आहे ते पाहा! शिकारी-प्राण्यांचं

लक्ष वेधून घेऊनही मी जिवंत आहे. याचा अर्थ, माझ्या पंखांमध्ये किंवा पायांमध्ये एवढं बळ आहे, की मी स्वतःचं रक्षण सहज करू शकतो. माद्या जेव्हा मोठं प्रदर्शन करणाऱ्या नराची निवड करतात तेव्हा त्या प्रत्यक्षात त्याच्या या कौशल्याची निवड करत असतात.

तिसरी कारणमीमांसा मार्लिन झुक आणि विल्यम हॅमिल्टन यांच्याकडून आली. त्यांच्या म्हणण्याप्रमाणे, नराचं हे प्रदर्शन त्याचं आरोग्य दाखवत असतं. आरोग्यातील महत्त्वाचा भाग म्हणजे निरनिराळे परजीवी जीवजंतू. यांचा मुकाबला जो उत्तम प्रकारे करू शकेल तोच उत्तम प्रदर्शनही करू शकेल. परजीवींचं आक्रमण थोपवण्यात जनुकांचा वाटा मोठा असतो. उत्तम प्रदर्शन करणाऱ्या नराची निवड केल्यामुळे आपल्या पिल्लांमध्ये हे जनुक येतील अशी व्यवस्था माद्या करत असतात.

नरांचं प्रदर्शन आणि माद्यांनी केलेली निवड असा खेळ उत्क्रांत होण्याची ही तीन प्रमुख आणि इतरही काही कारणं दिली गेली आहेत; आणि त्यांच्यावर अनेक वादविवाद झाले आहेत. यावरचा समतोल दृष्टिकोन असा आहे की, हा खेळ सर्व प्राण्यांमध्ये एकाच कारणामुळे उत्क्रांत झाला असेल, असं समजण्याचं कारण नाही. शिवाय, ही कारणं एकमेकांच्या विरुद्ध नाहीत. म्हणजे एक खरं असेल तर दुसरं खोटंच असलं पाहिजे असं नाही. एका वेळी एकच कारण काम करत असेल असंही नाही. नराच्या निवडीचा खेळ अनेक जातींमध्ये अनेकदा स्वतंत्रपणे उत्क्रांत होत असल्यामुळे वेगवेगळ्या संदर्भांत वेगवेगळे घटक प्रभावी असू शकतात. त्यांचा संयुक्त परिणाम म्हणून असेल; पण नराचं प्रदर्शन आणि मादीची निवड अशी व्यवस्था बऱ्याच वेगवेगळ्या वर्गांमधल्या वेगवेगळ्या प्रजातींमध्ये उत्क्रांत झाली आहे, हे मात्र खरं!

'नरहाट' : नरांचे प्रदर्शन

ज्या प्राणिजातींमध्ये अशी व्यवस्था आहे, त्यांच्यात प्रत्यक्षात ही निवड होते कशी, त्याच्या पद्धतीतही भरपूर वैविध्य आहे. सर्वात प्रेक्षणीय आणि आश्चर्यकारक पद्धतीला नरहाट (Lekking System) म्हणतात. यात अनेक नर एकत्र येऊन एकमेकांपासून थोड्या-थोड्या अंतरावर उभे राहून आपलं प्रदर्शन करतात. प्रदर्शन कशाचं करायचं, ते जातिगणिक बदलतं. पण नरांचा एक बाजारच भरतो जणू! माद्या इथे येऊन 'विंडो शॉपिंग' करतात. आपल्याला आवडलेल्या नराशी जुगतात आणि निघून जातात. बहुतेक वेळा नर एकट्यानंच घरटं करून पिल्लांना वाढवतात.

नरहाटात काही नरांना भरपूर माद्या मिळतात, तर काहींना अजिबात नाही. नरहाटात नर फक्त प्रदर्शन करतात. कुठलाही नर आपण होऊन मादीच्या मागे लागत नाही. एक हाट किती मोठा असतो, तसंच दोन नरांमध्ये किती अंतर असतं, यातही खूप फरक असू शकतो.

शेरटा नावाचा एक पक्षी आहे. तो आपल्याकडे कधी-कधी हिवाळी पाहुणा म्हणून स्थलांतर करून आलेला दिसतो. त्याची वीण मात्र उन्हाळ्याच्या दिवसांत युरोपच्या काही भागांत होते. 'शेरटा' नाव पडण्याचं कारण याच्या नराला सिंहासारखी आयाळ असते, पिसांची बनलेली! आयाळीचे रंग वेगवेगळे असू शकतात. यांचे नरहाट मोठे असतात, पंचवीस-तीस नरांचे! नर एकमेकांशी भांडण-मारामारीही करतात. माद्या येऊन आपल्याला आवडलेल्या नरांशी जुगतात; तेही एका नाही, तर अनेक नरांशी! मग जमिनीवर घरटं करून, अंडी घालून पिल्लांना वाढवतात, त्यात नरांचा काहीही सहभाग नसतो.

मोराच्या जातीत नराचं प्रदर्शन मोठं; पण हाट मोठा नसतो. कधी-कधी एकटाच, तर कधी-कधी दोन-पाच नर एकत्र नाचतात. लांडोरी नाचणाऱ्या नरांच्या आवतीभोवती वावरतात. पण, त्या नरांच्या नाचाकडे लक्ष देतात असं पाहताना तरी वाटत नाही. शेरट्यांमध्ये हाटावर येऊन जुगून गेल्यावर नर-मादी संबंध संपतो. मोरांमध्ये एखाद्या नराबरोबर अनेक माद्या जास्त काळ वावरताना दिसतात; तरीही, नराचा पिल्लांच्या संगोपनात काहीही वाटा नसतो.

सुगरण पक्ष्यामध्ये नर एकत्र येऊन घरटी बांधू लागतात. घरटं हेच त्यांचं प्रदर्शन असतं. माद्या येऊन चांगल्या घरट्याची म्हणजेच पर्यायानं ते घरटं बांधणाऱ्या नराची निवड करतात. एका मादीनं एका घरट्यात संसार थाटला की तिथे नराची भूमिका संपते. मग तो नर दुसरं घरटं बांधून दुसऱ्या मादीची वाट पाहू लागतो. इथे घर बांधण्यात, म्हणजे पिल्लांच्या संगोपनात नराचा अप्रत्यक्षपणे तरी वाटा असतो. शेरट्याच्या किंवा मोराच्या प्रदर्शनाचा मादीला तसा प्रत्यक्ष उपयोग काहीच नाही. सुगरणीच्या बाबतीत नराचं प्रदर्शन मादीला उपयुक्तही ठरतं. म्हणजे नरहाटामध्येसुद्धा जातिगणिक फरक आहेत.

इतर अनेक जातींमध्ये नराच्या प्रदर्शनाला महत्त्व असतं; पण त्यांचे असे खुले हाट भरत नाहीत. नर योग्य जागा शोधून आपली टेरिटरी बनवतो. गाण्यातून, आवाजातून आपली जाहिरात करतो. जवळ येणाऱ्या मादीला आपलंसं करण्याचा प्रयत्न करतो. यात शिंजीर, दयाळ यांसारखे पक्षी येतात. अशा जातींमध्ये

पिल्लांच्या संगोपनात नराचा कमीअधिक वाटा असू शकतो, जो नरहाटवाल्या जातींमध्ये अजिबातच नसतो. नराचं प्रदर्शन आणि त्याचा संसारातला वाटा यात उलटा सहसंबंध आहे.

ज्या जातीत नर-मादीमध्ये किमान विणीच्या हंगामात तरी रंगरूपात फरक असतो, आणि नराकडे आकर्षक पिसारे, तुरे, गाणे किंवा तत्सम डोळ्यांत भरणारे गुणधर्म असतात, त्या जातीत नराचा संसारातला वाटा अगदी कमी असतो. पिल्लांच्या हितासाठी हे योग्यच आहे. कारण आकर्षक रंगाचा नर पिल्लांबरोबर राहू लागला तर शिकारी-प्राण्याच्या नजरेला पिल्लं पडण्याची शक्यता जास्त! ज्या जातीत संसारातील कामं बरोबरीनं केली जातात त्यांच्यात नर-मादीच्या रंगरूपात सहसा काही फरक नसतो. जर काही आकर्षक रंग असतील तर ते दोघांमध्येही असतात. बुलबुल पक्षी हे याचं सर्वोत्तम उदाहरण!

संगोपनासाठी गुंतवणुकीचं गणित

साधारणतः मादीची पिल्लांमधली गुंतवणूक नरापेक्षा जास्त असते. पण, जिथे दोघंही पिल्लांच्या संगोपनासाठी साधारण सारखेच कष्ट घेतात तिथे गुंतवणुकीचं गणित बदलतं. मादीची गुंतवणूक बहुतेक जातींमध्ये जास्त असल्यामुळे ती नराच्या निवडीत चोखंदळ असते. आता ज्या जातींमध्ये नरही पिल्लांच्या वाढीसाठी अथवा संरक्षणासाठी भरपूर कष्ट घेतो तिथे नराचीही गुंतवणूक खूप होते. मग नरानंही मादीच्या निवडीबाबत चोखंदळपणा दाखवला पाहिजे. ही गोष्ट तर्काला धरून आहे. म्हणूनच बुलबुलासारख्या पक्ष्यांमध्ये अपेक्षेप्रमाणे आकर्षक पिसं नराप्रमाणे मादीलाही असतात.

यापुढे जाऊन नराची गुंतवणूक मोठी आणि मादीची कमी अशीही उदाहरणं आहेत. तिथे नर मळखाऊ, तर मादी रंगीत असलेल्याही दिसतात. याचा अर्थ आपली गुंतवणूक आणि चोखंदळपणाचा संबंध जोडणारी थिअरी खरंच खूप चांगलं काम करत आहे. कुठल्या जातीत असं दिसतं; आणि या जातींमध्ये गणित उलटं का झालं असेल? लाल पाणलाव किंवा कमळ पक्ष्यांमध्ये अंडी घालून झाल्यावर ती नरावर सोडून मादी दुसरा घरोबा करते.

दुसरं घरटं दुसऱ्या नरावर सोडून तिसरं... अशी एक मादी आठ-दहा घरटीसुद्धा करू शकते. या पक्ष्यांमध्ये मादी नरापेक्षा आकारानं मोठ्या असतात आणि अधिक रंगीतसुद्धा!

पक्ष्यांखेरीज, बेडकांच्या आणि गोड्या किंवा खाऱ्या पाण्यातील माशांच्या काही जातींमध्येसुद्धा नरानं पिल्लावळ सांभाळायची आणि मादीनं अंडी घालून निघून जायचं अशी पद्धत आहे. पण एकुणात अशा जाती कमीच आहेत. त्यात मादी मोठी किंवा अधिक रंगीत असली तरी मोरासारखे प्रदर्शनीय पिसारे नाहीत. नरहाट असतात, तसे मादीहाट कुठल्या जातीत दिसत नाहीत. याचं कारण काही परिस्थितींत मादीची गुंतवणूक नरापेक्षा कमी झाली तरी ती फार कमी होऊ शकत नाही. कारण अंडी तर तिलाच घालावी लागतात. नर-मादीमधला फरक कधी-कधी उलटही असू शकतो, एवढं दाखवण्याचं काम ही उदाहरणं नक्कीच करतात. पण, अशी ही उलटी पद्धत काही जातींमध्ये तरी का निर्माण झाली असेल?

नर-मादी एकास एक प्रमाणात बदल

उत्क्रांतीच्या कुठल्यातरी टप्प्याला एखाद्या रोगामुळे किंवा इतर काही कारणांमुळे नर-मादीमधील एकास एक हे प्रमाण खूप बदललं असावं, अशी शक्यता आहे. आता जर माद्या खूप कमी असतील तर नरांना अंडी फळवण्याची संधी दुर्मीळ असेल. मग, एकदा का ही संधी मिळाली, तर त्यातून होणारी पिल्लं जास्तीत जास्त जपली पाहिजेत. त्यांना सोडून दुसऱ्या मादीच्या मागे जाणं फायद्याचं नाही. कारण हातचंही जायचं आणि दुसरं मिळण्याची शक्यताच कमी! अशा परिस्थितीत नरांना पिल्लांचं संगोपन करत राहण्यात फायदा आहे. नर ही जबाबदारी घेऊ लागले तर माद्या दुसऱ्या नराबरोबर दुसरा घरोबा करू शकतात. नरांना पिल्लांची जबाबदारी घ्यायची असेल तर त्यांना आकर्षक रंगाचं होऊन चालणार नाही. कारण त्यामुळे शिकारी-प्राण्यांपासून पिल्लांना धोका वाढतो. याउलट, माद्यांमध्ये आता जास्त नर मिळवण्याची स्पर्धा लागू शकते.

या स्पर्धेमुळे त्या अधिक मोठ्या आणि रंगीत होऊ लागतात. एकदा रंगीत झाल्या की त्यांनी पिल्लांच्या संगोपनात भाग घेणं योग्य नाही. एकदा का असं झाल्यावर नर-मादीचं प्रमाण एकास एक झालं तरी आता नर-मादीच्या उलट्या भूमिका परत बदलणं अवघड! उत्क्रांतीत जसे काही कारणांनी काही नियम तयार होतात तसे परिस्थिती बदलली तर त्या नियमाला अपवादही तयार होतात. प्रत्येक गोष्टीला कारणमीमांसा असते, हे मात्र खरं!

एकीकडे विंडो शॉपिंग केल्याप्रमाणे नरांना पाहून मग माद्या त्यातून निवड करू शकतात अशा प्रजाती आहेत; तर दुसरीकडे मादीला काही पर्यायच नाही अशी परिस्थिती काही जातींमध्ये आहे.

डासांच्या काही जातींमध्ये मादी कोशातून पूर्ण बाहेर पडण्यापूर्वींच एखादा नर तिचा कब्जा करतो आणि तिच्याशी जुगून निघून जातो. ओरांगउटानमध्ये काही नर सक्तीने मादीशी जुगतात. इथे मादीचा फारसा इलाज चालत नाही.

मुंग्यांच्या एका जातीमध्ये प्रत्येक मादी जन्माला येताना विणीची पूर्ण क्षमता घेऊन जन्माला येते. परंतु जन्माला येताच सध्याची जी राणीमुंगी असेल, ती येऊन तिचे काही अवयव कापून टाकते, ज्यामुळे तिला जुगताच येणार नाही. म्हणजे, इथे नराचा चॉइसच नव्हे; तर जुगण्याचा चॉइसच काढून घेतला जातो. हा न्याय-अन्यायाचा प्रश्न नाही. निसर्गात कुठलीही गोष्ट न्याय-अन्यायासाठी घडत नाही. ज्या गोष्टीनं वंश चालतो ती राहते, ज्यानं चालत नाही ती नाहीशी होते. जे जनुक आपल्या पुढच्या पिढीच्या प्रवासाची खात्री करून घेतात, ते टिकतात; जे नाही ते नामशेष होतात, एवढंच!

आपण आधी पाहिलेल्या या उदाहरणांमध्ये पिल्लांचं संगोपन जोडीनं, एकट्या मादीनं किंवा क्वचित एकट्या नरानं करण्याची पद्धत आहे. टोळीनं राहणाऱ्या आणि समाजप्रिय प्राण्यांमध्ये काही वेगळ्या व्यवस्था असतात. सुगरणीसारख्या पक्ष्यांमध्ये मोठा थवा एकत्र घरटी करतो, तरी प्रत्येक घरट्यातलं पिल्लांचं संगोपन स्वतंत्र असतं. याउलट, हत्ती, सिंह, माकड अशा कळपानं राहणाऱ्या प्राण्यांमध्ये पिल्लांची काळजी कळपातल्या अनेक माद्या एकत्रितपणे घेतात. सख्ख्या आईखेरीज इतर माद्या पिल्लांना पाजतानाही दिसू शकतात. पिल्लांचं संरक्षण-संगोपन तर सगळ्या मिळूनच करतात. अशा समाजानं राहणाऱ्या प्राण्यांमध्ये नर-मादी संबंधाचे आणखीनच वेगळे आयाम दिसतात.

जनुकांच्या हिताची गोष्ट टिकते

मुंग्या, मधमाश्या आणि समाजप्रिय गांधीलमाश्यांमध्ये नराचा उपयोग जुगण्यापुरताच! पोळ्याच्या इतर कामांमध्ये त्यांचा काहीच वाटा नसतो. पोळ्यावर काम करणाऱ्या सगळ्या माद्याच असल्या तरी सगळ्या माद्या सारख्या नसतात. बहुतेक जातींमध्ये अंडी घालण्याचा मान फक्त राणीमाशीचा असतो. बाकीच्या तिच्या पिल्लांची काळजी घेण्याचं काम करतात.

अनेक जातींमध्ये इतर माद्यांची विणीची क्षमता कायमची हिरावून घेतलेली असते. गांधीलमाश्यांच्या काही जातींमध्ये ती कायमची गेलेली नसते; मात्र,

पहिली राणीमाशी जिवंत असेपर्यंत दुसऱ्या कुणाला नरांशी जुगण्याची आणि अंडी घालण्याची मुभा नसते. पहिली राणीमाशी मेली तर दुसरी कुणीतरी तिची जागा घेतं. या सत्तांतरामध्ये कमीअधिक प्रमाणात संघर्ष दिसतो आणि राजकारण असू शकतं. मात्र, नव्या राणीची सत्ता स्थिरावली की बाकीच्या तिच्यासाठी काम करू लागतात.

स्वतःची जननक्षमता कायमची दाबून ठेवून दुसऱ्याच्या पिल्लांचं संगोपन करणाऱ्या कामकरी माश्यांना स्वार्थत्यागी म्हणायचं की गुलाम म्हणायचं, हा आपला प्रश्न आहे. निसर्गात अशी काही मूल्यं असत नाहीत. त्या-त्या परिस्थितीत जनुकांच्या हिताची असलेलीच गोष्ट टिकते.

मुंग्या आणि माश्या यांमध्ये नरांचा समाजजीवनातला वाटा जवळपास शून्य असतो. याच्या उलटही उदाहरणं आहेत. कोळसुंद्यांच्या किंवा रानकुत्र्यांच्या टोळीमध्ये अधिक प्रमाणात नर असतात, मादी एखादीच असते. एकाहून अधिक माद्या असल्या तरी विणीची परवानगी एकीलाच असते. वरचढ मादी इतर माद्यांची जननक्षमता दाबून ठेवते. शिकार करून मादीचं आणि पिल्लांचं पोट भरण्याचं काम नर एकत्रितपणे आणि कमालीच्या सहकार्यानं करतात. मादी टोळीतल्या अनेक किंवा कदाचित सगळ्याच नरांशी जुगते. त्यामुळे पिल्लं नक्की कुठल्या नराची आहेत, ते कुणालाच माहीत नसतं. पण, ती आपलीच असण्याच्या संभाव्यतेमुळे सगळेच नर त्यांच्यासाठी भरपूर काम करतात. कोळसुंदे आकारानं छोटे असतात आणि आपल्यापेक्षा बऱ्याच मोठ्या प्राण्यांची शिकार करतात. त्यासाठी सहकार्यानं एकत्रित शिकार करण्याला फार महत्त्व आहे. पिल्लांचा बाप कोण, हे नेहमीच गूढ राहिल्यामुळे हे सहकार्य शक्य होतं.

सत्तांतराची जीवघेणी स्पर्धा

सिंहांची कहाणी रानकुत्र्यांच्या अगदी उलट! यांच्यामध्येही शिकार सहकारानं केली जाते. पण, ते काम नरापेक्षा माद्या अधिक प्रमाणात करतात. शिकार आणि संगोपन यांमध्ये माद्यांचं परस्पर-सामंजस्य वाखाणण्यासारखं असतं. टोळीत एकच बलवान नर असतो. कधी-कधी त्याला वचकून असणारे इतर काही नर असू शकतात. हा बलवान नर सगळ्या पिल्लांचा बाप असतो. त्याला आपला जनुकीय स्वार्थ जपण्यासाठी इतर नरांना दूर ठेवायचं असतं. मात्र, हा त्याचा एकाधिकार कायमचा नसतो.

आज ना उद्या त्याला दुसरे नर आव्हान देतात. त्यांच्यात जीवघेण्या मारामाऱ्या होतात, सत्तांतराची जीवघेणी स्पर्धा होते. समजा, नव्या नरानं जुन्याला मारून किंवा पळवून टोळीचा कब्जा केला तर तो आधीच्या पिल्लांना मारून टाकतो. तसं केलं तर माद्या लवकर परत माजावर येतात. आपली खुर्ची दुसरा ताज्या दमाचा नर हिसकावून घेऊ शकतो, अशी कायमची टांगती तलवार असल्यामुळे जोवर काळ अनुकूल आहे तोवर जास्तीत जास्त माद्यांपासून जास्तीत जास्त पिल्लं व्हावीत, अशी ही सगळी धडपड असते.

सिंहांमध्ये वयात आलेले नर आपल्या टोळीपासून वेगळे होतात. कधी-कधी असे वेगळे झालेले काही नर काही काळ एकत्र राहतात. दुसऱ्या एखाद्या टोळीवर कब्जा करण्याचा प्रयत्न असतो. माकडांच्या अनेक जातींमध्ये थोड्याफार फरकानं अशीच नराची दादागिरी असलेली समाजरचना असते. परंतु त्यांच्यात प्रबळ नराखेरीज इतर अनेक नर टोळीतच राहू शकतात. त्यांच्यातही वयात आलेले काही नर आपली टोळी सोडून जातात. काही काळानं संधी शोधून दुसऱ्या टोळीतल्या दादाला आव्हान देण्याचा प्रयत्न करतात.

रानकुत्र्यांमध्ये याच्या उलट घडतं. वयात आलेल्या माद्या आपली टोळी सोडून जातात. त्यांना दुसऱ्या टोळीत शिरकाव करून तिथली प्रबळ मादी बनण्याचा प्रयत्न करायचा असतो. आपली टोळी सोडून स्वतंत्रपणे जगण्यात आणि दुसऱ्या टोळीतल्या प्रबळ नराला किंवा मादीला आव्हान देऊन मारामारी करण्यात धोका खूपच असतो.

पहिल्या प्रकारात बऱ्याच नरांचे आणि दुसऱ्या प्रकारात बऱ्याच माद्यांचे गृत्यू होतात. त्यामुळे जन्माला येताना साधारण एकास एक प्रमाण असलं तरी सिंहांच्या किंवा माकडांच्या टोळीत शेवटी नर कमी - माद्या जास्त, तर रानकुत्र्यांमध्ये माद्या कमी - नर जास्त असलेले दिसतात. हत्तींमध्ये कळपाचा दादा नर असा नसतोच. मोठे झालेले नर बहुतेक वेळा एकटेच राहतात. जिथे माद्या माजावर असतील अशा कळपाबरोबर काही काळ घालवतात; पण कायमचे बरोबर राहत नाहीत. हत्तींच्या कळपात एखादी ज्येष्ठ हत्तीण हीच सर्वांत महत्त्वाची असते, जशी मातृसत्ताक पद्धत असावी!

इतका वेळ आपण नर-माद्यांविषयी बोलताना सगळ्या नरांना एका पारड्यात आणि सगळ्या माद्यांना एका पारड्यात टाकल्याच्या आविर्भावांनं बोलत आहोत. पण वस्तुस्थिती याच्यापेक्षा जास्त गुंतागुंतीची असते. आपला जास्तीत जास्त जनुकीय स्वार्थ कुठल्या प्रकारच्या वागण्यात किंवा धोरणात आहे, हे केवळ आपण नर आहोत की मादी, याच्यावर अवलंबून नाही; तर आपण इतर नरांच्या किंवा इतर माद्यांच्या तुलनेत कुठे आहोत यावरही अवलंबून आहे.

जे धोरण बलवान नराच्या हिताचं आहे, तेच तुलनेनं दुबळ्या नराच्या हिताचं असेलच असं नाही. दुबळ्या नराला प्रबळ नराशी स्पर्धा करण्यापेक्षा कदाचित वेगळाच एखादा मार्ग जास्त यश देईल अशी शक्यता आहे. त्यामुळे एका प्रजातीच्या सगळ्या नरांची वागणूक एका साच्यातली, सगळ्या माद्यांची दुसऱ्या साच्यातली असं न दिसता वेगवेगळ्या व्यक्तींच्या वागण्यात परिस्थितीप्रमाणे छोटेमोठे बदल दिसतात.

उदाहरणार्थ, बेडकांमध्ये विणीच्या हंगामात नर-बेडूक मोठमोठे आवाज करून माद्यांना आकर्षित करण्याचा प्रयत्न करतात. सगळ्या जातींचे बेडूक 'डरांव डरांव'च करतात असं नाही. जातिगणिक बेडकांचा आवाज वेगळा असतो. आवाज घुमवण्यासाठी बेडकांना घशाखाली फुगणारे फुगे असतात. त्या फुग्यांमध्ये घुमून आवाज आणखी मोठा होतो. मोठ्या बेडकांचे फुगे मोठे असतात, त्यामुळे आवाजही दूरवर जातो. तितक्या प्रमाणात माद्यांना या नराचं अस्तित्व कळतं. छोट्या नरांना इतका मोठा आवाज करता येत नाही. मग ते वेगळी युक्ती वापरतात. ते मोठ्या नरांच्या आसपास घुटमळतात. जेव्हा मोठ्या नरांमुळे मादी आकर्षित होतात तेव्हा या छोट्या नरांना हळूच जुगण्याची संधी मिळते. बेडकांमध्ये अंड्याचं फलन शरीराच्या बाहेर होतं. त्यामुळे मोठ्या नरांच्या जुगण्याबरोबर आपले थोडे शुक्रजंतू त्यात सोडणं सोपं असतं. म्हणजे जेव्हा शक्ती काम करत नाही, तेव्हा वेगळ्या प्रकारची चतुराई काम करू शकते.

माकडांच्या टोळ्यांच्या बाबतीत पूर्वी अभ्यासकांची अशी समजूत होती, की फक्त दादा-नराला माद्या मिळतात. पुढे डीएनए तपासण्याची सुविधा आल्यानंतर असं लक्षात आलं, की प्रबळ नर जास्त पिल्लांचा बाप असतो, ही गोष्ट खरी; पण याचा अर्थ इतर नरांना पिल्लं होतच नाहीत असा नाही. पूर्वीच्या समजुतीपेक्षा जास्त पिल्लांचे हे बाप असल्याचं दिसतं.

चतुराई : उपयुक्त जीवनकला

हे कसं होतं? तर, दादा-नराच्या समोर माजावर आलेल्या कुठल्याही मादीशी जुगण्याची दुबळ्या नराची हिंमत नसते. पण हे दुबळे नर दादा-नरापासून चोरून कुठेतरी आड जागी मादीला गाठून तिच्याशी जुगण्यात यशस्वी होतात. यासाठी ताकद नाही; तर परिस्थितीचा अंदाज घेऊन वागण्याची चतुराई लागते. ही चतुराईसुद्धा एक उपयुक्त जीवनकला आहे. जनुकीय यश मिळवण्याचा तो एक पर्यायी मार्ग आहे. असं असल्यामुळे काही माद्याही अशा नरांशी जुगायला तयार असतात. आता, नरांमध्ये शक्ती विरुद्ध युक्ती किंवा योद्धा विरुद्ध मुत्सद्दी अशी दोन पर्यायी व्यक्तिमत्त्वं असतील, आणि ती दोन्ही काही प्रमाणात तरी यशस्वी असतील तर माद्यांनी कधी कशाची निवड करावी? याचं उत्तर अंशत: तरी त्या मादीच्या सध्याच्या परिस्थितीवर अवलंबून असलं पाहिजे. यशस्वी दादा बनणारे नर संख्येनं थोडे असतात. दादा बनण्याची स्पर्धा अगदी जीवघेणी असते. ज्याच्या अंगात पुरेसं बळ आहे, त्यानंच या स्पर्धेत उतरावं.

हे बळ कुठून येतं? तर, काही अंशी जनुकांमधून, काही अंशी गर्भाची वाढ कशी होते, आईकडून पोषण कसं मिळतं, बालपण कसं जातं यावरही! आता या जनुकीय आणि वाढीशी संबंधित घटकांपैकी एक जरी कमी पडला तरी दादा-नर होण्याइतकं बळ मिळणं अवघड. त्यापेक्षा प्रत्यक्ष स्पर्धा–मारामारी टाळणारं; पण चतुराईनं काम करणारं व्यक्तिमत्त्व असलेलं चांगलं. दादा-नराशी जुगणारी मादी त्याच्याकडून योग्य जनुकांचा पुरवठा निश्चित करत असते. पण जर तिच्याकडून गर्भाच्या पोषणात काही कमी पडणार असेल तर होणारं नर-पिल्लू त्याच्या पिढीचा दादा होण्याची शक्यता कमी! मग दादा-नराशी जुगण्यापेक्षा चतुर नराशी जुगलं तर आपली पिल्लं चतुर निपजण्याची शक्यता तरी वाढते. यासारख्या हिशेबांमुळे मादीच्या निवडीमध्येही वैविध्य येऊ लागतं. आपण कुठल्या नराशी जुगलो आहोत, त्यावरून त्या गर्भात किती गुंतवणूक करायची, यात सूक्ष्म भेदभावही माद्या करू शकतात, असाही पुरावा आहे. यामुळे नराचा एक आणि मादीचा एक असे साचे तयार न होता दोघांमध्येही व्यक्तिमत्त्वाचं वैविध्य उत्क्रांत होतं.

वंशवादासारखी राजकीय हत्यारं

उत्क्रांतिशास्त्राच्या सुरुवातीच्या काळामध्ये काही काळ नर-मादीच्या गुंतवणुकीत फरक असल्यामुळे नराची उत्क्रांती अशी होते, मादीची तशी होते असे काही स्टिरिओटाईप मांडले गेले. त्यानंतरच्या टप्प्यात सगळ्या प्रजातींची उत्क्रांती

सारख्याच दिशेनं होत नाही, त्यामुळे वेगवेगळ्या जातींत नर-मादी संबंध वेगवेगळ्या प्रकारे उत्क्रांत झाले आहेत, अशी मांडणी होऊ लागली. त्याच्याही पुढच्या टप्प्यात एकाच प्रजातीच्या नरांमध्येही काही अशा तर काही तशा स्वभावाचे असू शकतात.

मादीच्याही स्वभावात वैविध्य असू शकतं आणि उत्क्रांतीतूनच हे वैविध्यही येतं, असं स्पष्ट होऊ लागलं. ही स्पष्टता घेऊनच आपल्याला माणसाची वागणूक टप्प्याटप्प्यानं समजून घ्यायची आहे. यातला 'टप्प्याटप्प्यानं' हा शब्द महत्त्वाचा आहे.

> उत्क्रांतीची तत्त्वं पूर्णपणे समजून न घेता ती माणसाला लागू करू गेलं, तर त्याचा फायद्यापेक्षा तोटाच अधिक होतो. यापूर्वीही वंशवादासारखी राजकीय हत्यारं उत्क्रांतीचा लटका आधार घेऊन वापरली गेल्याचा इतिहास आहे. अशा चुका परतपरत होणार नाहीत याची काळजी घेतच पुढे गेलेलं चांगलं!

५.

चिमणा-चिमणीचं घरटं

प्राण्यांमध्ये नर-मादीच्या नात्यांत असलेली विविधता माणसाला समजून घेणं का आवश्यक आहे, याचं उत्तर सोपं नाही. प्राण्यांचा पुरेसा अभ्यास न केलेल्यांनी काही सोपी गृहीतं धरली आहेत. ती कशी अनावश्यक आणि दिशाभूल करणारी आहेत, हे यातून समजतं. मातृसत्ताक पद्धत ही नैसर्गिक आहे; आणि फक्त माणसातच कुटुंबव्यवस्था उलटी झालेली दिसते, अशा श्रद्धेवर काही सामाजिक तत्त्वज्ञानांची उभारणी झाली आहे. या गृहीताच्या पायाला विशेष अर्थ नाही.

नर-मादी व्यवस्थेच्या विविधतेच्या अभ्यासातून आपल्याला हे कळतं की, सगळ्यांना सरसकट लागू होणारे नियम शोधणं अवघड! उत्क्रांतीचे जे अगदी मूलभूत नियम आहेत तेच खरे. त्यापुढे नर असे असतात आणि माद्या तशा असतात, असं सरसकट विधान करता येत नाही. परिस्थितीप्रमाणे वेगवेगळ्या व्यवस्था आणि वेगवेगळी नाती निर्माण झाली आहेत. आता कुठल्या परिस्थितीत कशी नाती निर्माण होतात, याचे अडाखे मात्र बांधता येतात; आणि तो खरा या अभ्यासाचा उपयोग! हा विविधतेचा अभ्यास माणसाच्या संदर्भात विशेषकरून महत्त्वाचा असण्याचं कारण माणसाच्या एकाच जातीत कुटुंब-व्यवस्थेमध्ये कमालीची विविधता आहे.

मातृसत्ताक व पितृसत्ताक पद्धत

आपण प्राण्यांमध्ये नर-मादी संबंधाची जी टोकाची उदाहरणं पाहिली, ती माणसामध्ये बहुतांश सगळी प्रातिनिधिक स्वरूपात दिसतात. मानवी समाजात कुठे स्वयंवरासारखी

स्त्रीच्या निवडीवर आधारित पद्धत आहे, तर कुठे समज येण्याआधीच, कदाचित जन्माआधीच, तिचा विवाह ठरवलेला असतो. काही समाजांत मातृसत्ताक पद्धत आहे, तर कुठे पितृसत्ताक! कुठे एका पुरुषाला अनेक बायका असतात, तर कुठे एका स्त्रीचे अनेक पती! ज्या समाजांमध्ये अशा गोष्टींना मुभा असते, तिथेही एक पुरुष - एक स्त्री असा जोडीचा संसार बहुतेक घरांमध्ये दिसतो. आजच्या प्रगत मानवी समाजानं या पद्धतीला आदर्श मानलं आहे, असं दिसतं.

म्हणजे, एकीकडे स्त्री-पुरुष संबंधांमध्ये विविधता, लवचीकपणाही आहे, आणि दुसरीकडे एकास एक अशी व्यवस्था मध्यवर्तीही आहे. असं का आहे? या प्रश्नाच्या बारकाव्यात आपण नंतर शिरूच. पण आत्ता तूर्तास आपण असं गृहीत धरून चालू की, आयुष्यभरासाठी एकनिष्ठ संसार ही माणसाची मध्यवर्ती कुटुंबव्यवस्था आहे. हे जर खरं असेल तर अशी व्यवस्था आली कुठून?… त्याचा उगम आणि इतिहास काय?… निसर्गात अशी उदाहरणं दिसतात का?… कुठल्या परिस्थितीत कुठल्या कारणांमुळे अशी कुटुंबसंस्था तयार होते?… माणसात ती त्याच कारणानं तयार झाली, की इतर काही?

जोडीचा संसार नाही…

एप

ज्या 'एप' वर्गामधून माणसाची उत्क्रांती झाली, त्यात माणसाला सर्वांत जवळचे असणारे चिंपांझी आणि बोनोबो यांच्यात असा जोडीचा संसार दिसत नाही. हे टोळ्यांनी राहतात. त्यांच्यात दादा-नर असतो. तो टोळीतील अनेक माद्यांशी जुगतो. त्याच्यापासून अनेक माद्यांना पिल्लं होतात. मात्र, टोळीत इतर नरही असतात. त्यांच्यापासूनही काही माद्यांना पिल्लं होतात. मुख्य म्हणजे कुठलं पिल्लू कुणापासून झालं आहे, याची स्पष्टता कुणालाच नसावी असं दिसतं. पिल्लांचं संगोपन आईच करते. इतर माद्यांची त्यात कमीअधिक प्रमाणात मदत होते. पण नरांची त्यात प्रत्यक्ष भूमिका फारच थोडी असते.

एप वर्गामध्ये गिबन हे कपि असे आहेत, की त्यात नर-मादी जोडीनं राहतात, पण त्यांच्यात टोळ्या नसतात. प्रत्येक जोडी वेगळी राहते. माणसाची उत्क्रांती गिबनपासून झालेली नाही; पण जोडीनं राहण्याच्या बाबतीत साम्य आहे. एप

वर्गाच्या बाहेर लांडग्यांच्या काही प्रजातींमध्ये एक नर - एक मादी आणि त्यांची पिल्लं एकत्र राहतात. पिल्लांच्या संगोपनात नराचा वाटा असतो.

एकुणात सस्तन प्राण्यांमध्ये गिबन, लांडगे अशी मोजकी उदाहरणं आहेत, ज्यांच्यात नर-मादी जोडीने राहतात. एरवी सस्तन प्राण्यांमध्ये अशी व्यवस्था दिसत नाही. टोळीनं राहणारे; आणि तरीही नर-मादीच्या जोड्या असणारे असे सस्तन प्राणी माणसाखेरीज कुणीच नाहीत. एकतर माकडे, सिंह, हत्ती, रानकुत्री अशी वेगवेगळ्या प्रकारची टोळी व्यवस्था असते. एकेकटे राहण्याची आणि समागमापुरतेच नर-मादी एकत्र येण्याची पद्धत वाघ, बिबटे यांसारख्या प्राण्यांमध्ये असते; नाहीतर जोडीनं वेगळे राहणारे गिबनसारखे प्राणी असतात. टोळीनंपण राहायचं, आणि तरी जोडीनं संसारही करायचा, असा कारभार माणसाखेरीज कुणाचा नाही.

पक्ष्यांमध्ये मात्र याच्या जवळपास जाणारी उदाहरणं दिसतात. जोडीनं घरटं करून पिल्लांना वाढवण्याची पद्धत पक्ष्यांमध्ये बहुसंख्य जातींमध्ये दिसते. रोहित पक्ष्यासारख्या मोठमोठ्या थव्यांनी राहणाऱ्या पक्ष्यांमध्येसुद्धा विणीसाठी एक नर - एक मादी अशी जोडी आपापलं घरटं बांधून अंडी घालतात आणि जोडीनं पिल्लांचं संगोपन करतात. माणसाची उत्क्रांती चिंपांझीसारख्या पूर्वजांपासून झाली असली तरी माणसाची कुटुंबव्यवस्था विशेषत्वाने पक्ष्यांसारखी आहे. म्हणून जोडीनं घरटं करणाऱ्या पक्ष्यांचा संसार आपल्याला माणसाच्या कुटुंबव्यवस्थेचं रहस्य समजून घेण्यासाठी जास्त महत्त्वाचा आहे. पक्ष्यांमध्ये अशी व्यवस्था का निर्माण झाली?... त्याचं स्वरूप कसं आहे?... त्यातले बारकावे काय?... त्यातले कुठले माणसाला प्रत्यक्ष लागू होतात, कुठले नाही?

सामूहिक संगोपनाला चालना

जोडीच्या संसारामागची मुख्य प्रेरणा आहे, पिल्लांचं संगोपन. ज्या परिस्थितीत एकटी मादी पिल्लांचं संगोपन करू शकत नसेल, त्या परिस्थितीत तिला मदतीची गरज भासते. ही मदत दोन प्रकारांनी मिळू शकते. एक म्हणजे, अनेक माद्या एकत्र येऊन सहकार्याने वागतात, जे आपल्याला सिंहांमध्ये किंवा हत्तींमध्ये दिसतं. यात नराचा वाटा नसतोच किंवा फारच थोडा असतो. दुसरा पर्याय म्हणजे, नर मादीबरोबर राहून तिला संगोपनात मदत करतो. काही जातींनी हा मार्ग स्वीकारलेला दिसतो. कुठली जात कुठला मार्ग स्वीकारेल याचं एकमेव सर्वसमावेशक कारण नाही. ते त्या-त्या जातीच्या उत्क्रांतीच्या इतिहासाप्रमाणे बदलतं. इतर काही

कारणांनी टोळीनं राहण्यात फायदा असेल तर अनेक माद्यांचं सामूहिक संगोपन उत्क्रांत होण्याची शक्यता अधिक! मोठ्या टोळ्या बनवण्यानं एकमेकांमधली स्पर्धा फार वाढत असेल किंवा इतर काही तोटा असेल तर तो मार्ग फायद्याचा नाही. अशा वेळी नरानं मादीबरोबर राहून जोडीनं पिल्लं वाढवणं जास्त फायद्याचं ठरतं!

हा फायद्याचा हिशेबही नराचा वेगळा आणि मादीचा वेगळा असतो. उदाहरणार्थ, जर मादीनं एकटीनं पिल्लं वाढवली; तर सरासरी दोन पिल्लं जगतात, तर नराच्या मदतीनं चार जगतात. मग जोडीनं पिल्लं वाढवण्यात दोघांचाही फायदा आहे असं आपल्याला वाटेल. पण समजा, एका मादीबरोबर कायम राहण्याऐवजी नर पहिली पिल्लं एकट्या मादीवर सोडून दुसऱ्या मादीच्या मागे गेला; तिच्याबरोबर घरटं करून आणि तेही तिच्यावर सोडून तिसऱ्या मादीच्या मागे गेला; त्यामुळे त्याला एकूण सरासरी सहा पिल्लं होत असतील, तर त्यानं एका मादीला धरून राहण्याऐवजी अनेक माद्या मिळवण्याचा प्रयत्न करणं हे त्याच्या फायद्याचं आहे.

याच उदाहरणात आपण आकडे बदलले तर... समजा, नराच्या मदतीशिवाय मादी सरासरी ०.५ पिल्लं जगवू शकत असेल आणि नराच्या मदतीनं चार; तर पाच-सहा माद्या मिळण्याची शक्यता असली तरी एका मादीबरोबर राहणं नराच्या फायद्याचं आहे. किंवा दुसरी मादी मिळणं अवघड असेल तर नराला एकाच मादीबरोबर राहून तिच्या पिल्लांची जास्त काळजी घेणं योग्य ठरेल.

प्रेमही उत्क्रांत होतं...

जोडीनं राहण्यात दोघांचाही फायदा असेल तरच जोडीचा संसार उत्क्रांत होतो. आणि दोघांचा फायदा आहे की नाही, हे परिस्थितीवर अवलंबून आहे. दोघांनी एकत्र पिल्लांचं संगोपन करण्यात दोघांचाही फायदा असेल तर दोघांची प्रवृत्ती त्याप्रमाणे उत्क्रांत होते. जीवशास्त्रीयदृष्ट्या जोडीचा हिशेब नफ्याचा असेल तर त्यातून प्रेमाची उत्क्रांती होते. प्रेम आहे म्हणून दोघं एकनिष्ठपणे एकत्र राहतात, असं नसून; एकत्र राहण्यात सर्वात जास्त फायदा असतो तेव्हा प्रेम उत्क्रांत होतं. एकमेकांना साथ देण्याची, मदत करण्याची, संरक्षण करण्याची प्रवृत्ती निर्माण होते.

इथे प्रेम हे मूळ कारण नाही किंवा साध्य नाही, तर ते एक साधन आहे. या साधनाच्या वापरानं विणीतलं यश वाढतं. आणि ते वाढतं म्हणूनच प्रेमभावना त्या प्रजातीत उत्क्रांत होते आणि टिकून राहते. प्रत्येक वेळेस, प्रत्येक प्राणी यशाचा हिशेब मांडून एकत्र राहायचं की नाही, ते ठरवत नाही; तर ज्यांच्यात प्रेमभावना आहे ते एकत्र राहतात. त्याचा फायदा झाला तर प्रेम करण्याचा गुणधर्म पुढच्या

पिढीत जातो. सातत्याने तोटा होत असेल तर नैसर्गिक निवड प्रेमाच्या विरुद्ध काम करेल आणि शेवटी प्रेमाची त्या प्रजातीमधून हकालपट्टी होईल.

अनेक जण असं समजतात, की प्रेम वगैरे या मानवी भावना झाल्या. प्राणी फक्त जगण्याच्या स्पर्धेसाठी, जनुकांच्या हितासाठी जे आवश्यक ते करतात. त्यांच्यात प्रेमबीम नसतं. आपण प्राण्यांच्या भावना पाहू आणि मोजू शकत नाही, ही गोष्ट खरी. आपण फक्त त्यांची वागणूक पाहू शकतो. वास्तविक, या दोन वेगळ्या गोष्टी नाहीत. जगण्याच्या स्पर्धेमधूनच प्रेम वगैरे भावना उत्क्रांत होतात. प्रत्यक्ष प्रत्येक वागणुकीमागे नव्यानं केलेला हिशेब नसतो, त्याक्षणी घेतलेला निर्णय त्या-त्या भावनेमधूनच घेतलेला असतो. ज्या भावनेचा हिशेब नफ्याचा असतो, तीच भावना टिकते. प्रेमाची उपपत्ती अशीच आहे. हे प्रेम आयुष्यभरासाठी असतं, की एखाद्या विणीच्या हंगामापुरतंच, हे जातिगणिक बदलतं. गरुड, क्रौंच असे काही पक्षी आपली जोडी आयुष्यभरासाठी, म्हणजे दोघांपैकी एक मरेपर्यंत, टिकवतात. पण, एकाच्या मृत्यूनंतर दुसरा दुःखाने प्राण सोडतो वगैरे या कविकल्पना आहेत. याउलट, काही पक्ष्यांमध्ये दर हंगामात जोडीदार बदलू शकतो, पण एक जोडी एका हंगामापुरती एकमेकांना धरून राहून नेटानं संसार करताना दिसते.

डीएनए चाचण्या : नवीन साधन

चिमणा-चिमणीचा संसार खूप पूर्वीपासून माहीतच होता. एक नर - एक मादी, त्याचं एक घरटं, त्यात काही पिल्लं हे एक आदर्श सुखी संसाराचं चित्र म्हणून कथा-कादंबऱ्या-कविता यांमध्ये अनेकदा वापरलंही गेलं आहे. पण, १९९०च्या दशकात विज्ञानाच्या प्रगतीमुळे त्याचे काही अनपेक्षित पैलू अचानक समोर आले. नुसत्या निरीक्षणांमधून जे समजणं कठीण होतं, ते विज्ञानातील एक नवीन साधन हातात आल्यामुळे उजेडात आलं; ते हत्यार म्हणजे डीएनए चाचण्या! जशा चाचण्या गुन्हेगारीच्या शोधात वापरल्या जातात तशाच त्या प्राण्यांच्या वागणुकीच्या अभ्यासासाठी वापरायला उपलब्ध झाल्या. डीएनएच्या तपासणीने कोण कुणाचं पिल्लू, कोण कुणाची आई अथवा बाप हे खात्रीपूर्वक सांगता येऊ लागलं.

मग अशा गोष्टी उजेडात येऊ लागल्या, की बऱ्याचदा एका आदर्श कुटुंबात एखाद-दुसऱ्या पिल्लाचा बाप दुसराच कुणीतरी असतो. अर्थात, त्या घरट्यातली आई ही ज्याच्याबरोबर घरटं केलं, त्या जोडीदाराखेरीज दुसऱ्या एखाद्या नराशी जुगलेली असते. घातलेल्या अंड्यांपैकी एक किंवा अधिक अंडी त्या दुसऱ्या नराची असतात. असे गुपचूप झालेले व्यवहार अनेक पक्ष्यांच्या अभ्यासात सापडू लागले. त्याचं प्रमाण काही जातींमध्ये अगदी कमी, तर काहींमध्ये भरपूर! पण, जोडीदाराखेरीज दुसऱ्या एखाद्या नरापासून झालेलं पिल्लू घरट्यात असणं ही काही फार दुर्मीळ गोष्ट नसते, असं लक्षात आलं.

मग याच्यावर अधिक बारकाईनं अभ्यास सुरू झाला. नक्की हे चोरपिल्लू कसं तयार होतं? दुसऱ्या नराशी मादीचा संबंध नक्की कधी आणि कसा येतो? यात नराचा पुढाकार असतो की मादीचा? जोडीतल्या नरापासून चोरून हा दुसरा संग होतो की उघडउघड?

अपेक्षेप्रमाणे यात जातीजातींमध्ये फरक आहेत. कमीअधिक प्रमाणात असं होणं मात्र नित्याचं आहे. काही जातींमध्ये एक घरटं करून, अंडी घातल्यावर मादी अंडी उबवण्यात गुंतलेली असते तेव्हा नर दुसरा घरोबा जुळवण्याचा प्रयत्न करतो. पण त्यानं पहिल्या घरट्याला सोडून दिलेलं नसतं. तिथे मदत करणं सुरू असतंच; पण चोरून दुसरं घर करण्याचा प्रयत्नही असतो. यात सगळे नाही; तर काही नरच यशस्वी होतात. मग या दोन्ही घरट्यांत त्या नराची धावपळही खूप होते. पण, त्यामुळे त्या नराला होणाऱ्या पिल्लांची संख्या वाढते. दोन घरटी केली म्हणून ती दुप्पट होत नाही. कारण, नाही म्हटलं तरी नराचं एका घरट्यावरचं लक्ष थोडंफार तरी कमी होतं. पण तरीही, एका घरट्यापेक्षा हा दुहेरी प्रपंच थोडा अधिक फायदेशीर ठरतो. अशा नराबरोबर संसार करण्यात मादीचा काही अंशी तरी तोटा असणार! पिल्लांची सरासरी संख्या कमी होते, ही गोष्ट खरी; पण दुसरा एक फायदाही असतो. तो म्हणजे ज्या नराची अशी दोन-दोन घरं चालवण्याची क्षमता असते, त्या नरापासून झालेल्या पिल्लांमध्ये तशी क्षमता असण्याची संभाव्यता अधिक असते. आपल्या नर-पिल्लाला पुढच्या पिढीमध्ये जास्त पिल्लं होणार असतील तर त्यात त्या मादीचा जनुकीय फायदा वाढतो. एकुणात मादीचा फायदा अधिक की तोटा अधिक, हे सांगणं कठीण आहे.

दुसरं घरटं न करताच संबंध

जोडीबाहेरच्या संबंधाचा दुसरा एक प्रकार आहे. त्यामध्ये नर दुसरं घरटं करत नाही; पण घरटं बनवत असलेल्या दुसऱ्या एखाद्या जोडीतल्या मादीला गटवण्याचा प्रयत्न करतो. त्या मादीनं संमती दिली, अर्थात तिच्या जोडीदाराच्या नकळत, तर तो तिच्याशी एकदा किंवा अनेकदा जुगतो आणि परत नामानिराळा राहतो. आपल्या पहिल्या घरट्याकडे लक्ष देणं सुरू ठेवतो.

ती दुसऱ्या घरट्याची मादीसुद्धा आपल्या जोडीदाराला धरून राहते. त्याची तिच्या घरट्यात मदत होतच असते. होणाऱ्या पिल्लांपैकी काही पिल्लं त्या जोडीदाराची असतात, तर काही दुसऱ्या नराची! कुठली कुणाची, हे कुणालाही समजण्याचा काही मार्ग नसतो. यात पहिल्या नराचा सरळसरळ जनुकीय फायदा, तर दुसऱ्या नराचा तोटा हे उघड आहे. पण यात मादीचा काय फायदा असावा? तिनं घरट्याच्या जोडीदाराखेरीज दुसऱ्या नराला का प्रतिसाद द्यावा? त्याच्याशी जुगायला का तयार व्हावं?

एकापेक्षा अधिक नरांशी जुगण्यामुळे मादीला होणाऱ्या पिल्लांची संख्या वाढत नाही. एकापेक्षा अधिक माद्या मिळाल्यानं नराला होणाऱ्या पिल्लांची संख्या वाढत असते, ही गोष्ट खरी! मग आपल्याला होणाऱ्या पिल्लांची संख्या वाढणार नसूनही मादी या जोडीबाहेरच्या संबंधाला का तयार होते? नुसती तयार होते असं नाही; तर काही पक्ष्यांच्या अभ्यासात मादी यात पुढाकार घेत असावी, अशीही निरीक्षणं आहेत.

मादीनं जोडीबाहेरच्या संबंधात पुढाकार का घ्यावा? किमान संमती का द्यावी? या प्रश्नांचं उत्तर इतकं सोपं नाही. पिल्लांची संख्या वाढणं हा फायदा दिसत नाही, त्याअर्थी दुसरा काहीतरी फायदा असला पाहिजे. मादीला नराकडून दोन गोष्टी हव्या असतात. एक म्हणजे, आपल्या पिल्लांची क्षमता वाढवणारे चांगले जनुक, आणि दुसरं म्हणजे, पिल्लांच्या संगोपनात मदत. यांपैकी संगोपनातली मदत समजायला सोपी आहे.

चांगले जनुक म्हणजे काय?

चांगले जनुक म्हणजे नक्की काय? तर, ज्यायोगे या पिल्लांची जगण्याची आणि पुढच्या पिढीत अधिक पिल्लं तयार करण्याची क्षमता वाढेल अशी जनुकीय

साधनसामग्री. ही निम्मी आईकडून येत असते, तर निम्मी बापाकडून! त्यांपैकी आईच्या निम्म्या वाटणीचा प्रश्नच नाही. बापाची निम्मी घेण्यासाठी कुठल्या नराशी जुगलो, हा घटक महत्त्वाचा असतो. चोरून दुसऱ्या मादीशी जुगण्यासाठी जे कौशल्य आणि क्षमता यांची आवश्यकता असते, तसेच जो आकर्षकपणा गरजेचा असतो, तो काही अंशी तरी जनुकांमधून येतो. त्यामुळे ते जनुक आपल्या पिल्लांना मिळाले तर त्या मादीचं जनुकीय यश वाढतं.

ज्या नरांमध्ये या क्षमता असतात, त्यांचा फायदा या क्षमतांचा उपयोग करून घेण्यात, म्हणजे दुसऱ्याच्या घरट्यात आपल्या जुगण्यापासून झालेली अंडी असण्यात असतो. ते स्वतः एखाद्या मादीचे जोडीदार असू शकतात. पण नुसतं तेवढ्यानं त्यांच्या या क्षमतांचा पूर्ण वापर होत नाही. त्यामुळे एक स्वतःचं घरटं करणं आणि त्यावर बोनस म्हणून दुसऱ्या एका मादीशी किंवा अनेक माद्यांशी चोरून जुगण्याचा प्रयत्न करणं हे धोरण अशा नरांसाठी चांगलं!

परंतु अशा नरांना जोडीदार बनवण्यात एक तोटा असतो. कारण, नाही म्हटलं तरी स्वतःच्या घरट्यावर त्याचं थोडं का होईना, दुर्लक्ष होऊ शकतं. म्हणजे, एकच नर सर्वोत्तम बाप आणि सर्वोत्तम आकर्षक नर होणं अवघड असतं. मग सर्वात स्मार्ट मादीनं काय करावं? तर, जोडीदार म्हणून एका नराला शोधावं आणि सर्वोत्तम जनुकांसाठी दुसऱ्याला! हे यशस्वीपणे करू शकणाऱ्या मादीचा वंश सर्वाधिक चालेल, हे उघड आहे. एका नराबरोबर घरटं बनवत असलेल्या मादीनं दुसऱ्या नराला प्रतिसाद का द्यावा, त्याचं कारण हे असं आहे.

अर्थात, आपल्याला आपलं जनुकीय यश वाढवण्यासाठी जशी आपल्या जोडीबाहेर जुगण्याची संधी मिळणं फायद्याचं असतं, तसंच आपल्या जोडीदाराला तसं न करू देणंही फायद्याचं असतं. यासाठी जोडीनं राहणारे पक्षी जमेल तितकं आपल्या जोडीदारावर लक्ष ठेवण्याचाही प्रयत्न करतात. जोडीबाहेरचे संबंध चोरूनमारूनच करावे लागतात. आपल्या नरानं असं करण्यात त्याचा आपल्या पिल्लांच्या संगोपनातील वाटा कमी होईल, अशी मादीला भीती असते; आणि आपल्या मादीनं असं केलं तर आपण उरलेला संपूर्ण हंगाम दुसऱ्याची पिल्लं वाढवत बसू, अशी नराला भीती असते. ही भीती अर्थातच असमान आहे. मादीचे जनुक सुरक्षित राहतात, तिचे कष्ट थोडे वाढतात एवढंच! पण नराचा जनुकीय फायदा शून्यावरही येऊ शकतो. हे नुकसान मोठं आहे. त्यामुळे मादी नराला जेवढं जपते, त्यापेक्षा नर मादीला जास्त जपतात.

पण, घरटं बनवण्याची, अन्न शोधण्याची, अंडी उबवण्याची कामं टाकून जोडीदारावर कायम पहारा तर करता येत नाही. आपला वेळ जोडीबाहेरचे संबंध बनवण्यात जात असेल तर त्या वेळात जोडीदारावर लक्ष ठेवता येणार नाही, हेही उघड आहे. परिणामी, संसाराच्या टप्प्याबरोबर दोघांचंही वर्तन बदलतं. एकदा अंडी घालून झाली की नराची जनुकीय फसवणुकीची भीती संपलेली असते. म्हणजे फसवणूक व्हायची तर होऊन गेलेली असते, यापुढे होणार नसते. त्यामुळे नराचा मादीवरचा पहारा अंडी घालण्यापूर्वी जास्त कडक असावा लागतो.

याउलट, आपल्या घरट्यात अंडी घालून झाल्यावर नराचे इतर उद्योग वाढण्याची शक्यता जास्त; म्हणून मादीला त्याच्यापुढे जास्त सावध राहावं लागतं. इथे लपाछपीचा एक खेळ सुरू होतो. त्यातून जोडीबाहेर जुगण्याची संधी काहींना मिळते, काहींना नाही. प्रत्यक्षात काही टक्के घरट्यांमध्येच दुसऱ्या नरापासून झालेली पिल्लं दिसतात, सगळ्या घरट्यांमध्ये नाही. याचा अर्थ, काही पक्ष्यांचा स्वभाव मुळातच एकनिष्ठ असतो; आणि त्यांना जोडीबाहेरच्या संबंधामध्ये मुळातच रस नसतो, की त्यांना संधी मिळत नाही म्हणून ते तसं करू शकत नाहीत, याचं नक्की उत्तर अजून आपल्याकडे नाही.

अर्थात, 'कहानी में ट्विस्ट' इथेच संपत नाही. एक-दोन अभ्यास असं दाखवतात की, प्रत्येक अंड्यामध्ये किती गुंतवणूक करायची, याची मादीची काही सूक्ष्म गणितं असतात. घरट्याच्या जोडीदारापासून घातल्या गेलेल्या अंड्यांपेक्षा बाहेरील आकर्षक नरापासून झालेल्या अंड्यांचं सरासरी वजन किंचित जास्त असतं. म्हणजे, या अंड्यात मादीनं किंचित जास्त गुंतवणूक केलेली असते. अशा अंड्यामधून जर नर-पिल्लू जन्माला आलं तर मोठेपणी तो जास्त बलवान आणि आकर्षक नर होऊ शकतो. कारण त्याला आकर्षक बापाचे जनुक आणि आईकडून भरपूर पोषणही मिळालेलं असतं.

पक्ष्यांमध्ये नीतिशास्त्र नाही !

ज्यांना आपण आपल्या चश्म्यामधून एका जोडप्याचा आकर्षक संसार समजत आलो, त्यांच्यातही असे अनेक बुद्धिबळाचे, परस्पर कुरघोडी करण्याचे डाव सुरू

असतात. पण, पक्ष्यांमध्ये नीतिशास्त्र नाही. अनीतीने वागण्याची शिक्षा समाज करत नाही. फारफार तर फसवला गेलेला जोडीदार सोडून जाऊ शकतो, हीच सर्वात मोठी शिक्षा. सोडून जाणारा जोडीदार अनैतिक वागणुकीची शिक्षा म्हणून तसं करत नाही; तर आपल्याला या जोडीत आता काहीच फायदा राहिलेला नाही, असं वाटलं तर सोडून जातो.

चिमणा-चिमणीच्या संसारातल्या या छुप्या खाचाखोचा वाचत असताना वाचकाला पदोपदी माणसांची आठवण होणं साहजिक आहे. त्यांच्यात अनेक साम्यं आहेत यात शंका नाही; पण अनेक फरकही आहेत. आपण अजून माणसांविषयी बोलायला सुरुवात केलेली नाही. त्यामुळे एकदमच निष्कर्ष काढून मोकळे होऊ नका. अजून खूप बारकावे समजून घ्यायचे राहिले आहेत.

६.
माणूसपणाकडे

माणूस चिंपांझीसारख्या एप पूर्वजांपासून उत्क्रांत झाला, यात आता काही शंका घेण्यासारखं उरलेलं नाही. शरीररचना, चेहरेपट्टी, शरीराची केमिस्ट्री, प्रथिनं, डीएनए यांसारख्या गोष्टींमध्ये कमालीचं साम्य आहे. पण माणसातले स्त्री-पुरुष संबंध चिंपांझीमधल्या नर-मादी संबंधांसारखे मुळीच नाहीत. ते काही प्रमाणात गिबनसारखे, काही प्रमाणात जोडीनं घरटं करणाऱ्या पक्ष्यांसारखे आहेत; तर काही बाबतींत कुणासारखेच नाहीत, यात आश्चर्य नाही. कारण अशी उदाहरणं प्राणिजगतात खूप आहेत.

नर-मादी संबंध उत्क्रांतीमधल्या नात्यांपेक्षा परिस्थितीवर जास्त अवलंबून असतात. माणसाचे पूर्वज चिंपांझीसारखे होते, म्हणजे त्यांच्यातले नर-मादी संबंध चिंपांझीसारखेच असायला पाहिजेत असं नाही. नर-मादी संबंधाच्या उत्क्रांतीमध्ये लवचीकपणा खूप असतो; आणि समान दिसणारे संबंध वेगवेगळ्या वंशावळींमध्ये अनेकदा स्वतंत्रपणे उत्क्रांत होताना दिसतात. म्हणूनच माणसातलं विणीचं जीवशास्त्र समजून घेताना केवळ चिंपांझीचा अभ्यास पुरेसा नाही. माणसाशी प्रत्यक्ष जवळचे नातेसंबंध नसताना माणसाच्या जवळपास जाणारी कुटुंबसंस्था असणाऱ्या प्राण्यांचा अभ्यास यासाठीच आवश्यक आहे.

चिंपांझी-माणूस संबंध

चिंपांझीसारख्या प्राण्याकडून माणसाबद्दल काहीच शिकता येत नाही, असं मात्र नाही. काही निष्कर्ष साम्यामधून काढता येतात, तसे काही निष्कर्ष भेदामधूनही काढता येतात; आणि तेही महत्त्वाचं आहेच.

चिंपांझी टोळीनं राहतात. त्या अनुषंगाने टोळीत अनेक नर - अनेक माद्या, दोघांमध्ये सामाजिक वर्चस्वाची उतरंड, बलिष्ठ नराची दादागिरी, त्याला असलेला सर्व माद्यांशी संबंधांचा अधिकार, तुलनेनं दुबळ्या नरांची संधिसाधू हुशारी, माद्यांचं अनेक नरांशी जुगायला तयार असणं, त्यातून कुठलं पिल्लू कुठल्या नराचं आहे याविषयीची संदिग्धता, असा चिंपांझीमधल्या व्यवस्थेचा सारांश सांगता येईल. अशी व्यवस्था असलेल्या जातींमध्ये साधारणत: नर हा मादीपेक्षा आकारानं आणि ताकदीनं बराच मोठा असतो. याउलट, जोडीचा संसार आणि दीर्घ काळची जोडी असणाऱ्या जातींमध्ये नर-मादी सारखेच असतात किंवा कदाचित मादी नरापेक्षा मोठी असते.

> माणसांच्या पूर्वजांपैकी ऑस्ट्रेलोपिथेकस या सुमारे चाळीस लाख वर्षांपूर्वीच्या जातीमध्ये नर-मादीच्या आकारात बराच मोठा फरक होता. इतका, की नर वजनाला मादीच्या साधारण दीडपट असावा. त्यानंतर हळूहळू हा फरक कमी होत गेला आहे. आजच्या माणसात १५-२० टक्क्यांच्या घरात राहिला आहे. याचा अर्थ, माणसात आधी चिंपांझीच्या जवळपास जाणारी व्यवस्था असावी, आणि हळूहळू ती जोडीच्या संसारात परिवर्तींत झाली असावी, असं दिसतं. पण संसार जोडीचा झाला तरी माणसानं टोळीनं राहणं पूर्णपणे कधीच सोडलं नाही. त्यामुळे माणसाच्या समाजजीवनात आणि कुटुंबजीवनात काही टोळीचे गुणधर्म आणि काही जोडीच्या संसाराचे गुणधर्म असं आगळंवेगळं मिश्रण आहे. याला अगदी समांतर अशी कुठलीच प्राणिजात नाही.

पक्ष्यांमध्ये रोहित पक्षी मोठमोठ्या थव्यांनी वावरतात आणि जोडीनं घरटं करतात. पण त्यांच्या थव्याला विशेष सामाजिक रचना नसते. कुणी पुढारी, काही सामाजिक उतरंड, कामाची विभागणी असे सामाजिक राहणीचे विशेष गुणधर्म नसतात. ते फक्त थव्यांनी चरतात, वावरतात इतकंच!

मिश्र व्यवस्था माणसातच!

गुंतागुंतीची समाजरचनाही आहे, आणि जोडीचा संसारही आहे अशी मिश्र व्यवस्था असलेला माणूस हा एकमेव प्राणी असावा. असं असण्याची कारणं काय? पाषाणयुगीन माणसाला एकीकडे अनेक हिंस्र प्राण्यांपासून धोका होता; तर दुसरीकडे शिकारीची पद्धतही समूहानं केली, तरच यशस्वी होईल अशी होती. माणसाकडे चित्त्यासारखा वेग, गरुडासारखी झेप, वाघ-सिंहांसारखी ताकद, तीक्ष्ण सुळे, सापासारखं विष असं काहीच नसताना यशस्वी शिकारी होण्यासाठी दोन गोष्टी सर्वांत महत्त्वाच्या होत्या.

एक म्हणजे, दगडांपासून-हाडांपासून बनवलेली हत्यारं आणि दुसरं म्हणजे, एकजुटीनं केलेले योजनाबद्ध प्रयत्न! त्यामुळे टोळीनं राहणं भागच होतं. पण टोळी म्हटल्यावर त्यात दादा-नर, सामाजिक उतरंड अशी माकडांसारखी व्यवस्था येणं साहजिक आहे. एके काळी माणसाच्या खूप आधीच्या पूर्वजांमध्ये तसंच असावं. पण बुद्धिमत्तेच्या आणि हत्यारांच्या विकासाबरोबर आणखी एक बदल घडला. प्राण्यांच्या टोळीमध्ये दादा-नर स्वबलानं दादा असतो; आणि जोवर तो बलवान आहे तोवर त्याला कुणी आव्हान देऊ शकत नाही. बुद्धिमान आणि प्रभावी शस्त्रसंपन्न झाल्यावर काही बदल नक्कीच घडले असणार! एक म्हणजे, टोळ्याटोळ्यांमधल्या युद्धाची तीव्रता शस्त्रांमुळे वाढली असणार! ती वाढली तर टोळीमध्ये नरांची संख्या जास्त असणं हिताचं!

सिंहांमध्ये एक बलशाली नर बहुतेक वेळा इतर नरांना टोळीत टिकू देत नाही. यात त्या नराचा जनुकीय फायदा तर आहे; पण टोळीयुद्धं होत असतील तर अशी टोळी दुबळी ठरेल. टोळीत इतर नर टिकायला हवे असतील तर प्रबळ नरानं जनुकीय फायदा सगळा एकट्यानेच घेऊन चालणार नाही. प्रत्येक नराला थोडाथोडा वाटून दिला पाहिजे.

दुसरं असं की, बुद्धीमध्ये कपटबुद्धीही येते. कपटबुद्धी आणि शस्त्र यांच्या साहाय्याने दुबळा नर बलिष्ठ नराला बेसावध असताना, झोपेत असताना मारू शकतो. ही गोष्ट इतर प्राण्यांमध्ये सहसा होत नाही, माणसात होऊ शकते. त्यामुळे दादा-नरानं इतर नरांना पूर्णपणे असमाधानी ठेवलं असं माणसामध्ये चालत नाही. नरांमध्ये काही किमान समानता आल्याशिवाय टोळीची शक्ती वाढणार नाही. म्हणून, दादा-नरालाच सर्व मादी असं न करता, शक्यतो प्रत्येक नराला मादी असण्याची गरज भासू लागली असणार!

हत्तीच्या वाढीचा काळ १५-२० वर्षांचा

माणसाच्या पिल्लांचा संगोपनाचा काळ खूपच मोठा असतो. माणसापेक्षा वजनानं, आकारानं मोठे असे गायी, म्हशी, वाघ, सिंह तिसऱ्या ते पाचव्या वर्षी पूर्ण वाढ होऊन स्वत: पिल्लं जन्माला घालू लागतात. माणसाइतका, म्हणजे १५-२० वर्षांचा, वाढीचा काळ फक्त हत्तीचा असतो. पण, हत्तीचं पिल्लू जन्माला आल्यावर अल्पावधीतच चालू लागतं.

माणसाचं मूल वर्ष-दोन वर्षं कडेवरच वागवावं लागतं, आणखी कित्येक वर्षं परावलंबी राहतं. या कारणानं मादी एकटी मूल वाढवायला समर्थ नसते.

यावर दोन उपाय शक्य होते. एक तर, अनेक माद्यांनी एकत्र येऊन सहकार्यानं मुलं वाढवावीत. दुसरं असं की, नरानं मादीला मदत करावी. यातल्या पहिल्या पद्धतीत कुठलं मूल कुठल्या नराचं आहे याबद्दल संदिग्धता जास्त असते. या कारणासाठी ही संदिग्धता माणसाच्या टोळीमधली एकी नष्ट करू शकली असती. जोडीचा संसार करण्यात ही संदिग्धता पूर्णपणे नाही; तरी बऱ्याच प्रमाणात कमी होते. म्हणून टोळीत राहूनही जोडीनं संसार करण्याची पद्धत माणसात आली असावी.

याच कारणानं माणसाच्या विणीच्या प्रकारात टोळीचे गुणधर्महीं दिसतात आणि जोडीनं संसार करण्याचेही! टोळीची सामाजिक उतरंड आणि एखादा दादा-नर या ना त्या प्रकारानं माणसातही असतो. आधुनिक समाजातल्या प्रतिष्ठेच्या कल्पना इथूनच उगम पावल्या आहेत. अशी उतरंड ही माद्यांमध्येही असते आणि त्याचं स्वरूप काही अंशी नरांमधल्या उतरंडीसारखंच, तर काही प्रमाणात वेगळं असतं. जोडीनं वेगवेगळा संसार करणाऱ्या बुलबुलसारख्या पक्ष्यामध्ये चांगल्या टेरिटरीसाठी भांडणं होत असतील; पण अशी प्रतिष्ठेची उतरंड नसते.

तसंच जोडीनं संसार करणाऱ्या प्राण्यांमध्ये नर-मादीच्या कामाच्या वाटणीमध्ये कमीअधिक विभागणी होत असेल; पण नरा-नरांमध्ये किंवा माद्या-माद्यांमध्ये वाटणी नसते. तो गुणधर्म टोळीचा आहे.

सिंहांमध्ये काही माद्या शिकारीला जातात आणि काही मागे राहून पिल्लांची काळजी घेतात.

मुंग्यांमध्ये काही कामकरी, काही शिपाई मुंग्या असतात. अशी कामाची वाटणी माणसामध्ये खूपच आहे. हाही गुणधर्म टोळीच्या जीवनाचा!

याउलट, एक नर - एक मादी यांनी जोडीनं घर बनवणं, पिल्लांचं संगोपन या ना त्या प्रकारे वाटून घेणं हे सगळे जोडीचे गुणधर्म. नर-मादीमध्ये कामाची विभागणी टोळीवाल्या समाजातही असू शकते किंवा जोडीच्या संसारातही! पण नरा-नरांमध्ये आणि माद्या-माद्यांमध्ये कामाची विभागणी हा टोळी समाजाचा गुणधर्म झाला.

> अधिक सूक्ष्म पातळीवर माणसाच्या विणीच्या जीवशास्त्रातही असे टोळीचे आणि जोडीचे गुणधर्म सरमिसळ होऊन आलेले आहेत. टोळीजीवनात दादा-नराकडे अनेक माद्या आकर्षित होतात; आणि म्हणून नरांमधल्या प्रतिष्ठेच्या, उच्च पदावर जाण्याच्या स्पर्धेला महत्त्व आहे. ही गोष्ट माणसाच्या इतिहासात अगदी बटबटीतपणे दिसते. सत्ताधारी नरांना अनेक मार्गांनं अनेक माद्यांना ॲक्सेस (access) असे आणि अजूनही असतो. निव्वळ जोडीच्या संसाराची पद्धत असती तर प्रतिष्ठेनं विणीच्या यशात फार फरक पडला नसता आणि मग प्रतिष्ठेच्या स्पर्धेला फारसं महत्त्वही राहिलं नसतं.

प्रतिष्ठेच्या स्पर्धेची कारणं

नरांमध्ये प्रतिष्ठेची स्पर्धा का असते, हे समजण्यासारखं आहे. कारण, दादा-नराला अधिक माद्या मिळतात. प्रतिष्ठेची स्पर्धा माद्यांमध्ये का असावी? ती माकडांच्या टोळ्यांमध्येही असते; आणि याचं कारण असं, की मादीची समाजातील प्रतिष्ठा तिच्या पिल्लांना मिळते. प्रतिष्ठेचा वारसा मादीकडून पुढच्या पिढीकडे जातो, नराकडून नाही. कारण पिल्लू कुठल्या नराचं आहे ते नक्की माहीत नसतं. जिथे जोडीचा संसार असेल तिथेच नराच्या प्रतिष्ठेचा वारसा पिल्लांना मिळू शकतो. पण, जिथे सुटीसुटी घरटी असतात तिथे प्रतिष्ठेचा फारसा संबंध नसतोच. म्हणजे टोळीही आहे आणि जोडीचा संसारही आहे, अशा माणसाच्या आगळ्यावेगळ्या व्यवस्थेतच प्रतिष्ठा वारशानं नराकडून पिल्लांकडे जाऊ शकते. पिल्लाला वारशानं मिळते ती त्याची टोळीतली पहिली प्रतिष्ठा. नंतर ती टिकवायची असेल तर त्याला स्वबळावरच टिकवावी लागते. पण, वारशाचा थोडाबहुत फायदा पिल्लाला सुरुवातीला तरी मिळतोच. आपल्या नर-पिल्लाला दादा होता आलं तर त्याला बरीच पिल्लं होऊ शकतात, याच्यात त्याच्या आईचा जनुकीय फायदा असतो. म्हणून माद्यांमध्येही सामाजिक उतरंडीला महत्त्व आहे. पण, नरांमधली प्रतिष्ठेची

स्पर्धा आणि माद्यांमधली स्पर्धा यात काही सूक्ष्म फरक आहेत. नरांची स्पर्धा अधिक व्यक्तिनिष्ठ, तर माद्यांमधली थोडी अधिक कुटुंबनिष्ठ असणं नैसर्गिक आहे.

माणसाच्या लैंगिकतेच्या जीवाशास्त्रातच काही आगळेवेगळे गुणधर्म निर्माण झाले आहेत, आणि त्याची कारणंही आपल्याला या टोळी-जोडीच्या मिश्र व्यवस्थेत सापडतात. यातली सर्वात अचंब्याची गोष्ट म्हणजे, स्त्रीची मासिक पाळी. कुठल्याही प्राणिजातीत मादी सर्व काळ गर्भधारणेसाठी तयार नसते. ज्या काळात अंड्यांची निर्मिती होते, त्या काळात जुगल्यास गर्भधारणा होण्याची संभाव्यता खूप; एरवी जवळजवळ शून्य! सस्तन प्राण्यामध्ये ज्या दिवसांत मादी गर्भधारणेला तयार असते, तेवढ्या दिवसांतच तिचं वर्तन - दिसणं बदलतं, वास बदलतो आणि ती नरासाठी आकर्षक बनते.

गर्भधारणेची संभाव्यता अधिक

थोडक्यात, गर्भधारणेची शक्यता जास्त तेव्हाच जुगण्याची क्रिया होते आणि हा काळ मादीला आणि नरालाही सहज समजतो. याच्या अगदी उलट कहाणी स्त्रीच्या मासिक पाळीची आहे. नक्की गर्भधारणेचा काळ लपवून ठेवला जातो. त्या काळात स्त्रीचं दिसणं-वागणं काही विशेष स्वरूपात बदलत नाही. नक्की अंडपेशीची निर्मिती कधी झाली ते बहुतेक वेळा स्त्रीलाही समजत नाही, पुरुषाला तर नाहीच. ज्या वेळी गर्भधारणेची पहिली तयारी गळून पडते, ते दिवस फक्त समजतात. त्याला आपण पाळीचे दिवस म्हणतो. ते सोडले तर माणसामध्ये समागम केव्हाही होऊ शकतो.

समागम अंडपेशींच्या निर्मितीच्या दिवसांत झाला तर गर्भधारणेची संभाव्यता अधिक, इतर दिवसांत कमी! परंतु स्त्री समागमाला तयार असणं आणि पुरुषाला आकर्षक दिसणं याचा गर्भधारणेच्या दिवसांशी संबंध नसतो. इतर प्राण्यांपासून खूप वेगळं असं हे मासिक चक्र माणसामध्ये का तयार झालं असेल? याचं उत्तरही माणसाच्या टोळी-जोडीच्या मिश्र उत्क्रांतिमार्गात आहे.

नराला एक प्रकारची जनुकीय असुरक्षितता नेहमीच असते. कारण एखादं मूल आपलं आहे की दुसऱ्या नराचं, याची खात्री नेहमीच देता येत नाही. ते तपासून पाहण्याचाही काही नैसर्गिक मार्ग नाही. जर पिल्लांच्या संगोपनात नराचा सहभाग असेल तर त्याला यांबाबतीत जास्त काळजी घेण्याची गरज असते. नाहीतर

आयुष्यभर कष्ट घेऊन वाढवलेली पिल्लं दुसऱ्याचीच असायची. पिल्लं आपलीच असण्याची खात्री करण्याचा सर्वात चांगला मार्ग म्हणजे गर्भधारणेला अनुकूल असण्याच्या दिवसांत मादीवर सक्त नजर ठेवणं आणि तिचा दुसऱ्या नराशी संबंध येऊ न देणं.

माणसाच्या मादीच्या मासिक चक्रात जो मोठा बदल झाला, त्यामुळे नक्की गर्भधारणेचे दिवस कुठले ते पुरुषाला समजणं अवघड होऊन बसलं. त्यामुळे पुरुषाला सगळाच काळ आपल्या मादीबरोबर घालवणं भाग पडू लागलं. हे काही प्रकारे तरी मादीच्या हिताचं असावं. कारण मादीच्या आणि पिल्लांच्या संरक्षणासाठी नर अधिक वेळ देऊ लागला असावा. यातून दोघांच्या सहजीवनाचा बंध अधिक बळकट झाला असावा. मासिक चक्राचा हा फायदा असणं सहज शक्य आहे. सहजीवनाची भावना माणसाच्या उत्क्रांतीत फार महत्त्वाची आहे. कारण, माणसाच्या पिल्लाचा दीर्घ काळचा आणि आत्यंतिक परावलंबीपणा! दोघांनी प्रयत्नपूर्वक पिल्लांच्या संगोपनासाठी कष्ट घेतले नाहीत तर पिल्लं जगणंच शक्य नाही. यामुळेच जनुकीय स्वार्थासाठी प्रेम, विश्वास, सहजीवनाची ओढ माणसामध्ये उत्क्रांत झाली आहे.

छुप्या संबंधाचे फायदे

हे सगळं एवढं सरळ मात्र नाही. जोडीनं घरटं करणाऱ्या पक्ष्यांच्या अभ्यासात दिसून आलेले मादीचे दुसऱ्या नराबरोबरचे छुपे संबंध आपण मागेच पाहिले. जिथे घरटी एकमेकांपासून लांब असतात तिथेही हे प्रकार होतात. मग जिथे टोळी एकत्र राहते, आणि तरीही जोडीनं संसार करते, इतर नर-माद्यांचा नित्य संबंध येतो, अशा समाजांमध्ये हे संबंध असण्याची संधी कैक पटींनी जास्त असते.

पक्ष्यांच्या अभ्यासात दिसून आलेली गोष्ट म्हणजे, अशा छुप्या जोडीबाहेरच्या संबंधांत फक्त नराचाच फायदा असतो असं नाही, तर मादीचाही फायदा असतो. मादीला दोन वेगळ्या नरांकडून दोन वेगळ्या प्रकारचे फायदे मिळू शकतात. एका नराकडून संरक्षण, पोषण आणि इतर प्रकारची मदत; तर दुसऱ्या नराकडून अधिक आकर्षकतेचे जनुक. यासाठी मदत करण्याचा स्वभाव असलेल्या नराबरोबर संसार; पण चोरूनमारून आकर्षक नराशी जुगणं अशी वागणूक मादीच्या जनुकीय

फायद्याची होऊ शकते. पण, 'ही मुलं आपलीच आहेत' असं मदत करणाऱ्या नराला जोवर वाटत राहील तोवरच हा दुहेरी फायदा मिळणं शक्य आहे. यासाठी गर्भधारणेची संभाव्यता कमी असलेल्या दिवसांत मदत करणाऱ्या नराशी जुगणं आणि गर्भधारणेला अनुकूल दिवसांमध्ये अधिक आकर्षक नराशी जुगणं मादीला दोन्ही फायदे मिळवून देऊ शकतं.

याच कारणासाठी गर्भधारणेला अनुकूल दिवस पुरुषांपासून लपवणं हा जीवशास्त्रीय बदल उत्क्रांत झाला असावा, हीसुद्धा शक्यता आहे. स्त्रीच्या लैंगिक मानसिकतेचे अभ्यास याला पुष्टी देतात. गर्भधारणानुकूल दिवसांत स्त्रीला पुरुषातले कुठले गुण अधिक आकर्षक वाटतात आणि इतर दिवसांत कुठले, यामध्ये फरक आढळून आला आहे. गर्भधारणानुकूल दिवसांत अधिक बलशाली, देखणा पुरुष अधिक आवडतो, तर इतर दिवसांत अधिक सौम्य, विश्वसनीय स्वभावाचा जास्त आवडतो.

याचं कारण काय?

नरांमधली स्पर्धा फक्त अधिक चांगली मादी किंवा जास्त माद्या मिळवण्यासाठी नसते. ती पुढे जाऊन शुक्रजंतूंच्या शर्यतीतही रूपांतरित होते. जी मादी अनेक नरांशी जुगलेली असते तिच्या योनिमार्गांत ही शुक्रजंतूंची स्पर्धा चालते. या स्पर्धेतून एखादा शुक्रजंतू यशस्वी होऊन अंडपेशीला फळवतो. या स्पर्धेत जिंकण्यासाठी नराला अनेक गोष्टी कराव्या लागतात. लिंगाचा आकार मोठा असल्याचा यासाठी फायदा होतो.

प्राण्यांमध्ये ज्या प्रजातींमध्ये मादी अनेक नरांशी जुगते त्या प्रजातींमध्ये नराचं लिंग आकारानं मोठं असतं. या नियमाप्रमाणे, जीवशास्त्रदृष्ट्या आदिमानवाची मादी मुळात अनेक नरांशी जुगणारी असली पाहिजे. लिंगाच्या आकाराखेरीज शुक्रजंतूंची संख्या वाढवली तरी संभाव्यतेच्या नियमाप्रमाणे यशाची शक्यता वाढते.

इंग्लंडमधील एका विद्यापीठात १९९०च्या दशकात झालेला एक अभ्यास असं दाखवतो की, जेव्हा एक जोडपं कायम बरोबर राहत असेल तेव्हा प्रत्येक संभोगाबरोबर नरानं सोडलेल्या शुक्रजंतूंची संख्या कमी असते. पण, जर दोघं काही काळ एकमेकांपासून दूर राहून परत एकत्र आले तर त्यानंतरच्या संभोगात नरानं सोडलेल्या शुक्रजंतूंची संख्या प्रचंड प्रमाणात वाढते. ही वाढ नराच्या दोन संभोगांतल्या काळावर अवलंबून नसून त्या विशिष्ट जोडीदाराबरोबर असण्यात पडलेल्या खंडावर अवलंबून असते. म्हणजे, ज्या काळात आपण एकत्र नव्हतो त्या काळात तिचा दुसऱ्या पुरुषाबरोबर संबंध आला असण्याची शक्यता गृहीत धरून योनिमार्गातल्या शर्यतीत अधिक यशस्वी होण्यासाठी हा शरीरानं परस्पर घेतलेला निर्णय असतो.

यासाठी आपल्या जोडीदाराच्या वागणुकीविषयी जाणीवमनात संशय असण्याची गरज नसते. मनात विश्वास कितीही असो; नराचं शरीर त्या स्त्रीचा दुसऱ्या नराशी संबंध आला असण्याची शक्यता गृहीत धरून त्याप्रमाणे निर्णय घेतं.

अर्थात, हे झाले सूक्ष्म अंतःप्रेरणांमधील फरक. त्यातले कित्येक फरक माणसाला जाणिवेच्या पातळीवर माहीतही नसतात. अर्थात, आजचा मानव केवळ अंतःप्रेरणांप्रमाणेच वागतो असं नाही. पण सूक्ष्म अंतःप्रेरणांचा अभ्यास माणसाच्या उत्क्रांत मनाचा ठाव घेण्याचा प्रयत्न करतो. मुळात स्त्री आणि पुरुषाच्या स्वभावाच्या उत्क्रांतीमध्ये जोडीचा संसार आणि टोळीचं जीवन याचं एक अद्भुत मिश्रण काम करत आलं आहे. त्यामुळे त्यात कुठेतरी सहजीवनाची भावनाही आहे आणि कुठेतरी चोरून साधलेला जनुकीय स्वार्थही!... थोडा विश्वासही आहे आणि थोडा अविश्वासही!... प्रेमही आहे आणि संशयही! याच मिश्र पायावर माणसाचं कुटुंबजीवन आजही उभं आहे.

कामक्रीडेसाठी एकांत गरजेचा?

माणसाच्या कामजीवनात आणखी एक गोष्ट खरं तर समजायला अवघड आहे. पण, आपण ती इतकी गृहीत धरली आहे, की त्यात समजून घेण्याजोगं काही आहे असंही आपल्याला वाटत नाही. ती म्हणजे, कामक्रीडेसाठी एकांताची गरज! कित्येक

जातीच्या प्राण्यांमध्ये नर-मादी सर्वांच्या समक्षच जुगतात. टोळ्यांनी राहणाऱ्या माकडांमध्ये असं दिसतं की, दादा-नर जुगताना इतर कुणी आहे की नाही याची पर्वा करत नसावा. पण, जेव्हा एखादा दुबळा नर बलिष्ठ नरापासून चोरून एखाद्या प्रतिसाद देणाऱ्या मादीशी जुगतो तेव्हा ते दोघेही इतरांपासून चोरून, लपूनछपून हे कार्य पार पाडतात. कारण त्यांना टोळीतील इतर बलिष्ठ प्राण्यांची भीती असते.

जोडीनं घरटं करणारे पक्षीसुद्धा उघड्यावरच जुगतात. घरटं त्यांना एकांत मिळावा म्हणून केलेलं नसतं; ते अंडी घालायला आणि पिल्लांना ठेवायला जागा म्हणूनच केलेलं असतं. घरटं असतं, म्हणजे एकांत मिळण्याची शक्यता असते; पण त्यांना त्याची गरज नसते.

आणि लबाडीचे नातेसंबंधही!

कामक्रीडेला एकांत लागणं हे मूलभूत नसून काही विशिष्ट परिस्थितींत निर्माण होणारी गरज आहे. ही गोष्ट इतरांपासून लपवून करायची असेल, त्यात काही लबाडी असेल, किंवा इतर काही कारणांनी असुरक्षितता वाटत असेल, तरच एकांताची गरज भासते. याउलट, ज्या समाजात कामक्रीडेला एकांत आवश्यक समजला जात असेल त्या समाजात लपूनछपून संबंध ठेवणं अधिक सोपं होणार, हे उघड आहे. या दोन्ही बाजूंनी विचार केला तर मानवजातीत जोडीचा संसार आणि त्याबरोबर लबाडीचे नातेसंबंध हे हातात हात घालूनच उत्क्रांत झाले असणार! कारण या दोन्ही गोष्टींचे ठसे माणसाच्या जीवशास्त्रात अनेक प्रकारे आणि खूप खोलवर उमटलेले आहेत.

याचा अर्थ, आज आपण ज्याला 'अनैतिकता' म्हणतो तीच माणसाच्या मूळ स्वभावात आहे की काय? प्रत्येक माणूस असाच असतो की काय? मग आज ज्याला आपण आदर्श एकनिष्ठ प्रेम म्हणतो त्याचं काय? याचा शोध घ्यायला गेलो तर माणसाच्या नातेसंबंधांची आणखी एक पातळी उलगडते आणि ती इतर प्राण्यांपेक्षा निश्चितच वेगळी आहे. यासाठी आपल्याला अजून एक मोठा कडा चढून उंच जायला पाहिजे.

७.

एक-शेजी –
अनेक-शेजींचं गणित

स्त्री-पुरुषाचा संसार माणसाच्या जातीत महत्त्वाचा असण्याचं कारण माणसात मूल वाढवणं ही गोष्ट इतर कुठल्याही प्राण्यांपेक्षा कितीतरी पटींनी अवघड आहे. आई आणि बाप मिळून मुलांची काळजी घेणं आवश्यक आहे. त्यासाठी आई आणि बाप यांच्यामधलं सहकार्य महत्त्वाचं आहे. लग्नसंस्था हा सामाजिक-सांस्कृतिक उत्क्रांतीचा भाग असला तरी त्या आधी माणसाच्या जीवशास्त्रीय घडणीमुळेच त्याची गरज निर्माण झाली आहे.

जोडीनं मूल वाढवण्याची प्रथा अनेक पक्ष्यांमध्येही आहे. मात्र, अशा जातींमध्येही नर किंवा मादी आपल्या जोडीदाराखेरीज जनुकीय वरकमाई म्हणून चोरूनमारून इतर भिन्नलिंगी संबंध ठेवतात, असं अनेक अभ्यासांमधून दिसून आलं आहे. याला माणूस अपवाद नाही. पक्ष्या-प्राण्यांमध्ये ते जितकं नैसर्गिक आहे, तितक्याच नैसर्गिकपणे या प्रवृत्ती माणसाच्या मनात उमटतात आणि कधी-कधी प्रत्यक्षातही येतात.

पण, एक मोठा फरकही आहे. आपण याविषयी खूप चवीनं बोलतो, चौकसपणे इतरांवर नजरही ठेवतो, त्यांना चांगलं-वाईट अशी विशेषणं लावतो, निंदा-स्तुती करतो, कधी शिक्षा करतो, समाज वाळीत टाकतो. पण याहून महत्त्वाचं म्हणजे, आपण हे सगळं काही प्रसंग आणि माणूस पाहून करतो. सगळ्यांना सरसकट एकच नियम लावत नाही. कधी रहस्य राखतो, कधी बोभाटा करतो. इतकंच काय; प्रसंगी कुणीतरी कुणालातरी ब्लॅकमेलही करतो. इतर कुठलाही प्राणी यातलं काही करत

नाही. माणसाच्या या वैशिष्ट्यांचा माणसाच्या विवाहसंस्थेवर काय परिणाम झाला असेल, होत असेल?

'गेम थिअरी' विचारपद्धती

या प्रश्नाचं उत्तर शोधण्यासाठी माणसांना प्रश्न विचारून उपयोग नाही. कारण एक तर प्रामाणिक उत्तरं मिळतील याची शाश्वती नाही. ज्या प्रश्नांशी नीती-अनीतीच्या कल्पना जोडलेल्या असतात, आणि जे विषय संवेदनशील असतात, त्यांच्या बाबतीत माणूस दुसऱ्यालाच नाही; तर स्वतःलाही फसवत बसलेला असतो.

दुसरं म्हणजे, अगदी प्रामाणिकपणे वागायचं ठरवलं तरी आपलं मन, त्यानं घेतलेल्या निर्णयांमागची कारणं आपल्याला तरी कुठे नीट कळतात? म्हणून प्रत्यक्ष समाजातून माहिती मिळवणं आणि त्या माहितीचा उपयोग करून वेगवेगळ्या शक्यतांचा अभ्यास करणं खूप कठीण गोष्ट आहे. पण माणसाच्या मनाचे अनेक मूलभूत व्यवहार उत्क्रांतीनं घडवले आहेत. त्यामुळे उत्क्रांतीच्या तत्त्वांच्या गणितामधून वेगवेगळ्या शक्यतांचा शोध घेणं शक्य आहे. मग उत्क्रांतीच्या गणिताप्रमाणे प्रत्यक्षात घडतं का, ते तपासता येईल; आणि माणसांना प्रश्न विचारण्यापेक्षा त्यांच्या वागणुकीतूनच जास्त कळेल.

मानवी मैथुन प्रणालीचं असं एक गणित 'गेम थेअरी' नावाच्या एका विचार-पद्धतीच्या पायावर मांडलं गेलं आहे. आणि त्याचे काही निष्कर्ष आश्चर्यकारक आहेत.

३२ प्रकारचे स्वभाव!

हे गणित लाखो वर्षांच्या माणसाच्या समाजाच्या कॅनव्हासवर घडतंय असं समजू या. समाजात विविध प्रकारची मंडळी असतात. या गणितात पाच प्रकारच्या वर्तनांनी माणसांचे गट केले आहेत, ते असे...

१. एक-शेजी (Monogamous) म्हणजे लैंगिक संबंधांमध्ये एकनिष्ठ असलेले आणि अनेक-शेजी (Polygamous) म्हणजे अनेकांशी लैंगिक संबंध ठेवणारे

२. आपल्या जोडीदारावर अखंड संशयी नजर (Mate guarding) ठेवून असणारे किंवा त्याची गरज न भासणारे

३. जोडीबाहेरची मलई चाखणाऱ्या इतर सर्वांवर चौकस नजर (Policing) ठेवून असणारे किंवा इतरांच्यात नाक न खुपसणारे

४.   यातून कळलेली रहस्यं सगळ्यांबरोबर वाटणारे, बोभाटा करणारे (Gossiping) किंवा न करणारे

५.   संधी साधून ब्लॅकमेलिंग (Blackmailing) करणारे किंवा न करणारे

या सगळ्यांची कॉम्बिनेशन्स केली की ३२ प्रकारचे स्वभाव होतात. प्रत्येक स्वभावाचा काहीतरी फायदा आणि तोटा आहे. मैथुनाच्या उत्क्रांतीत फायदे-तोटे जनुकीय चलनात मोजले जातात. रोजच्या व्यवहारात माणूस आजच्या फायद्या-तोट्यावरून शिकून उद्या कसं वागायचं हे ठरवतो. पण जनुकीय फायदे-तोटे आपल्याला दिसत नाहीत. त्यामुळे मैथुनाच्या बाबतीत कुठली वागणूक फायद्याची हे अनुभवानं शिकून समजत नाही; तर ते जनुकीय उत्क्रांतीतूनच घडत असलं पाहिजे.

मनुष्यस्वभावातल्या खाचाखोचांवर जनुकांचा प्रभाव असतो, असं उत्क्रांतमानसशास्त्राचं म्हणणं आहे. पण, 'एक जनुक - एक स्वभाव' असं हे साधं गणित नाही. जनुक आणि स्वभावाच्या संबंधावर संशोधन करण्यात तांत्रिक अडचणी खूपच आहेत. त्यामुळे कुठले जनुक कुठल्या स्वभावाला जन्म देतात, अशी स्पष्ट माहिती आज तरी आपल्याकडे नाही. पण व्यक्ती-व्यक्तींच्या स्वभावात फरक दिसतात, आणि जनुकीय फायद्यासाठी होणारी स्वभावातली सूक्ष्म जडणघडण शिकून येऊ शकत नाही; म्हणून लैंगिक वागणुकीतले बारकावे जनुकीय उत्क्रांतीतून येतात असं म्हणणं तर्कशुद्ध मानून हे गणित मांडलं गेलं आहे.

एखाद्या स्वभावाचे फायदे-तोटे काय हे इतर माणसांच्या स्वभावावरही अवलंबून असतं. स्वभावाच्या एका घटकाचा फायदा दुसऱ्या घटकाच्या असण्या-नसण्यावरही अवलंबून असतो. उदाहरणार्थ, चौकसपणा नसेल तर वाचाळपणाला विषयच मिळणार नाही. ब्लॅकमेलिंगची संधी मिळण्यासाठी चौकसपणा हवाच. संशय (Policing), बोभाटा (Gossiping) आणि ब्लॅकमेलिंग (Blackmailing) एकमेकांशिवाय फायदेशीर ठरू शकत नाहीत. म्हणून त्या तिघांना एकत्रच वावरलं पाहिजे. या तिघांचा सहसंबंध पक्का मानला तर स्वभावाचे ३२ पैकी आठच प्रकार राहतात. त्यामुळे हे गणित थोडं तरी सोपं होतं.

गणिताची सुरुवात आपण अशा आदर्श समाजापासून करू, की जिथे फक्त एक-शेजी स्वभावाचे लोक राहतात. सगळेच एक-शेजी असतील तर कुणी कुणावर संशय घेण्याचं कारण नाही आणि संशयी नजर ठेवण्याचा काही फायदा होणारही नाही; पण विनाकारण संशयी असण्याची किंमत चुकवावी लागेल. त्यामुळे अशा समाजात संशयी, चौकस, ब्लॅकमेलिंग करणारे यांना काहीही फायदा नसल्यामुळे

त्याचं प्रमाण शून्यवत होईल. पण, संशय घेणारं कुणीच नसेल तर अनेक-शेजी स्वभावाचं फावेल. कारण त्यांना जास्त संतती किंवा जास्त चांगली संतती होण्याची शक्यता अधिक! अनेक शेजींत स्त्री आणि पुरुषांचा वेगळावेगळा जनुकीय फायदा कसा असतो, हे आपण मागच्या एका प्रकरणात पाहिलं. तो फायदा मिळत असल्यामुळे आणि धोका काहीच नसल्यामुळे अनेक-शेजी स्वभावाचे जनुक फोफावतील. ते पुरेसे वाढले तर या गणितातील दुसरा टप्पा सुरू होतो.

आता प्रत्येक व्यक्तीला आपला जोडीदार धोकेबाज निघण्याची शक्यता गृहीत धरून चाललं पाहिजे. कारण अशा लोकांची संख्या समाजात वाढत आहे. त्यामुळे कायम जोडीदारावर संशयी नजर ठेवणाऱ्यांचं प्रमाण वाढू लागेल. पण कायम जोडीदाराच्या मागावर राहण्यात फारच वेळ आणि कष्ट पडतात. स्वत:कडे बघायलाही वेळ मिळणं कठीण! थोडक्यात, संशयी असण्याची फार मोठी किंमत चुकवावी लागते. आपला जोडीदार अनेक-शेजी असेलच असं नाही. मात्र, ते आधी कळायला मार्ग नसतो. त्यामुळे आवश्यकता नसली तरी ही किंमत चुकवावी लागते. ही किंमत टाळण्याचा किंवा कमी करण्याचा काही मार्ग आहे का? तर, आहे.

दुसऱ्याच्या भानगडीत उत्सुकता

आपण स्वत: आपल्या जोडीदारावर कायम नजर ठेवत राहण्यापेक्षा इतरांकडून माहिती मिळाली तर जास्त सोपं! यातून एक प्रकारचं अकथित सहकार्य जन्माला येतं, चौकसपणाच्या, भोचकपणाच्या स्वरूपात! यात प्रत्येक जण आपापल्या जोडीदारावर नजर ठेवत नाही; तर डोळ्यांसमोर सहजपणे असणाऱ्या व्यक्तीवर चौकस नजर ठेवतो आणि काही संशयास्पद पाहिलं तर ते षट्कर्णी करतो. मला कुणाचं 'गैरकृत्य' दिसलं तर मी त्याचा बोभाटा करतो. पण हे करत असताना माझ्या जोडीदाराचंही असं काही असेल तर कुठेतरी तेही उडत-उडत माझ्या कानावर येईल अशी अपेक्षा असते. ते नेहमी नाही; तरी बऱ्याचदा साधतंही!

यातून प्रत्येकाचं आपल्या जोडीदारावर अप्रत्यक्ष लक्ष राहतं आणि लक्ष ठेवण्याचा खर्च खूपच कमी होऊ शकतो. माणसाला दुसऱ्याच्या भानगडीविषयी जी अपार उत्सुकता दिसते त्याच्या मागे हा सहकार्याच्या जमाखर्चाचा हिशेब आहे.

प्रत्यक्षात दर वेळी हा हिशेब करून आपण दुसऱ्याच्या भानगडीत लक्ष घालत नाही, तर या हिशेबामुळे आपल्यात ही प्रवृत्ती उत्क्रांत झाली आहे; आणि हा मानवी स्वभावाचा जवळजवळ बहुतेकांमध्ये आढळणारा हिस्सा बनून गेला आहे.

यात एक खोच आहे. सामाजिक भोचकपणामुळे जोडीदारावर नजर ठेवण्याचा प्रत्येकाचा खर्च वाचत असला तरी या चौकसपणासाठीसुद्धा प्रत्येकाला, प्रत्यक्ष काही वेळ, व्याप खर्च करावा लागतो. त्यातून जो फायदा होईल तो स्वतःचाच असेल याची शाश्वती नसते. म्हणजे हा लष्कराच्या भाकरी भाजण्याचाच प्रकार! खर्च आपला, फायदा दुसऱ्याचा. आपला फायदा होईलही; पण तो आपल्या करण्यामुळे नाही. समजा, मी दुसऱ्यावर नजर ठेवण्यासाठी माझा वेळ अजिबात खर्च करणार नाही असं ठरवलं; पण बाकीचे तसं करत असतील, तर माझा स्वतःचा काही खर्च न होता मला माझा जोडीदार माझ्यामागे काय करतो, याची माहिती मिळू शकेल. अशा परिस्थितीत असा स्वभाव जनुकीय स्वार्थावर चालणाऱ्या उत्क्रांतीत कसा टिकणार?

उत्तर ब्लॅकमेलिंगमध्ये...

या प्रश्नाचं समर्थ उत्तर 'ब्लॅकमेलिंग'मध्ये आहे. मी चौकस राहून दुसऱ्याला काही माहिती पोहोचवण्यात माझा दर वेळी काही फायदा नाही. पण, एखाद्या वेळी मोठा फायदा होऊ शकत असेल तर...? तुम्ही एखाद्याची चोरी पकडलीत तर तुमच्या पुढे अनेक पर्याय असतात : तुझी चोरी संबंधित व्यक्तीला सांगू? समाजात बोभाटा करू? की मला हे रहस्य स्वतःजवळ ठेवण्यासाठी कुठल्यातरी प्रकारचा लाभ देशील? हे झालं ब्लॅकमेलिंग!

प्रत्यक्षात सर्व परिस्थिती ब्लॅकमेलिंगला योग्य असेल असं दर वेळी घडत नाही. पण स्वतः चौकस असणाऱ्या आणि समाजात बदनामी करू शकणाऱ्या व्यक्तीलाच ब्लॅकमेलिंगची दुर्मीळ संधी मिळू शकते. हा फायदा प्रत्येक वेळी मिळत नसला तरी जेव्हा मिळतो तेव्हा खूप मोठा असू शकतो. या दुर्मीळ शक्यतेमुळेच चौकस स्वभाव उत्क्रांतीत टिकून राहू शकतो. समाजात खूप माणसं अशी चौकस असतील तर लपूनछपून जनुकीय वरकमाई करणाऱ्यांना कठीण दिवस येतात. अशा वेळी एक-शेजी आणि सरळसोट असण्याचा फायदा भारी पडू लागून पुन्हा एकदा पारडे तिकडे झुकू लागते.

हे चक्र एका पिढीत नाही, तर शेकडो पिढ्यांनी पूर्ण होते. चक्राच्या एका गतीत अनेक स्वभावाची माणसं एकाच वेळी समाजात राहतात; पण त्यांच्या प्रमाणात चक्राकार गतीनं चढउतार होत असतात. या चक्रामध्ये ब्लॅकमेलिंगला अनन्यसाधारण महत्त्व आहे. या गणितातून ब्लॅकमेलिंग काढून टाकलं तर स्वभावातील विभिन्नता नाहीशी होऊन सगळेच संधीप्रमाणे अनेक-शेजी आणि

संशयी होतात. एकनिष्ठता या गणितातून नामशेष होते. समाजात नेहमी काही प्रमाणात तरी एकनिष्ठ प्रेम टिकवण्यात या ब्लॅकमेलिंगचा फार महत्त्वाचा वाटा आहे. केव्हातरी मिळू शकणाऱ्या ब्लॅकमेलिंगच्या फायद्यामुळे सामाजिक चौकसपणा टिकून राहतो. चोरून अनेक-शेजी असण्यासाठी मोजावी लागणारी किंमत वाढते आणि चक्राच्या काही भागांत तरी एकनिष्ठ संसाराचा जनुकीय जमाखर्च अधिक फायद्याचा ठरू लागतो.

या चक्राकार गणिताचा अंतिम परिणाम असा होतो की, सर्व प्रकारचे स्वभाव समाजात काही ना काही प्रमाणात टिकून राहतात. कुठल्याच एकाचा कायमस्वरूपी जनुकीय विजय होत नाही.

या गणिताच्या सगळ्या खाचाखोचा फार सोप्या करून सांगता येण्याजोग्या नाहीत. पण त्याच्या किचकटपणात न शिरता समाज समजून घेण्यासाठी उपयुक्त असे त्याचे काही निष्कर्ष सोप्या भाषेत सांगण्यासारखे आहेत. हे गणित असं म्हणतं की,

> कुठल्याही समाजात सर्व प्रवृत्तींच्या व्यक्ती सर्वकाळ असणारच. प्रत्यक्षातले अनुभवही असेच दिसून येतात. हे तत्त्व पुरुष आणि स्त्रीलाही लागू होतं. सर्व स्वभावाच्या सर्व छटा पुरुषांमध्येही दिसतात आणि स्त्रियांमध्येही! फक्त अनेक-शेजीच्या जनुकीय फायद्या-तोट्याचं गणित थोडंसं वेगळं असल्यामुळे स्त्री-पुरुषांमध्ये निरनिराळ्या स्वभावांच्या व्यक्तींच्या प्रमाणात फरक असतो. पण अमुक स्वभाव स्त्रीचा, अमुक पुरुषाचा असे साच्यातले पुतळे उत्क्रांतीमधून निर्माण होत नाहीत.

ते चांगलं नसलं तरी...

उत्क्रांतमानसशास्त्राच्या सुरुवातीच्या काळात अशी मांडणी केली गेली, की स्त्री आणि पुरुष यांच्या मूळ स्वभावात फरक आहेत. अशी पुस्तकं लिहिली गेली, की पुरुष मंगळावरून आला तर स्त्री जणू चंद्रावरून! पण या गणितानं स्त्री आणि पुरुषाचे स्टिरीओटाईप असतात, अशी मांडणी मोडून काढली आहे. उत्क्रांतीनं स्त्रीला एका साच्यात आणि पुरुषाला दुसऱ्या साच्यात घडवलेलं नाही. दोघांच्याही स्वभावात विविधता उत्क्रांत होते. तरीही, दोघांमध्ये स्वभावाच्या प्रमाणात फरकही असतात.

व्यक्तीच्या स्वभावांमध्ये मूलभूत फरक असणं नैसर्गिक आहे, अपरिहार्य आहे, आणि ते स्त्री-पुरुष दोघांमध्येही आहे. समाजात जसं एकनिष्ठ प्रेम दिसेल तसं अनेकांचं आकर्षणही दिसेल. काही व्यक्ती या प्रकारातल्या असतील, काही त्या प्रकारातल्या; त्याचबरोबर दुसऱ्याच्या भानगडींमध्ये काहींना खूप रस असेल, काहींना कमी; काहींना त्याविषयी चारचौघांमध्ये बोलायला आवडेल, काहींना नाही. प्रत्यक्षात ब्लॅकमेलिंग क्वचितच घडेल; पण ते समाजासाठी महत्त्वाचं ठरेल. याचा अर्थ, ब्लॅकमेलिंग करणं चांगलं असा नाही; पण तो काट्याने काटा काढला जाण्यासारखा प्रकार आहे.

या गणिताचा आपल्या नीती-अनीतीच्या कल्पनांवर खूप मोठा परिणाम होणार आहे. स्वभावात इतकी विविधता नैसर्गिक असताना सगळ्यांना एकाच नीती-नियमात बसवण्याच्या प्रयत्नांचे परिणाम काय होतील, हा प्रश्न महत्त्वाचा आहे. नैसर्गिक विविधतेला आपण किती सहजपणे स्वीकारतो, यावर समाजातील सहिष्णुता आणि आपल्या मनाची परिपक्वता आणि शांती अवलंबून आहे. आत्तासुद्धा ही विविधता दिसतेच आहे. फक्त आपण ती खुल्या मनानं मान्य करत नाही, आणि तिथेच आपला गोंधळ होतो. प्रत्येक जण स्वभावतःच एकनिष्ठ असला पाहिजे असा आपला समज असतो किंवा अपेक्षा तरी असते. आपण याच तत्त्वावर समाज बांधला गेला पाहिजे अशी अपेक्षा करतो. माणसाच्या स्वभावातील उत्क्रांत विविधता नाकारून आपल्या न्याय आणि नीतीच्या कल्पना बनल्या आहेत. यातच बऱ्याच मोठ्या मानसिक आणि सामाजिक संघर्षांचं मूळ आहे.

एकनिष्ठता ब्लॅकमेलिंगमुळे टिकून आहे, हा या गणिताचा दुसरा निष्कर्ष धक्कादायक आहे खरा; पण हे गणित पक्कं आहे. ब्लॅकमेलिंग काढून टाकलं तर गणितातील समतोल ढासळतो; आणि मग समाजात फक्त व्यभिचारी आणि संशयी स्वभाव शिल्लक राहतो. एकनिष्ठतेला कितीतरी पावित्र्य आहे लोकांच्या मनात; आणि याउलट ब्लॅकमेलिंगसारखी गोष्ट समाजातून नष्टच झाली पाहिजे, इतकी घृणा आहे त्याच्या प्रति! कधी हे लक्षातच येत नाही, की ही घृणास्पद गोष्ट हीच या पवित्र गोष्टीचा आधार आहे.

प्रत्यक्षात आज समाजात स्वभावातच आदर्श प्रेम आणि एकनिष्ठ असलेली माणसं आहेत. ती इतरांच्या भीतीमुळे एकनिष्ठ नाहीत; त्यांची उपजत प्रवृत्तीच एकनिष्ठतेची आहे. पण ज्या सामाजिक चयापचयातून त्यांचे स्वभाव निर्माण झाले आहेत, त्या चयापचयाचा अविभाज्य भाग व्यभिचार, संशय, भोचकपणा आणि ब्लॅकमेलिंगही आहेत, हे या सामाजिक प्रक्रियेच्या गणितात दिसतं. एकनिष्ठता जेवढी नैसर्गिक आहे तेवढाच व्यभिचारही! यात माणसाचा स्वभाव आणि परिस्थितीनं उपलब्ध केलेल्या संधी या दोन्हींचा वाटा आहे.

विज्ञान आणि आयुष्याचं साटंलोटं

विज्ञान आणि गणित यांमध्ये पवित्र किंवा घृणास्पद काही नसतं; फक्त वस्तुनिष्ठ मीमांसा असते. पण त्यातून आयुष्याची अनेक कोडी आश्चर्यकारक रीतीने उलगडू शकतात. विज्ञान आणि आयुष्याचं हेच तर साटंलोटं आहे.

प्रत्यक्ष आयुष्यातल्या निरीक्षणांवर आधारित विज्ञान जन्म घेतं. जन्माला आलेल्या विज्ञानाचा प्रत्यक्ष आयुष्यावर प्रकाश पडतो. यातूनच माणसाला स्वतःला आणि समाजाला समजून घेण्याची ताकद निर्माण होत असते. खुल्या मनानं आणि पूर्वग्रह बाजूला ठेवून विचार केला तर विज्ञानाच्या प्रगतीबरोबर व्यक्ती, समाज, त्यातले प्रवाह आणि त्या मागची तत्त्वं आपल्याला अधिक चांगली समजू शकणार आहेत. ती अधिक चांगली समजली तर पुढच्या समाजाला आकार कसा द्यायचा, यावर आपलं अधिक समंजस आणि व्यवहार्य नियंत्रण असू शकणार आहे. यासाठी आपणच घातलेल्या सगळ्या भिंती तोडून खुल्या मनानं माणसाची उत्क्रांती, माणसाचा इतिहास, त्या सगळ्याला बांधील असलेलं माणसाचं वर्तमान समजून घेतलं तर माणसाचं भविष्य अधिक चांगलं करण्याचं आपलं स्वातंत्र्य वाढणार आहे.

८.
सौंदर्याची सृष्टी आणि दृष्टी

स्त्री-पुरुष संबंधाबद्दल बोलायचं तर सौंदर्याला बाजूला ठेवून कसं चालेल! समाजानं ज्या गोष्टीला इतकं डोक्यावर घेतलं आहे; व्यापारानं, अर्थव्यवहारानं ज्याचा प्रमाणाबाहेर वापर करून घेतला आहे; माध्यमांनी ज्याला इतकं महत्त्व दिलं आहे; आणि अनेक प्रकारच्या कलांचा जो प्राण झाला आहे; ते सौंदर्य पहिल्यापासूनच इतकं महत्त्वाचं आहे का? त्याच्यामागे काही जीवशास्त्रीय पाया आहे का? त्यातलं नैसर्गिक किती आणि सांस्कृतिक कल्पनांचा प्रभाव किती? सौंदर्य म्हटलं की ते स्त्रीचं, असं आपण कळत-नकळत गृहीतच धरतो. पुरुषाच्या बाबतीत 'सौंदर्य' हा शब्द विचारातही घेतला जात नाही. सौंदर्याच्या संकल्पनेत एवढा असमतोल कुठून आणि का आला असेल? सौंदर्य हे स्त्रीचं बलस्थान, की असुरक्षितता वाढवणारं ओझं?

सौंदर्याचा इतिहास : महत्त्वाचा घटक

सौंदर्याचा इतिहास हा माणसाच्या इतिहासातील कदाचित सर्वात महत्त्वाचा घटक. लिखित इतिहासात त्याचे फक्त अधूनमधून उल्लेख येत असतील. पण इतिहास म्हणजे फक्त साम्राज्यं आणि युद्धांचा इतिहास नव्हे. माणसाचा सर्व अंगांनी इतिहास लिहिला गेला तर त्यातलं सौंदर्याचं प्रकरण खूप मोठं आणि तितकंच गुंतागुंतीचं असेल. या इतिहासात जीवशास्त्र, उत्क्रांती, सांस्कृतिक इतिहास, धर्म, न्याय-नीती, राजकारण, अर्थकारण, सामाजिक आणि राजकीय विषमता या सगळ्यांचं इतकं एकजीव झालेलं कालवण आहे, की नेमक्या कुठल्या गोष्टीचा प्रभाव कशावर आहे, आणि एखाद्या गोष्टीमागचं नेमकं काय कारण आहे, हे समजणं मुश्कील!

हे कालवण समजून घेण्याच्या प्रयत्नांची आपण सुरुवात असं गृहीत धरून करू, की जे काही सुरू आहे ते जनुकीय स्वार्थाच्या हिशेबानंच सुरू आहे. या गृहीतानंसुद्धा मानवी स्वभाव आणि वागणुकीतल्या अनेक गोष्टींचे सोपे अर्थ उलगडणार आहेत. जिथे ते उलगडू शकणार नाहीत तिथे अर्थातच जनुकीय फायद्याच्या पलीकडच्या घटकांचा प्रभाव असला पाहिजे. त्यामागची कारणं व स्वरूपही आता आपण पाहू.

> मूळ जीवशास्त्रीय दृष्टिकोनातून सौंदर्य हा एक संदेशाचं आणि संवादाचं साधन आहे. जोडीदाराच्या निवडीत त्याची गरज असते ही गोष्ट स्पष्ट आहे; पण अगदी आयुष्यभर एकच जोडीदार असला तरी सौंदर्याची गरज संपत नाही. कारण संदेश आणि संवाद संपत नाहीत.
>
> प्राण्यांमध्ये जोडीदाराची निवड कशी होते ते आपण पाहत आलो आहोत. ज्या जातींमध्ये मिथुनवीण आहे त्यांच्यात जोडीदाराच्या निवडीला महत्त्व आहे. त्यात प्राधान्यांं निवड करण्याची गोष्ट म्हणजे, चांगले जनुक. दोघांकडून चांगले जनुक आले तर त्यातून जन्माला येणारी पुढची पिढी अधिक चांगली घडेल. पण, जनुक तर प्रत्यक्ष पाहून घेण्याचा काही मार्ग नाही. मग एक साधं गृहीत असं, की जो जिवंत आहे, तो त्याचे जनुक चांगले आहेत म्हणूनच जिवंत असला पाहिजे. मग जो जिवंत आहे, त्याच्याशीच संयोग होणार ना! म्हणजे हा प्रश्न आपोआपच निकालात निघाला पाहिजे. पण तसं होत नाही.

आव्हानांना तोंड देणं म्हणजे...

जगण्याच्या आव्हानांमधली विविधता जशी वाढत जाते तशी सर्व प्रकारच्या आव्हानांना तोंड देऊन जगण्याची कुवत कुणामध्ये आहे हे ओळखणं अवघड होत जातं. कदाचित, केवळ योगायोगानं एखाद्याला फार अवघड आव्हानं भेटलीच नसतील म्हणून तो जगला असेल. केवळ जगता आल्यानं जीवनक्षमता सिद्ध होते असं काही सांगता येत नाही. मग आपणच एखादं आव्हान उभं करता आलं, किंवा दुसऱ्या काही प्रकारे आव्हानाला तोंड देताना पाहता आलं, तर एखाद्याची जीवनक्षमता तपासून पाहिली असं होईल. असं करताना करणाऱ्यालाच बराच वेळ,

शक्ती खर्च करावी लागेल, काही धोका पत्करावा लागेल. एवढं सगळं करण्याइतकं ते महत्त्वाचं आहे का?

जोडीदाराच्या निवडीसाठी किती किंमत चुकवण्याची तयारी असावी, हे आपली त्यात गुंतवणूक किती आहे त्यावर अवलंबून आहे, हे तत्त्व प्राण्यांमध्ये कसं काम करतं हे आपण पाहिलं.

बहुतेक जातींमध्ये नरापेक्षा मादीची पिल्लागणिक गुंतवणूक जास्त असल्यामुळे मादी जास्त चोखंदळ असली पाहिजे, नर कमी! त्यामुळे मादीनं नराची निवड करावी हा नियम. अगदी थोड्या जाती त्याला अपवाद! पण माणसामध्ये नराचीही पिल्लागणिक गुंतवणूक अगदीच कमी नाही. जोडीनं पिल्लं वाढवण्याची आवश्यकता जशी वाढत गेली तशी नराची गुंतवणूक वाढत जाऊन दोघांमधला फरक कमी होत गेला असला पाहिजे.

ऑस्ट्रेलोपिथॅकस या माणसाच्या पूर्वजांमध्ये नर-मादीच्या आकारांमध्ये खूप मोठा फरक होता. माणसाच्या उत्क्रांतीबरोबर तो कमी होत जाऊन आता दहा-पंधरा टक्क्यांच्या आसपास उरला आहे. नर-मादीमध्ये मोठा फरक असण्यामागचं संभाव्य कारण हे, की माद्या मोठ्या नराची निवड करत होत्या. ज्या जातींमध्ये माद्या नरांची निवड करतात, त्यांच्यात नर-मादीमध्ये जास्त फरक दिसतो. म्हणजे माणसातही पहिल्यापासून मादीनं नराची निवड करणं प्रचलित असावं. आपल्याला माहीत असलेल्या इतिहासातही स्वयंवरपद्धती आहेच. ती या निसर्गतत्त्वाला जवळची आहे.

स्त्रीला निवडीचं पूर्ण स्वातंत्र्य आहे, असं काही काळ गृहीत धरू या. या गृहीतानुसार, मादीच्या दृष्टिकोनातून चांगला नर कुठला — तिला हवं ते देणारा? जीवशास्त्रीयदृष्ट्या काय हवं असतं मादीला? दोन वेगळ्या गोष्टी : आपल्या मुलांसाठी चांगले जनुक; आणि दुसरं म्हणजे चांगलं पितृत्व. ही गोष्ट जोडीनं घरटं करणाऱ्या पक्ष्यांसारखीच असून ती आपण पुरेशा विस्तारानं पाहिली आहे. चांगले जनुक आणि चांगलं पितृत्व एकत्र नांदत असतीलच असं नाही. मग, या दोन्हींपैकी एकाची निवड करायची झाली तर कशाला जास्त महत्त्व द्यावं, हे त्या स्त्रीकडे काय आहे, तिची परिस्थिती आणि तिची स्वतःची क्षमता काय आहे, त्यावर अवलंबून असायला हवं.

क्षमता आणि परिस्थिती अशी असेल, की स्त्री स्वतंत्रपणे मुलांना वाढवू शकते, तर तिनं पितृत्वापेक्षा आकर्षकतेवर अधिक भर द्यायला हवा. पुरुषी आकर्षकतेचे जनुक मिळाले तर तिला होणारे मुलगे जास्त आकर्षक असण्याची संभाव्यता अधिक! त्याचा तिला जनुकीय फायदा आहे. याउलट, जर स्त्री जास्त परावलंबी असेल तर तिला एकटीला मुलं वाढवता येणं कठीण! मग तिनं मुलांना वाढवण्यासाठी लागणाऱ्या गोष्टी जोडीदाराच्या निवडीत प्राधान्यानं पाहिल्या पाहिजेत; म्हणजे कर्तबगारी, सत्ता, संपत्ती! मग तो पुरुष दिसायला आकर्षक नसला तरी चालेल.

परंतु, आपण जोडीनं घरटं करणाऱ्या पक्ष्यांमध्ये पाहिल्याप्रमाणे जनुकांसाठी वेगळ्या आकर्षक नराशी संग करणं साधलंच तर त्या स्त्रीचा दुहेरी फायदा! म्हणजे, निव्वळ जनुकीय फायद्याचा हिशेब केला तर विवाहासाठी साधनसमृद्ध नवरा आणि जमलंच तर चांगल्या जनुकांसाठी आकर्षक पुरुषाचा संग ही स्त्रीच्या सर्वांत जास्त फायद्याची गोष्ट असू शकते.

स्त्री अधिक स्वतंत्र असेल तर...

हे साधं तत्त्व आपल्याला असं सांगतं, की निव्वळ जनुकीय फायद्याचा विचार केला तर ज्या समाजात स्त्री अधिक स्वतंत्र असेल त्या समाजात पुरुषाच्या आकर्षकतेचं महत्त्व अधिक. त्याला 'सौंदर्य' असा शब्द खरं तर वापरायला काहीच हरकत नाही; पण आपल्या भाषेला तशी सवय नाही. याउलट, जिथे स्त्री अधिक परावलंबी असेल तिथे पुरुषाच्या सत्ता-संपत्तीचं महत्त्व जास्त. मानवी समाजात या दोन्ही संदर्भांचं कमीअधिक प्रमाणात मिश्रण असल्यामुळे स्त्रीला पुरुषात काय पाहायला आवडतं त्यात वैविध्य आलं आहे. आपली शारीरिक-मानसिक-सामाजिक स्थिती पाहून जी मादी दोन्हीपैकी योग्य गुणधर्मांचा नर निवडेल, तिचा वंश अधिक चालेल. कोणाला निवडायचं हे संदर्भाप्रमाणे बदलत असल्यामुळे प्रत्येकीला तीच गोष्ट आकर्षक वाटेल असं नाही. एखादीला राकट, ताकदवान पुरुष आवडेल, तर कुणाला सौम्य, मवाळ, प्रेमळ चेहऱ्याचा आवडेल.

या नाण्याची दुसरी बाजू अशी, की आकर्षक पुरुषाला आपल्या स्त्रीला अधिक सक्षम करणं आणि स्वतंत्र वृत्तीचं बनवणं फायद्याचं आहे. म्हणजे त्याला मुलांसाठी कमीत कमी वेळ देऊन चालेल, तो वेळ त्याला अधिक उंडारायला आणि जमलं तर इतर माद्यांबरोबर अनौरस संततीचा जनुकीय फायदा घ्यायला उपलब्ध होईल.

याउलट, दिसण्यात अनाकर्षक; पण सत्ता, संपत्ती, साधनं असलेला पुरुष आपल्या स्त्रीला सर्व साधनसंपत्ती देईल. मात्र, तिच्या स्वातंत्र्यावर मर्यादा आणण्याचा प्रयत्न करेल. विशेषतः तिचा इतर पुरुषांशी संबंध आलेला त्याला खपणार नाही. जर एखाद्या पुरुषाकडे हे दोन्ही नाही असं त्याला वाटत असेल तर तो आपल्या संसारात जास्त वेळ, जास्त लक्ष, जास्त कष्ट देऊन ती कसर भरून काढण्याचा प्रयत्न करेल. अशा धोरणांनीसुद्धा चांगलं जनुकीय यश मिळू शकतं. त्यामुळे असे गुणधर्म आवडणारा आणि निवडणारा स्त्रीवर्गसुद्धा असेलच. थोडक्यात, निवडीचा एकच साचा ना होता वैविध्य वाढेल.

फक्त जीवशास्त्रीय असा आणखी एक मुद्दा आहे. मिथुनविणीमध्ये जनुकीय विविधता वाढवणे हा एक महत्त्वाचा घटक असतो. त्यामुळे आपल्यापेक्षा ज्याची जनुकीय घटना जास्त वेगळी आहे, त्याला प्राधान्य दिलं गेलं पाहिजे. भावा-बहिणींमध्ये लैंगिक संबंध नसावेत, अशी जी सार्वत्रिक धारणा आहे ती जीवशास्त्रीयदृष्ट्या अगदी योग्य अशीच आहे. म्हणजे पुरुषाची निवड करताना स्त्रीला अनेकविध गोष्टी एकाच वेळी बघायच्या आहेत.

स्त्री ही निवड कशी करते याविषयी अनेक अभ्यास झालेले आहेत. काही प्रमाणात आपल्याला ते सहज दिसतंसुद्धा! काही पुरुष त्यांच्या दिसण्या-वागण्या-बोलण्यातूनच प्रेमळ, लहान मुलांची काळजी घेणारे वाटतात. काही बळकट, राकट, बेपर्वा वाटतात. कुठल्या लक्षणांवरून असं वाटतं, ही गोष्ट सांगायला सोपी नाही. पण माणसांचे एकमेकांविषयीचे ठोकताळे नेहमी नाही; तरी बहुतांश वेळेला खरे असतात. एखाद्या वेळेस ते चुकतात आणि त्याचं आपल्याला फार आश्चर्य वाटतं. आश्चर्य वाटण्याचं कारणच हे, की बहुतांश वेळेला ते खरे ठरत असतात.

या आवडीनिवडीमागे दिसण्याच्या पलीकडच्या काही क्षमता वापरल्या जात असतात. माणसाच्या शरीरातून सोडले जाणारे काही रासायनिक घटकसुद्धा यासाठी कारणीभूत आहेत. या रसायनांचा 'वास' असा जाणवत नाही; पण त्यांचा परिणाम या निवडीवर होतो. यावर खूपच कमी अभ्यास झाला आहे. मात्र, माणसाच्या एकमेकांविषयीच्या भावनांमध्ये रासायनिक भाषासुद्धा वापरली जाते, असं काही प्रयोग दाखवतात.

टीशर्टवरून तरुणाची निवड

एका प्रयोगात काही युवतींना आदल्या दिवशी युवकांनी वापरलेले काही टीशर्ट्स दिले आणि त्यांतून फक्त निवड करायला सांगितली. चेहरा, फोटो, इतर माहिती असं काही नव्हतं. सगळे टीशर्ट्स दिसायलाही सारखेच. वेगळा होता तो फक्त वापरलेल्या टीशर्टचा वास. या मुलींनी त्यावरून ज्या तरुणाची निवड केली, त्यात एक समान सूत्र होतं. स्वत:पेक्षा वेगळ्या जनुकांनी समृद्ध असलेल्या तरुणाची प्रत्येकीनं निवड केली. म्हणजे या निवडीमागे एक जीवशास्त्रीय कारण होतं. वास्तविक ते त्यांना स्वत:लाही माहीत नव्हतं; पण प्रत्येकीच्या मेंदूमध्ये कुठेतरी ते तत्त्व कार्यरत असल्याचं आढळलं.

आपल्याला एखादी व्यक्ती पाहताक्षणी आवडते आणि एखादी नाही आवडत. याची कारणं अनेकदा स्वत:लासुद्धा कळत नाहीत. याचं कारण अंशत: तरी रासायनिक देवाणघेवाणीत असू शकेल. मात्र, याविषयी अधिक अधिकारवाणीनं बोलण्याइतकं संशोधन अजून झालेलं नाही. पण, माणसाच्या निर्णयबुद्धीत जीवशास्त्र आपल्या नकळत काम करत असतं, एवढं यामध्ये निश्चित दिसतं. याचा अर्थ जीवशास्त्रच सर्व काही ठरवतं असा नाही. कारण आपल्या काही मूलभूत प्रवृत्ती उत्क्रांतीनं घडवल्या आहेत. प्रत्यक्षात आपण निर्णय घेताना त्या प्रवृत्तींखेरीज इतर अनेक गोष्टी आणि आपल्यावर प्रभाव असलेल्या इतर व्यक्तींचं मत घेऊन ठरवत असतो. पण, अनेक प्रवृत्ती नैसर्गिक आहेत ज्या आपल्या नकळत काम करत असतात, आणि आपल्या निर्णयांवर त्यांचा बराच प्रभाव असतो, हे नाकारता येत नाही.

जीवशास्त्र व उत्क्रांतीमध्येच कारणं

प्रयोगांचा आणखी एक धक्कादायक निष्कर्ष असा, की मासिक पाळीच्या वेगवेगळ्या टप्प्यांत मादीची निवडही बदलते. बीज तयार होण्याच्या आठवड्यात तिचा कल जास्त आकर्षक, सेक्सी नराकडे असतो. इतर काळांत तो अधिक प्रेमळ नराकडे झुकतो. याची कारणंही जीवशास्त्र आणि उत्क्रांतीमध्ये शोधता येतात. स्त्री आपल्या मासिक चक्रामध्ये नक्की कधी जननक्षम असते हे पुरुषाला उघडपणे कळत नाही. मात्र, ज्या स्त्रीशी आपला संबंध आला, तिला होणारं मूल 'आपलं' असू शकतं; आणि या जीवशास्त्रीय नात्यानं तिला साधनं पुरवणं, तिचं रक्षण करणं आणि मुलांना वाढवणं या गोष्टींमध्ये जन्मजात प्रवृत्तींनी पुरुष मदत करू लागतो.

प्रेमळ स्वभावाच्या नराकडून अशी मदत जास्त होते. आकर्षक नराकडून ती होईलच असं नाही, पण त्याचे जनुक मिळणं अधिक महत्त्वाचं! त्यामुळे ज्या काळात जननक्षमता जास्त असते त्या काळात आकर्षक नराविषयी ओढ असते, तर एरवीच्या काळात प्रेमळ नर अधिक आवडतो. या गोष्टी विचार आणि विवेकानं होत नसतात; तर मूलभूत जीवशास्त्रीय प्रेरणेनं मनात नेणिवेच्या पातळीवर होत असतात. विचार आणि विवेकानं त्यावर मात करता येते, आणि बहुतेक स्त्रिया ती करतही असतात. पण नैसर्गिक प्रेरणा कशा असतात, हे समजून घेऊन त्याचं काय करायचं हे ठरवता येणं, ही अधिक शहाणपणाची गोष्ट आहे; त्या नसतातच असा भ्रम जपणं, ही नाही.

थोडक्यात, एखाद्या स्त्रीला एखादा पुरुष का आवडतो याची कारणं जटिल असून बऱ्याच अंशी तिला स्वतःलाच पूर्णपणे न समजणारी आहेत. कारण ती आपल्या जीवशास्त्रात, नेणीवप्रक्रियांमध्ये दडलेली आहेत. विचार आणि विवेक यांचा वापर होतो तो या पार्श्वभूमीवर! तो शून्यातून सुरू होत नाही. स्त्रीनं केलेल्या पुरुषाच्या निवडीमागचं जीवशास्त्र असं आहे.

पुरुषाला कशी स्त्री आवडते यामागे काही वेगळी उत्क्रांतितत्त्वं आहेत. ती आणखीनच नवलाईची आहेत. मानवजातीत द्वि-पालकत्व असण्याची गरज असल्यामुळे मादीबरोबरच नराचीही गुंतवणूक जास्त असते. त्यामुळे नरानंही मादीच्या बाबतीत चोखंदळ असणं अपेक्षित आहे. नरानं मादीमध्ये कुठले गुण पाहावेत आणि कशाची निवड करावी, याचासुद्धा एक नियम सांगता येत नाही. हे त्या नराच्या क्षमता आणि स्वभावाप्रमाणे वेगळं असणार! नराचा जीवशास्त्रीय फायदा कशात असतो? तर, पिल्लं होण्यात आणि ती सक्षम होण्यात. पिल्लांच्या वाढीत मादीचा वाटा खूप महत्त्वाचा, त्यामुळे तिची जननक्षमता चांगली असली पाहिजे, मुलाच्या पोषणाचा ताण सहजतेनं झेपेल अशी तिची शारीरिक क्षमता असली पाहिजे. यासाठी तिचं आरोग्य उत्तम असलं पाहिजे, हे पाहणं पुरुषाच्या जनुकीय फायद्यासाठी सर्वांत महत्त्वाचं!

स्त्री सौंदर्याचा खरा अर्थ आरोग्य. जननक्षमता आणि आरोग्याचे अनेक निकष सौंदर्याच्या कल्पनांबरोबरही जुळतात. शरीराची प्रमाणबद्धता, नितळ कांती

ही आरोग्याची आणि सौंदर्याचीही प्रथम लक्षणं. म्हणजे पुरेशी उंची, शरीराची प्रमाणबद्धता, स्नायू आणि चरबी यांचं योग्य स्थान आणि प्रमाण, गर्भाशय धारण करणारी ओटीपोटीच्या हाडांची ठेवण योग्य आकाराची असणं, हे सगळं शरीराच्या प्रमाणबद्धतेतून दिसतं. त्वचेचा नितळपणाही आरोग्यच दर्शवतो. शरीरातल्या संप्रेरकांचा, जीवरासायनिक घडणीचा परिणाम त्वचेवर अनेक प्रकारे होताना दिसतो. केस किती प्रमाणात आणि कुठे असावेत, कुठे नसावेत; पुटकुळ्या, मुरुम, भेगा, कोंडा या सगळ्यांवरून शरीराची अवस्था जोखता येते. सौंदर्यात या गोष्टींचं महत्त्व असणं जीवशास्त्राप्रमाणे योग्य आहे.

खरं तर याच गोष्टींवरून पुरुषाला स्त्री किती आकर्षक वाटते हे बऱ्याच प्रमाणात ठरतं. आणि हे सगळ्या संस्कृतींमध्ये सारखंच आहे. पण आज सौंदर्याच्या कल्पनेत अनेक उपऱ्या गोष्टींनाही महत्त्व आलं आहे. ते मात्र वेगवेगळ्या संस्कृतींमध्ये वेगवेगळं असल्याचं दिसतं. यामध्ये गोरा-सावळा रंग, डोळ्यांचा रंग, कुरळे - सरळ - लांब - आखूड यांसारखे केसांचे प्रकार यासारख्या गोष्टी येतात. सौंदर्याच्या अशा कल्पनांना काही उत्क्रांतीचं तर्कशास्त्र लागू होत नाही. गोऱ्या रंगाला महत्त्व देण्यामागे काही जीवशास्त्रीय कारण नाही. याची कारणं माणसाच्या सांस्कृतिक आणि राजकीय इतिहासात दिसतात.

गोरी माणसं राजकीयदृष्ट्या यशस्वी

गेल्या काही शतकांमधल्या जगाच्या इतिहासात गोरी माणसं राजकीयदृष्ट्या यशस्वी होती, हे एक कारण असू शकेल. दुसरी शक्यता म्हणजे, समाजात विषमता वाढल्यानंतर, श्रमिक आणि पांढरपेशे अशी विभागणी झाल्यानंतर, उन्हात काळवंडलेला तो श्रमिक आणि उजळ तो सुखवस्तू असा चेहऱ्याच्या रंगाचा सहसंबंध नकळत कुठेतरी मांडला जाऊ लागला असावा. या दोन्ही गोष्टी तुलनेनं अलीकडच्याच असणार! मानववंशाच्या सुरुवातीपासून गोरेपणाला इतकं महत्त्व असतं तर काळ्यासावळ्या वर्णाविरुद्ध नैसर्गिक निवडीनं असं काम केलं असतं, की तो वर्ण अधिकाधिक दुर्मीळ होत एव्हाना दिसेनासा झाला असता. वस्तुतः तो माणसाचा इतिहास नाही. पुरुषाच्या मूळच्या दृष्टिकोनातून नितळ कांती असलेला काळासावळा वर्ण तितकाच आकर्षक असतो, त्याला तितकंच सेक्स अपील असतं. अर्थात, यातही व्यक्तीच्या आवडीची विविधता आहेच. पण काळा वर्ण आवडणाऱ्या, काळ्यासावळ्या वर्णाची स्त्री अधिक सेक्सी वाटणाऱ्या पुरुषांची संख्या मुळीच कमी नाही.

स्त्रीच्या प्रमाणबद्धतेत आणखी एक जीवशास्त्रीय कडी आहे. गरोदरपणा आणि मुलाला अंगावर पाजण्याच्या काळात स्त्रीला बराच शारीरिक, जैवरासायनिक ताण पडत असतो. अशा वेळी आहार, पोषण, ऊर्जा हे घटक खूप महत्त्वाचे असतात. पण हा काळ खूप मोठा असतो. त्यात अनेक ऋतू येतात-जातात. निसर्गतः सर्व ऋतूंमध्ये पुरेसा आहार मिळेलच याची शाश्वती नसते. मग ज्या काळात चिमटा बसू शकतो, त्या काळासाठी शरीरात साठवलेली चरबी महत्त्वाची असते. म्हणून स्त्री सौंदर्याच्या कल्पनेत चरबी आणि तिच्या शरीरातल्या स्थानाला खूप महत्त्व आहे.

स्थूलपणा स्तनांवर, नितंबांवर असावा. पोट सुटलेलं नसावं. कारण पोटावरची चरबी वांझपणाशी निगडित आहे. पण बाहेरच्या परिस्थितीप्रमाणे सौंदर्यकल्पना बदलतात. ज्या समाजांमध्ये सर्वच काळ अन्नसुरक्षा असेल अशी खात्री नाही, त्या समाजांमध्ये थोड्या स्थूलपणाला सौंदर्याचं लक्षण समजलं जातं. याउलट, जिथे समृद्धी आणि स्थिरता आहे तिथे सडपातळ बांधा सौंदर्याचा द्योतक समजला जातो. हा फरक जीवशास्त्राला धरूनच आहे.

स्त्रीच्या चेहऱ्याला महत्त्व का?

स्त्रीच्या चेहऱ्याच्या सौंदर्याला आपण एवढं का महत्त्व देतो? याची कारणं जीवशास्त्रीयही आहेत आणि सांस्कृतिकही आहेत. एकतर चेहरा हे भावनांच्या अभिव्यक्तीचं साधन आहे. त्यातून व्यक्तिमत्त्व, स्वभाव जोखण्याच्या अनेक यंत्रणा आपल्या नेणीवमनात काम करतात. त्या सगळ्याची आपल्याला जाणिवेच्या पातळीवर समज असतेच असं नाही. अनेक प्रयोगांमध्ये असं दिसून आलं आहे की, चेहऱ्याचा फोटो पाहून लोकांनी केलेले अंदाज बऱ्याच अंशी बरोबर निघतात; पण आपण असा अंदाज का केला, हे सांगता येत नाही.

एका संगणकीय प्रयोगात अभ्यासकांनी चेहऱ्याची अनेक छायाचित्रं एकमेकांवर सुपरइम्पोज करून पुरुषांना त्यातील आकर्षक चित्र निवडायला सांगितलं. सर्वात जास्त चेहरे सुपरइम्पोज केलेलं चित्र सर्वात जास्त आकर्षक निघालं. अनेक चेहरे सुपरइम्पोज करताना त्यात प्रत्येक गोष्टीची सरासरी काढल्यासारखा परिणाम होतो. आणि सरासरी चेहरा सर्वात जास्त आकर्षक दिसतो. म्हणजे असं, की नाक फार नकटं असणंही चांगलं नाही आणि फार लांब असणंही

चांगलं नाही, मध्यम असणं चांगलं. सर्वच गोष्टी मध्यम असलेल्या चेहऱ्याला आपण सुंदर म्हणतो. उत्क्रांतिशास्त्रात याला Stabilising Selection म्हणतात. म्हणजे कुठल्याही गुणधर्माच्या अतिरेकाकडे न जाता सुवर्णमध्य निवडण्याचं काम चेहऱ्याच्या सौंदर्यामुळे होत असतं.

> चेहऱ्याच्या सौंदर्याचा हा एक महत्त्वाचा जीवशास्त्रीय अर्थ आहे. त्याखेरीज, चेहऱ्यावर वयाच्या, विचार, विवेक, समंजसपणा, अनुभवाच्या खुणाही दिसतात. नाक चाफेकळी, ओठ कमळाची कळी आहे की नाही, यापेक्षा अशा गोष्टींना व्यक्तीच्या नैसर्गिक आवडीनिवडीत अधिक महत्त्व असतं. नाकाचा-ओठांचा आकार, डोळ्यांचा रंग यांचं महत्त्व जास्त संस्कृतीसंबंधित आहे, नैसर्गिक कमी. ते वेगवेगळ्या वंशाच्या लोकांमध्ये वेगवेगळं असतं; पण नैसर्गिक सौंदर्य आणि त्याचं महत्त्व प्रत्येक वंशामध्ये असतंच.

पुरुषाला वेगळ्या गोष्टी भावतात

कुणाला कुठला चेहरा आवडतो यात व्यक्तिवैविध्यही आहेच. त्याखेरीज, आपण कुठला चेहरा निवडतो हे आपल्या त्या वेळच्या हेतूवर बऱ्याच प्रमाणात अवलंबून असतं. अनेक प्रकारची छायाचित्रं दाखवून निवड करायला सांगणं ही प्रयोगाची एक पद्धत खूप वेळा वापरली जाते. अशा एका प्रयोगात असं दिसून आलं, की लैंगिक संबंधासाठी निवड करायची असेल तर पुरुष अथवा स्त्री स्वत:पेक्षा वेगळा दिसणारा चेहरा निवडतात. पण जेव्हा विश्वासपूर्ण संबंधांचा हेतू असतो, तेव्हा स्वत:च्या चेहऱ्याशी साम्य असलेले चेहरे निवडतात. यांसारखे निष्कर्ष प्रयोगातून आणि संख्याशास्त्रातून दाखवले जातात. आपण या-या कारणांनी असं करतोय असं कोणालाही जाणीवमनात समजत नसतं. जन्मभरासाठी साथीदार निवडतानाचे निकष वेगळे, एका रात्रीची संगत निवडायची तर त्याचे वेगळे! तरुण पुरुषाला स्त्रीच्या शरीरातल्या वेगळ्या गोष्टी भावतात. वयाबरोबर त्यात सूक्ष्म; पण जाणवणारे फरकही पडतातच.

तारुण्याला सौंदर्याच्या कल्पनेत महत्त्व आहेच; पण त्याचं गणित आपण समजतो तेवढं सोपं नाही. माणसाच्या जातीत वाढीचा काळ फार मोठा असतो. आणि मुलांच्या वाढीची अधिक जबाबदारी स्त्रीवर असते. त्यामुळे संतती आणि

दीर्घकालीन सहवासाच्या दृष्टिकोनातून स्त्रीच्या तारुण्याला महत्त्व आहे; पण अल्पकालीन संबंधासाठी वयाचा विचार गौण होऊ शकतो. स्त्रीला संसारासाठी आपल्या वयाचा नवरा आवडेल. पण अल्पकालीन संबंधासाठी वय आड तर येत नाहीच; उलट, वय अधिक असूनही सुदृढ, बलवान शरीर असलेला पुरुष अधिक आवडतो, असं काही अभ्यास दाखवतात.

चेहऱ्याच्या सौंदर्याला महत्त्व येण्याचं आणखी एक साधं कारण पूर्णपणे सांस्कृतिक आणि अगदी अलीकडचं आहे; ते म्हणजे कपड्यांचा वापर. शरीराच्या अनेक गोष्टींवरून आरोग्य आणि जननक्षमता व्यक्त होते. पण त्या खुणा झाकल्याच असतील तर सगळं लक्ष दाखवल्या जाणाऱ्या भागावर केंद्रित होणार, हे उघड आहे.

नटवणं ही मक्तेदारी नाही

मुळात आपण कपडे का वापरतो, हा एका स्वतंत्र प्रकरणाचा विषय आहे आणि ते आपण पाहणारच आहोत. पण कपडे वापरायला सुरुवात केल्यानंतर त्याचाही आपण सौंदर्याशी संबंध लावू लागलो आहोत. कपड्यांचा आणि दागिन्यांचा सौंदर्याशी असलेला संबंध विस्मयकारक आहे. स्वतःला बाहेरच्या कशाचातरी वापर करून नटवणं ही माणसाची मक्तेदारी नाही. अनेक प्राण्यांना नैसर्गिक रंग, पिसारे वगैरे तर असतातच; पण विणीच्या हंगामात अनेक जातीचे नर गवत, पाचोळा, चिखल अशा काही गोष्टी स्वतःच्या अंगावर घेऊन आपण अधिक मोठे असल्याचे किंवा इतर काही संदेश देत असतात. यात काही संदेश नराकडून मादीला किंवा मादीकडून नराला असतात; तर काही नराचे नराला अथवा मादीचे मादीला असतात. नर-नर किंवा मादी-मादी संदेशामध्ये बहुतेक वेळा 'मी स्पर्धेत अधिक श्रेष्ठ आहे' असं दाखवण्याचा भाव असतो.

वानरांमधला दादा-नर उंच झाडाच्या शेंड्यावरून 'हूऽऽप' करतो तेव्हा ती इतर नरांना आपल्या बळाची करून दिलेली जाणीव असते. ही गोष्ट तर माणसांमध्ये खूपच महत्त्वाची आहे. सौंदर्यातल्या सगळ्या गोष्टी भिन्नलिंगी व्यक्तीला आकर्षित करण्यासाठी नसतात. काही संदेश स्त्रीकडून स्त्रीला असतात.

स्त्रीचे कपडे आणि दागिने यांनी पुरुषांच्या नजरेतून स्त्री-सौंदर्य फार वाढतं असं दिसत नाही. एका स्त्रीच्या दागिन्यांमध्ये पुरुषापेक्षा इतर स्त्रियांनाच जास्त कुतूहल आणि रस असल्याचं दिसतं. स्त्री-सौंदर्याचं सगळंच प्रदर्शन पुरुषाला आकर्षित करण्यासाठी नसतं. दागिन्यांसारख्या गोष्टी इतर स्त्रियांना आपण वरिष्ठ असल्याचं दाखवण्यासाठी असतात. पुरुषांचे स्नायुदर्शन, कुस्तीसारखे खेळ बहुतांश स्त्रियांना फार आकर्षित करतात असं दिसत नाही. इतर पुरुषांनाच अशा क्रीडाप्रकारांमध्ये जास्त रस असतो. हेही नराचे नरांना दिलेल्या संदेशांचे भाग आहेत.

पुरुष-स्त्री दोघांनाही निसर्गत: निवडीचं स्वातंत्र्य असलं तरी दोघांच्या निवडीत फरक असतो आणि तो राहणार! याचं कारण दोघांमधल्या मूलभूत फरकात आहे. पुरुषाला वेगळ्या गोष्टी दाखवायच्या असतात, स्त्रीला वेगळ्या! उदाहरणार्थ, धोका पत्करण्याचा स्वभाव हा पुरुषाला भूषण वाटतो. याची कारणं उत्क्रांतीमध्ये सापडतात आणि ती आपण आधीच्या प्रकरणात पाहिली आहेत. थंडी असूनही छाती उघडी ठेवून हिंडणं हा पुरुषाचा डिस्प्ले झाला; तर सुंदर, उबदार शाल लपेटणं हा स्त्रीचा! या गोष्टी व्यक्तिगणिक बदलतात, नाही असं नाही. तरीसुद्धा पुरुषाला कशाचं प्रदर्शन करण्यात धन्यता वाटते आणि स्त्रीला कशाचं, यात मूलभूत फरक आहेत. साधनं न वापरून अथवा कमीत कमी वापरून आपलं स्वातंत्र्य आणि स्वच्छंदीपणा दाखवला जातो, तर साधनं जास्त वापरून आपली समृद्धी! पुरुषाचा स्वभाव जास्तकरून पहिला तर स्त्रीचा दुसरा! त्यामुळे विविध प्रकारचे कपडे, दागिने, टोप्या, केशभूषा स्त्रीच्या सौंदर्याचे प्रदर्शन करतात; तर शरीराचा बांधा, डौल, शक्ती दाखवणारे प्रकार पुरुषाचे! अर्थात, व्यक्तिगणिक फरक इथेही आहेतच.

मध्ययुगात प्रथा रुजल्या

आत्तापर्यंत आपण असं गृहीत धरलं आहे, की निवडीचं स्वातंत्र्य दोघांनाही आहे. माणसाच्या इतिहासात नेहमीच असं होत आलं आहे, असं नाही. स्त्रीचं स्वातंत्र्य बऱ्याचदा काढून घेतलं गेलं आहे आणि अनेक समाजांमध्ये पुरुषाचंही! लग्न वडीलधारेच ठरवतात आणि नवरा-नवरी लग्नापर्यंत एकमेकांना पाहतही नाहीत, अशा प्रथा अनेक समाजांमध्ये होत्या आणि आहेत.

विशेषतः मध्ययुगात अशा प्रथा आल्या आणि रुजल्या. त्यात राजकारण आणि अर्थकारण यामुळे अनेक फरक पडत गेले आहेत. लग्न आणि सहचर्याचा मूळ हेतू बदलून त्यात सत्ता, जमीन, संपत्ती, त्यांची वाटणी, त्याचा वारस असे नैसर्गिक नसलेले घटक आले. त्यानुसार विवाहेच्छू मुलाकडून किंवा मुलीकडून असलेल्या अपेक्षा बदलत गेल्या आहेत. त्यामुळे सौंदर्याच्या कल्पना आणि निवडीचे निकष न बदलले तरच नवल! याच काळात सौंदर्य हा फक्त स्त्रीचा गुण झाला, पुरुषाचा नाही. कारण संपत्ती, जमिनीची मालकी मुलाकडून वारस होत असल्यामुळे मुलाचे हे गुणधर्म महत्त्वाचे; सौंदर्य, आरोग्य हे नाही.

आता एकत्र येणारे स्त्री-पुरुष एकमेकांची निवड न करता दुसरेच कुणी त्यांच्या वतीने निवड करत असतील तर सौंदर्याची सगळीच गणितं बदलतात. इथे सौंदर्याच्या नैसर्गिक निकषांपेक्षा वेगळ्या निकषांना महत्त्व येते. मग पिठू गोरा रंग, चाफेकळी नाक, आणि मत्स्याकृती डोळेबिळे, कपडे - दागिने यांची शैली इत्यादी अधिक महत्त्वाचे होतात. यात व्यक्तीच्या सौंदर्यापिक्षा जात, वंश, वर्ग यांना व्यक्त करणाऱ्या खुणांना अधिक महत्त्व मिळते. इथे सौंदर्याचा साचा तयार होतो, वैविध्य संपतं. या साच्यात बसणाऱ्यांना सौंदर्याचे अहंगंड आणि न बसणाऱ्यांमध्ये न्यूनगंडही निर्माण होऊ लागतात.

जोडीदार : सामाजिक प्रतिष्ठेची गोष्ट

निसर्गतः आवडींमध्ये इतकी विविधता असते, की अगदी कमालीचं लठ्ठ, बेढब किंवा कमालीचं कृश शरीर सोडलं, तर प्रत्येक जण कुणाच्या ना कुणाच्या तरी सौंदर्याच्या अपेक्षेत बसू शकतो. सौंदर्यकल्पनांचा साचा झाला की तसं होत नाही. हा साचा झाला की तो व्यक्तीवर लादलाही जाऊ लागतो. 'तुझी बायको काळी' किंवा 'तुझा नवरा साधा कारकून' हा हिणवण्याचा विषय झाला, तर जोडीदार हीसुद्धा स्वतःच्या सुखाची गोष्ट नसून सामाजिक प्रतिष्ठेची गोष्ट होते. अशा समाजात आपण आपल्याच नकळत आपल्या आवडीनिवडीचं स्वातंत्र्य घालवून समाजाच्या साच्याचे गुलाम होतो.

या साच्याची सुधारून आणि वाढवलेली आवृत्ती म्हणजे आधुनिक सौंदर्य स्पर्धा. इथे तर सौंदर्याच्या सगळ्याच मोजमापांचं प्रमाणीकरण झालेलं असतं. त्यात एकेका स्त्रीला कोंबून बसवण्यासाठी वर्षांनुवर्ष खटपट केली जात असते. जी अधिक चांगली कोंबली जाते ती सुंदर! त्यात उभं कसं राहायचं, चालायचं कसं आणि हसायचं कसं याचेही साचे असतात. कुठल्या प्रश्नांना काय उत्तरं द्यायची,

हेही आधीच घोकून घेतलेलं असतं. अशा सौंदर्यस्पर्धा हे सौंदर्याचं सर्वात विकृत स्वरूप म्हटलं पाहिजे.

निवडीचं नैसर्गिक वैविध्य आणि सांस्कृतिक वैविध्यही संपवून एका संस्कृतीत ज्याला सुंदर म्हटलं जातं, तीच सौंदर्याची व्याख्या सगळ्या जगाच्या माथी थोपण्याचा हा प्रकार आहे. अर्थात, या मागच्या मोठ्या आर्थिक हितसंबंधांच्या जाळ्यामुळे ते तसेच राहणार. पण सामान्य माणसाची सौंदर्याची कल्पना परत नैसर्गिक व्यक्तिवैविध्याच्या जवळ गेली तर ते सुखाचं आणि न्यायाचं होऊ शकेल. यासाठी जोडीदार निवडीचं स्वातंत्र्य प्रत्येकाला असलं पाहिजे. आयुष्यात एकदाच नाही, तर वाटल्यास अनेकदाही!

सौंदर्यकल्पना जोपासाव्यात

स्त्री-पुरुषांनी स्वतःच आपला स्वभाव, आपल्या आवडीनिवडी, आपली परिस्थिती, निवड करण्यामागचा संदर्भ लक्षात घेऊन स्वतंत्रपणे आणि स्वच्छंदी प्रामाणिक वृत्तीनं आपापल्या सौंदर्यकल्पना जोपासाव्यात. आपल्या नैसर्गिक प्रेरणांचं म्हणणं काय आहे ते नीट कान देऊन ऐकावं आणि त्याच्यावर आपला विचार आणि विवेकही वापरून आपले निर्णय घ्यावेत. सांसारिक आणि लैंगिक सुखाचा हा मंत्र ठरेल.

■

९.

जीवशास्त्र आणि अर्थशास्त्र यातील संघर्ष

माणसाच्या जीवशास्त्रातल्या अनेक गोष्टींचा कुटुंबाला आणि विवाहसंस्थेला आकार देण्यात खूप मोठा वाटा आहे. मुलाचं बऱ्याच काळाचं परावलंबित्व; त्यामुळे एका व्यक्तीला झेपायला अवघड झालेलं बालसंगोपन, पुरुषाची जनुकीय असुरक्षितता, मासिक पाळीचं बहुतेक प्राण्यांपेक्षा वेगळ्या प्रकारचं चक्र यांसारख्या गोष्टी तर आहेतच; पण विवाहसंस्थेचा आकार केवळ त्यांनीच ठरला असं म्हणता येत नाही. जीवशास्त्र गृहीत धरलं तरी माणसाकडे अनेक पर्याय होते. एक म्हणजे, स्त्रीला एकटीला मूल वाढवणं कठीण असलं तरी अनेक माद्यांनी एकत्र येऊन सहकार्यानं ते करता आलं असतं. अशा व्यवस्थेत पुरुष परिघावरच किंवा समाजाच्या बाहेरच राहिले असते. त्यांचा स्त्रीशी संबंध जुगण्यापुरताच राहू शकला असता. ही थोडीफार सिंहांसारखी समाजव्यवस्था होऊ शकली असती.

याउलट, एक स्त्री अनेक पुरुषांशी संबंध ठेवू शकली असती. 'मूल कोणाचं?' हे कळण्याचा काही मार्ग नसल्यामुळे तिला त्या सगळ्याच पुरुषांची मदत मिळू शकली असती. रानकुत्र्यांमध्ये अशी व्यवस्था असते. गरुडासारखे दीर्घ काळ एकत्र राहणारे एक नर - एक मादी आणि त्याचं एक घरटं अशी व्यवस्थासुद्धा असू शकली असती. कदाचित, उत्क्रांतीच्या एखाद्या टप्प्यावर असे वेगवेगळे प्रयोग झालेही असू शकतील.

विवाहसंस्थेला अर्थशास्त्राचा पाया

माणसाच्या लिखित इतिहासात, पुराणकथा, आधुनिक कथा-कादंबऱ्यांमध्ये आणि जगात पसरलेल्या आजच्या जमातींमध्ये याच्या जवळपास जाणारी व्यवस्था दिसतेही... एखादी द्रौपदी पाच पांडवांची पत्नी, एखादा एकपत्नी राम आणि एखादा कृष्णही! पण आज विवाहसंस्था आणि तिचे थोड्याफार फरकाचे स्वरूप हाच मुख्य प्रवाह आहे. या विवाहसंस्थेला माणसाच्या केवळ जीवशास्त्रामुळे आकार आलेला नाही; तर त्यात अर्थशास्त्राचा फार मोठा वाटा आहे.

आदिम शिकारी समाजामध्ये यांपैकी कुठलीही व्यवस्था असली तरी त्यात सामील व्हायचं की नाही, कुणाबरोबर जायचं, कुणाबरोबर नाही याचा निर्णय घेण्याचं स्वातंत्र्य प्रत्येकाला असलं पाहिजे. माद्यांचा गट असेल तर त्याच गटात राहायचं की दुसरा शोधायचा याचे, मुलगा आणि मुलगी दोघांनाही साथीदार निवडीचे, एकत्र राहण्याचे किंवा एकमेकांपासून वेगळे होण्याचे समान हक्क असले पाहिजेत. कारण आजच्या माणसामध्ये ज्या प्रकारचं श्रेष्ठ-कनिष्ठत्व असतं, तसं प्राणिजगतात नसतं. एकाच्या आज्ञेत दुसऱ्यानं राहायचं वगैरे असं काही माकडांच्या, एपच्या जातींमध्ये कुठे दिसत नाही. सामाजिक उतरंड असते, दादागिरी असते. तरीही, प्रत्येक जण आपले निर्णय आपणच घेत असतो. आज्ञाधारकपणा, स्वामित्व, एकाचे निर्णय दुसऱ्यानं घ्यायचे यांसारखं काही नसतं.

या गोष्टी माणसाच्या संस्कृतीमधल्या आहेत आणि त्या बऱ्याच नंतरच्या आहेत. त्याआधी एक पुरुष - एक स्त्री यांनी एकमेकांची निवड केली की एकत्र राहायचं. 'घर' नावाचं काही असेल किंवा नसेल; पण दोघांची जोडी तर नक्की असेल. मुलं होऊ द्यायची, दोघांनी मिळून वाढवायची यांसारख्या गोष्टी पूर्णपणे नैसर्गिक आहेत. या प्रकारात सासर-माहेर असं काही असण्याचा संबंध येत नाही.

काही आदिवासी समाजात घोटुलसारख्या संस्था अजूनही आहेत. त्यात सगळ्या कुमारवयीन, वयात आलेल्या मुला-मुलींनी एकत्र राहण्याची प्रथा आहे. तिथे एकमेकांचा सहवास, पुरेशी ओळख, एकमेकांना जोखून पाहणं, त्यावरून जोडीदार निवड आणि मग एकत्र आयुष्यासाठीची पूर्वतयारीही व्हायची. आणि ते झालं की बाहेर पडायचं... त्यातून आपापलं घरकुल करायला! वडीलधाऱ्यांची मदत होतीच; पण तरी जोडीचं घर स्वतंत्र. त्यामुळे स्त्रीनं पुरुषाच्या घरी, म्हणजे सासरी जायचं अशा व्यवस्थेतून जी स्त्री-पुरुष असमानता, पुरुषप्रधानता यांसारखे प्रश्न निर्माण झाले आहेत तेच तेव्हा अस्तित्वात असण्याचं कारण नव्हतं.

सासर-माहेर व्यवस्था

याची कारणं अर्थव्यवस्थेत सापडतील. शेती सुरू झाल्यावर माणसाचं अर्थकारण एकदम मोठ्या प्रमाणावर बदललं. कारण 'स्थावर मालमत्ता' असा निसर्गतः नसलेला नवाच प्रकार माणसाच्या आयुष्यात आला. एकदा मालमत्ता आली की वारसाची संकल्पना आली. वारसा संततीकडे जाणार आणि त्यावर त्याचं जीवन अवलंबून असणार... म्हणजे, त्यांना आई-बापाच्या जमिनीवरच राहावं लागणार! लग्नानंतर जोडप्यानं वेगळं होण्याचा पर्याय इथे बंद होतो. वंशवृद्धीसाठी तर नात्यात नसलेल्या स्त्री-पुरुषांनी एकत्र आलं पाहिजे. म्हणजे, मुलाला किंवा मुलीला आपलं कुटुंब सोडून दुसऱ्याकडे जाऊन राहावं लागणार. हे या आर्थिक व्यवस्थेत अपरिहार्य आहे. याआधी ते किमान अपरिहार्य तरी नव्हतं. यापैकी कुठलीही गोष्ट केली तरी चालण्यासारखं आहे. काही समाजात ही तर काहींमध्ये ती, अशी प्रथा पडली असणार! यातून मातृसत्ताक आणि पितृसत्ताक पद्धती आल्या असणार!

शेती आणि त्यामुळे स्थावर मालमत्ता यायच्या आधी मातृसत्ताक किंवा पितृसत्ताक असं काही असण्याचा फारसा संबंध नव्हताच. तो बदलत्या जीवनशैलीमुळे आला. माणसाच्या पूर्वजांच्या चाळीस लाखांपेक्षा अधिक मोठ्या इतिहासात शेतीची सुरुवात पाच-दहा हजार वर्षांपूर्वी झाली. तीसुद्धा सगळ्या समाजात एकदम नाहीच. म्हणजे मातृसत्ताक किंवा पितृसत्ताक असण्याचा इतिहास अगदीच अलीकडचा आहे.

मुलीनं मुलाकडे जायचं अशी पद्धत आज जास्तकरून दिसते. मात्र, सर्वत्र नाही. मातृसत्ताक पद्धती अजूनही काही समाजांमध्ये आहे. त्याखेरीज, अगदी वेगळ्या पद्धतीही आहेत.

उदाहरणार्थ, चीनमधल्या एका समाजात कोणीच कोणाकडे राहायला जात नाही. मुलगा-मुलगी दोघंही आपापल्या नातेवाइकांसोबतच राहतात. लग्न झाल्यावर मात्र मुलगा मुलीकडे दररोज रात्री झोपायला जातो, सकाळी परत आपल्या घरी! मुलाच्या वाढीमध्ये बापाचा सहवास कमी आणि मामाचा जास्त. आता अशा पद्धतीमध्ये इतर अनेक फायदे असले तरी काही मर्यादाही आहेत. रोज जा-ये करण्यासाठी त्या दोघांचीही घरं जवळजवळ असणं आवश्यक आहे. वर्षांनुवर्षं ही अशीच परंपरा सुरू राहिली तर जवळपास राहणारे सगळेच सगळ्यांचे नातेवाईक असणार! यातून एक प्रश्न उभा राहू शकतो, तो म्हणजे 'inbreeding'! याचे जनुकीय तोटे असतात. म्हणून ही व्यवस्था फारशी यशस्वी झाली नसावी.

मातृसत्ताक पद्धत का संपली?

शेतीचा दुसरा एक महत्त्वाचा परिणाम माणसाच्या वागणुकीवर होतो; तो म्हणजे युद्धं आणि मारामाऱ्या यांचं प्रमाण वाढतं. भटक्या समाजांमध्ये दोन टोळ्यांचं पटलं नाही तर एकमेकांपासून लांब जाण्याचा पर्याय नेहमीच उपलब्ध असतो. शेतीची जमीनमालकी हक्काची ठरली की हा पर्याय निघून जातो. शेजारी राहणं सक्तीचं झालं की भांडणाचं स्वरूप पूर्णपणे बदलतं. शेतीबरोबर आणखी एक गोष्ट होते; ती म्हणजे वर्षाचं अन्न साठवून ठेवावं लागतं. तीही महत्त्वाची जंगम संपत्ती होते. एकदा अशी संपत्ती झाली की लूटमारीची शक्यता निर्माण होते. रोज जंगलातून अन्न गोळा करणाऱ्या माणसाला लुटलं जाण्याची भीती फारशी नाही. समजा, आज आपण केलेली शिकार दुसऱ्यांनी लुटली तर फारफार एका दिवसाची उपासमार. दुसऱ्या दिवशी परत जंगलात काहीतरी खायला मिळेलच. याउलट, शेतीतून आलेलं, साठवलेलं पीक लुटलं तर परत पुढच्या वर्षीपर्यंत काही नाही. शेतीमुळे अन्नाची असुरक्षितता वाढते, साठवलेलं अन्न प्राणपणानं लढून राखण्याची गरज निर्माण होते. यासाठी खांद्याला खांदा लावून लढणारे पुरुष हवेत. स्त्री-पुरुषांच्या

कामाच्या विभागणीत शिकार आणि युद्ध ही फक्त पुरुषांची कामं होण्याची काही कारणं आहेत. स्त्री शूर, बलवान, धाडसी असू शकत नाही, हे खरं कारण नाही.

शिकार करणाऱ्या वाघ, सिंह, लांडगे यांसारख्या प्राण्यांमध्ये माद्या शिकारीमध्ये नरापेक्षा कणभरही कमी नसतात. पण माणसाच्या मुलाचा परावलंबित्वाचा काळ मोठा. मूल रडलं तर स्त्रीला हातातलं काम टाकून ते घ्यावं लागतं. त्यामुळे जी कामं आपल्या मर्जीनुसार थांबवता येतात, ती कामं स्त्रीची. युद्ध आणि शिकार एकदा सुरू केले की मधे थांबवणं आपल्या हातात नसतं. थांबला तो संपला. त्यामुळे माणसात युद्धाची आणि मोठ्या शिकारींची जबाबदारी फक्त पुरुषांकडे!

आता लढाईला जे पुरुष तयार असतील ते एकमेकांच्या रक्ताच्या नात्यातले असले तर अधिक एकजुटीनं लढतील. तेव्हा बाबा, काका, मुलगे असे सगळे रक्ताचे नातेवाईक लढण्यासाठी सोबत हवेत; मावशी, बहिणी, आत्या सोबत नसल्या तरीही चालेल. यातून लग्नानंतर मुलीने मुलाकडे राहायला जावे आणि मुलग्यांनी घरीच सख्ख्या नातेवाइकांसोबत राहावे, अशी पद्धत सुरू झाली असणार! किंवा ज्या कुटुंबात, ज्या टोळ्यांमध्ये अशी प्रथा सुरू झाली ते युद्धांमध्ये इतरांना भारी पडत असणार! यातून पितृसत्ताक पद्धती स्थिरावली असणार! जे काही मातृसत्ताक समाज अजूनही शिल्लक आहेत, ते ज्या दुर्गम प्रांतांमध्ये परचक्राचा विशेष इतिहास नाही, अशा ठिकाणीच बहुतांशी आहेत. त्यांनी या शक्यतेला पुष्टीच मिळते.

स्थावर मालमत्तेमुळे एकत्र कुटुंबसंस्था आली आणि एकत्र कुटुंबाबरोबर विवाहसंस्थेचा अर्थच बदलला. आता ही दोघांमधली गोष्ट न होता अख्ख्या कुटुंबाची बाब झाली. त्यातून मुलीनं मुलाच्या कुटुंबात यायचं अशी प्रथा जास्त प्रबळ ठरल्यामुळे सासर नावाची नवीनच भानगड जन्माला आली. सासरच्या लोकांचं जनुकीय नातं (रक्ताचं नातं) आणि जनुकीय फायदा सुनेमध्ये नसतो; तर तिला होणाऱ्या मुलांमध्ये असतो. त्यामुळे सून ही मुख्यतः मुलांना जन्माला घालून वंश वाढवण्याचं साधन बनून जाते. इथे सुनेवरच्या अन्यायाचं मूळ आहे. सासरव्यवस्था निर्माण होण्याचं कारण आर्थिक आहे, तर सुनेबद्दल कमी प्रेम असण्याचं कारण जनुकीय असू शकतं. अर्थात, व्यक्तिगणिक फरक इथेही

असतातच, हे सांगायला नको. प्रेमळ सासरही मिळू शकतं यात शंका नाही. पण जास्त प्रमाणात असं चित्र दिसतं, की सुनेला माहेरइतका जिव्हाळा सासरी मिळत नाही. याच्यामध्ये जनुकीय संबंध कमी असण्याचा घटक बऱ्याच अंशी कार्यरत असणार!

स्त्रीवरचा अन्याय : आर्थिक व्यवस्थेमुळे

सुनेवरचा हा अन्याय जनुकीय आणि आर्थिक कारणांच्या एकत्रीकरणातून निर्माण झाला आहे. तो पूर्णपणे नैसर्गिक नाही आणि पहिल्यापासून मानवी समाजात होता असं नाही; तर शेतीबरोबर बदललेल्या आर्थिक व्यवस्थेचा परिणाम आहे. तो स्त्री म्हणून स्त्रीवरचा अन्याय नाही. कारण सासरच्या कुटुंबात स्त्रिया आहेतच. त्या स्त्री म्हणून सुनेची बाजू घेतात, असं नेहमी दिसत नाही. उलट, सासूनं सुनेला छळल्याच्या गोष्टीच आपण जास्त ऐकतो. म्हणजे हा 'स्त्री विरुद्ध पुरुष' असा संघर्ष नाहीच; तर 'जनुकीय जवळीक कमी विरुद्ध जास्त' असणाऱ्यांचा आहे.

माणसाच्या शेतीपर्यंतच्या वागण्यात जीवशास्त्राचा वाटा फार मोठा होता. शेतीनंतर मात्र आर्थिक कारणं उत्तरोत्तर अधिकाधिक महत्त्वाची होऊ लागलेली दिसतात. या दोन कारणांमध्ये केव्हातरी कुठल्यातरी वळणावर संघर्षही येणं अपरिहार्य आहे. ही दोन कारणं एकमेकांच्या विरुद्ध दिशेनं काम करत असतील तर माणूस कसा वागेल? दोन्हीपैकी कुणाचं ऐकेल?

उदाहरणार्थ, भावाभावांमध्ये जनुकीय नातं असतं, त्यामुळे त्यांच्यात अधिक सहकार्य असणं जनुकीय उत्क्रांतीच्या थिअरीप्रमाणे अपेक्षित आहे. पण स्थावर मालमत्ता तयार झाल्यानंतर भावाभावांमध्ये मालकीवरून तेढ निर्माण होऊ शकते. म्हणजे कुठेतरी जनुकीय रेटा आणि अर्थशास्त्रीय रेटा यांच्यात संघर्ष येऊ लागतो. आता ज्याचा जोर जास्त असेल त्याचा प्रभाव माणसाच्या वर्तनावर जास्त पडेल, हे उघड आहे. जिथे अर्थशास्त्रीय रेटा अति जोरदार होतो तिथे जनुकीय रेटा मागे पडतो असं दिसतं. गरिबांकडे लोक अधिक गुण्यागोविंदाने राहतात आणि श्रीमंतांकडे मालमत्तेवरून जास्त भांडणं होतात, असं आपण म्हणतो, याचं कारण हेच.

रक्ताच्या नात्यामध्ये जनुकीय हितसंबंध सलोख्याला आणि सहकार्याला पोषक असतात. आर्थिक संघर्ष छोटा असतो तेव्हा जनुकीय घटक अधिक प्रबल ठरतो. पण आर्थिक घटकाचं महत्त्व वाढू लागलं की निकाल उलटा लागू शकतो. वाढत्या संपत्तीबरोबर आर्थिक संघर्ष जास्त प्रबल होतो तेव्हा भाऊ भावांची टाळकीसुद्धा फोडतात. जिथे आर्थिक व्यवहारच जेमतेम असतात तिथे आर्थिक संघर्ष असून असून किती मोठा असणार? अशा परिस्थितीत जीवशास्त्रीय प्रेरणा अधिक जोमानं काम करतात. म्हणून, संपत्ती कमी तिथे भावाभावांमध्ये सलोखा राहण्याची संभाव्यता अधिक आणि संपत्ती आली की भाऊबंदकी अधिक!

जीवशास्त्र आणि अर्थशास्त्र यातला दुसरा संघर्ष जोडीदार निवडीत येतो. स्थावर संपत्ती आली की दोघांनी एकमेकांची निवड करायची असं साधं गणित राहत नाही. एकमेकांना न बघतासुद्धा, प्रत्यक्ष व्यक्तीपेक्षा तिच्याकडच्या इतर गोष्टी बघून निवड करणं सुरू झालं असेल ते आर्थिक कारणांनी! निवडीतले नैसर्गिक घटक कधी संपले आणि का, याचंही कारण अर्थव्यवस्थेत असलेलं दिसतं. वारसाहक्कानं आलेली मालमत्ता हा जगण्यातला महत्त्वाचा घटक असला तर तो पाहणं व्यक्ती पाहण्यापेक्षाही जास्त महत्त्वाचं ठरत जाईल. संपत्ती जेवढी जास्त तेवढं व्यक्तीचं महत्त्व कमी. जीवशास्त्रीय प्रेरणा दोघांनी एकमेकांचं आरोग्य आणि जननक्षमता पाहावी अशी आहे. पण आर्थिक-सामाजिक घटक इथे मूळ जीवशास्त्रीय प्रेरणेवर मात करतात आणि संपत्ती, प्रतिष्ठा, वंश अशा गोष्टींना अनैसर्गिक महत्त्व येतं.

औद्योगिकीकरणानंतर बदल

मध्ययुगात घट्ट झालेल्या अशा रूढी औद्योगिकीकरणानंतर पुन्हा बदलू लागल्या आहेत. कामाचं स्वरूप आणि कामाची विभागणी यात कमालीचे बदल झाले आहेत आणि होत आहेत. स्थावर मालमत्ता आणि जमिनीच्या मालकीचं महत्त्व पूर्णपणे नाही; तरी बरंच कमी झालं आहे. आजच्या युगात नोकरी-व्यवसायाच्या नव्या संधी मिळतात, बदलता येतात. नवीन देशात, नवीन गावात जाऊन राहता येतं. या कमी झालेल्या अवलंबनाचा परिणाम असा झालेला दिसतो, की 'अख्ख्या कुटुंबानं एकत्र राहिले पाहिजे' ही गरज संपली. लोक नोकरीधंद्यासाठी घराबाहेर पडू लागले. विभक्त कुटुंबपद्धती पुन्हा अस्तित्वात येऊ लागली. कुटुंबाच्या पारंपरिक व्यवसायाचं महत्त्व कमी होऊन व्यक्तीची आत्मनिर्भरता आली. त्यातून परत एकदा मुळातच अस्तित्वात असलेली समानता डोकावू लागली आहे. यात मध्ययुगीन

अर्थव्यवस्थेनं लादलेले स्त्री-पुरुष भेद हळूहळू कमी होत आहेत. जीवशास्त्रीय भेद मात्र आर्थिक बदलाबरोबर संपणार नाहीत.

दोन पिढ्यांमधली दरी हीसुद्धा जीवशास्त्रीय आणि आर्थिक घटकांमधला खेळ आहे. जीवशास्त्रीयदृष्ट्या आजीआजोबांना खूप महत्त्व आहे – विशेषतः आजीला! वास्तविक, रजोनिवृत्तीनंतर आयुष्याला काही जीवशास्त्रीय अर्थ उरता कामा नये. बहुतेक प्राणी प्रजननाच्या वयापलीकडे फार जगतच नाहीत. याला माणूस आणि देवमाश्यासारख्या काही थोड्या दीर्घायुषी जाती तेवढा अपवाद! याचं कारण आजी-पालकत्वाला असलेलं मूलभूत महत्त्व. जिथे आई कमी पडते तिथे आजी महत्त्वाची असते, असं अलीकडे देवमाश्यांच्या काही जातींमध्येही दाखवलं गेलं आहे.

प्रजननाचं वय संपल्यानंतरही जगण्याचा जीवशास्त्रीय अर्थ हा आहे. यासाठीच माणसाचं वाढीव आयुर्मान आहे. पण नातवांच्या पालकत्वापलीकडेही म्हाताऱ्या माणसांचं मानवी समाजात एक वेगळं महत्त्व आहे आणि त्याचं कारण त्यांचा अनुभव. परिसराच्या ज्ञानावर उपजीविका करणाऱ्या मानवजातीला अनुभवी माणसांची गरज खूप मोठी!

नाती... प्रेम... हेही अर्थव्यवस्थेवरच

समाजरचना, व्यवसाय आणि तंत्रज्ञान स्थिर असेल तर अनुभवाला खूप महत्त्व असतं. आणि या अनुभवासाठी वृद्ध व्यक्तींना मान असतो. पण, समाजाची आर्थिक आणि तांत्रिक व्यवस्था वेगानं बदलत असेल तर जुन्या व्यवस्थेतले अनुभव विशेष उपयोगी पडत नाहीत. त्यामुळे म्हातारे अडगळ ठरू लागतात. त्यातून आज परिस्थिती आणखीनच अभूतपूर्व अशी आहे. मुलांची काळजी घेण्याची सेवा पैसे देऊन उपलब्ध होऊ लागली आहे. पैसे देऊन सेवा घेताना मोबदल्यात काय-काय मिळणार हे नीट बोलून ठरवता येऊ लागलं आहे. घरच्या म्हाताऱ्यांसोबत असा संवाद क्वचितच शक्य होतो. त्यातून सासू आणि सून या तर जनुकीय संबंध नसलेल्या दोन स्त्रिया, त्यामुळे त्यांचे संबंध आणखीनच दुराव्याचे होतील, नाहीतर काय! झपाट्यानं बदलणाऱ्या चित्रात चांगलं-वाईट दोन्ही आहे. पण माणसांमधले संबंध, नाती, प्रेम हे सर्व अर्थव्यवस्थेवर कसं अवलंबून असतं, याचं हे आणखी एक ठळक उदाहरण आहे.

यापुढे जाऊनही बदल होत आहेत. आता पाळणाघरं, राहत्या शाळा, डे बोर्डिंग, आया या सगळ्या सेवांमुळे एकेरी पालकत्वही तितकंसं कठीण राहिलेलं नाही. इतकंच काय; पण आता लग्नाशिवायच काय, समागमाशिवाय मातृत्वही

तांत्रिकदृष्ट्या शक्य आहे. याचा परिणाम विवाहसंस्थेवर थोडा तरी होणारच. काही बरा, काही वाईट! पण इथेही जीवशास्त्रीय आणि आर्थिक-तांत्रिक कारणांचा संघर्ष आहे. आई-बाबांचं पालकत्व जीवशास्त्रीयदृष्ट्या माणसाला नैसर्गिक आहे. दीर्घकालीन प्रेमबंध उत्क्रांत होण्याचं तेच मुख्य कारण आहे. आज तंत्रज्ञान आणि नव्या समाजव्यवस्थेत ती जुनी गरज अंशतः तरी परस्पर भागू शकते आहे. त्यामुळे लग्न मोडणं व्यवहारतः सोपं झालं आहे. पण माणसाच्या मनाची घडण इतक्या सहजासहजी बदलणार नाही. त्याला अजून जोडीदाराची, प्रेमाची, बंधनाची, वात्सल्याची गरज भासतेच. ती काहींना अधिक भासते, काहींना कमी; पण ती नैसर्गिक असल्यामुळे व्यवहारतः अनावश्यक ठरली तरी भासत राहणार आणि ती अजून कित्येक पिढ्या बदलण्याची शक्यता नाही. एकट्या स्त्रीला मातृत्व निभावणं उद्याच्या समाजात कठीण असणार नाही. त्याची समाजमान्यताही वाढत जाईल. त्यामुळे तिची 'जोडीदाराची मानसिक गरज संपली' असं होणार नाही. त्यासाठी किती किंमत चुकवावी, याचा हिशेब मात्र बदलेल.

समाजव्यवस्था आणि अर्थव्यवस्था यांचा नात्यांवर कसा परिणाम होतो, याची अजून कित्येक उदाहरणं देता येतील. पण त्यात शिरणं हे विषयांतर ठरेल. आपल्यासाठी महत्त्वाचा मुद्दा हा, की आपण ज्याला 'प्रेम' म्हणतो आणि प्रेम असण्या-नसण्याचे जे निकष वापरतो, ते काही आकाशातून पडलेले नाहीत. ते मोठ्या इतिहासातून निर्माण झालेले आहेत. त्यात माणसाच्या जीवशास्त्रीय इतिहासापासून व्यवसाय, मालमत्ता, अर्थव्यवस्था यांसारख्या व्यावहारिक गोष्टींचा इतिहास अंतर्भूत आहे. पण, याची जाणीव बहुतेकांना नसते.

आपल्याला असं वाटतं, की माणूस आदर्शवादावर चालतो. आपण आपल्या चालीरीतींना धर्माच्या कुबड्या, नीतिमत्तेचे टेकू देऊन उभे करतो. मग हे टेकू म्हणजेच त्यांचा पाया आहे, असंही आपल्याला वाटू लागतं. जेव्हा तंत्रज्ञान, अर्थव्यवस्था बदलते तेव्हा नातेसंबंध बदलतात. हे होणं अपरिहार्य असलं तरी समाजातून प्रेम, जिव्हाळा, नीतिमत्ता कमी होत आहेत, त्यामुळे कुटुंब विभक्त होत आहेत, माणसं एकमेकांपासून दुरावत आहेत, वडीलधाऱ्यांची किंमत राहिली नाही, असं काहींना वाटतं. तर, पारंपरिक व्यवस्था अन्यायकारक आहे, त्यात स्त्रीवर अन्याय होत आला आहे, कुणीतरी ही अन्याय्य व्यवस्था मुद्दाम उभी केली आहे. आता या अन्यायाविरुद्ध आम्ही बंड पुकारल्यामुळे समाजव्यवस्था बदलते आहे, असं काहींना वाटतं.

व्यवस्थेला आदर्शवादाची पुटं

वास्तविक, समाजव्यवस्था, कुटुंबव्यवस्था परिस्थितीप्रमाणे बदलत असते, तशी ती बदलणं मानवस्वभावाला धरून आहे. पण आपण सगळ्या व्यवस्थेला या ना त्या आदर्शवादाची पुटं चढवत असल्यामुळे आवश्यक त्या बदलांनाही विरोध होतो. बदल ही एक जटिल प्रक्रिया होऊन बसते. त्याला जुन्या विरुद्ध नव्या आदर्शांचा संघर्ष असं स्वरूप येतं. जर माणसाच्या वागणुकीमागची आणि जीवशास्त्रीय आणि सांस्कृतिक उत्क्रांतीची कारणं नीट समजून घेतली या गुंतागुंती टाळून बदलाला अधिक चांगल्या प्रकारे सामोरं जाता येईल. तसंच समाजाला जाणीवपूर्वक अधिक चांगला आकार देण्याचाही प्रयत्न करता येईल.

■

१०.

राजकारण विवाहाचं

आपल्या आजच्या जीवनाचा एक खूप मोठा भाग राजकारण, राज्यसंस्था, त्याची धोरणं, त्यांनी केलेले कायदे हा असतो. आपल्या रोजच्या जीवनावर त्याचा परिणाम होतोच होतो. विवाह आणि घटस्फोटसुद्धा त्या-त्या देशांच्या कायद्याला बांधलेले आहेत. म्हणजेच ते केवळ दोन जिवांमधला करार न राहता सामाजिक आणि राजकीय जीवनाचा भाग बनून राहिले आहेत. स्त्री-पुरुष संबंध कसे असावेत, कसे नसावेत हे काही अंशी तरी अस्तित्वात असलेली राजकीय व्यवस्था, राजकीय आदर्शवाद, न्यायव्यवस्था ठरवते. माणसाच्या इतिहासात खासगी आयुष्यातही राजकीय हस्तक्षेप होण्याची पद्धत कुठून, कशी आणि का आली असेल?

सुमारे दहा हजार वर्षांपूर्वी माणसाच्या इतिहासात एक मोठा बदल घडला आणि त्या एका बदलानं पुढच्या ढीगभर बदलांना वाट करून दिली. 'शेतीची सुरुवात' हा तो बदल. शेतीला सुरुवात का आणि कशी झाली, हा एका मोठ्या, स्वतंत्र पुस्तकाचा विषय आहे. केव्हातरी 'बी पेरलं की उगवतं' असा शोध माणसाला लागला आणि मग एकदम क्रांती झाली. शेतीच्या आधी भटके लोक अर्धपोटी कसेबसे जगत होते. शेतीमुळे एकदम समृद्धी आली, अशी ही कहाणी नाही.

हे आयतं चराऊ कुरण

प्रत्यक्षात पुरावा असा आहे की, शेतीला सुरुवात झाल्यानंतर माणसाची उपासमार, अन्नाची असुरक्षितता कमी होण्याऐवजी वाढलीच. कुपोषण आणि साथीचे रोग वाढले. शारीरिक कष्ट, धोके आणि ताणही वाढले. पुरातत्त्व आणि मानवशास्त्र

यांमध्ये याचे अनेक पुरावे आहेत. आजूबाजूला चांगलं जंगल आणि वन्य प्राणी असतील तर शेती करणं आपल्याला वाटतं तितकं सोपं नसतं. ज्या वनस्पती खाद्य म्हणून आपल्याला चांगल्या असतात त्या प्राण्यांनाही चांगल्या असतात. त्यामुळे माणसांनी वाढवलेलं शेत हे त्यांच्यासाठी आयतं चराऊ कुरण होतं. बरं, माणसाला रात्री नीट दिसत नाही, त्यांना दिसतं. त्यामुळे अगदी कष्टानं शेत वाढवलंच, तरी वन्य प्राण्यांपासून त्याची रात्री राखण करणं हे सोपं काम नाही. ज्या काळात, वीज, बॅटरी, टॉर्च वगैरे काही नव्हतं, त्या काळात रात्री राखण करणं किती कठीण असेल, याची कल्पना करा.

आजही जिथे जंगलं आणि वन्य प्राणी आहेत तिथे शेती करणं हा आतबट्ट्याचाच धंदा झाला आहे. एवढे प्राणी असतीलच तर त्यांची शिकार करणं जास्त सोपं; शेतीचे कष्ट कशासाठी? त्यामुळे वन्य अवस्थेतला माणूस एकदम शेती करू लागला तर तो स्वतःच्याच पायावर मारून घेतलेला धोंडाच ठरेल. जंगलांचा आणि वन्य प्राण्यांचा प्रमाणाबाहेर विध्वंस झाल्यानंतर स्वतःचं अन्न पिकवण्याशिवाय दुसरा उपाय राहिला नाही, म्हणून माणसाला शेती करावी लागली, असं आता स्पष्ट होऊ लागलं आहे. पण त्याच्या खोलात शिरणं हे विषयांतर ठरेल. कुठल्या का कारणांनी असेना, शेतीला सुरुवात झाली ही गोष्ट खरी. पाऊस नीट झाला आणि पीक चांगलं राखता आलं तर मोठा अन्नाचा साठा हातात पडू लागला. पण एखाद्या वर्षी तसं नाही झालं, तर दुष्काळ आला, रोग पडला, वन्य प्राण्यांनी पीक खाऊन टाकलं की उपासमार!

मोठ्या अन्नाचा साठा लुटण्यासाठी मोठे चोरही निर्माण झाले असणार! चोरी जमली तर खूप फायदा, आणि ज्याच्याकडे तो अन्नसाठा होता, त्याचं मोठं नुकसान. माणूस मुळातच सामाजिक प्राणी. त्यामुळे चोरीही एकत्र येऊन करण्यातले फायदे त्याला जाणवलेच असणार! मग संघटित चोरीला लूटमार, दरोडा असं स्वरूप यायला किती अवकाश लागणार? लूटमारीला आळा घालायला संघटित सुरक्षादले आवश्यक आहेत. शिकारी आयुष्यात साठवण्याजोगं फारसं काही नसतं आणि साठवण्याची गरजही नसते. त्यामुळे लुटालुटीचा धोका अगदी कमी.

समाजजीवनच बदललं

याउलट, शेतीचं उत्पादन एकदा गेलं तर पुढच्या वर्षीपर्यंत उपासमार, त्यामुळे माणूस शेतीवर अवलंबून राहू लागल्यावर सामाजिक असुरक्षितता वाढली. सगळं समाजजीवनच बदललं. लुटालूट, लढाया, मारामाऱ्या वाढल्या. सशस्त्र आणि संघटित राहण्याची गरज निर्माण झाली. यातूनच हळूहळू पूर्ण वेळ लढवय्या असणारी माणसं तयार झाली असणार! त्यांच्या अन्नाची सोय काय? तर, शेती करणाऱ्यांनी त्यांच्या स्वतःच्या गरजेपेक्षा जास्त पिकवलं पाहिजे. त्यांना कर म्हणा, खंडणी म्हणा या स्वरूपात दिलं पाहिजे. त्याच्या बदल्यात 'आमचं इतर लुटारूंपासून रक्षण करा' असं विनवलं पाहिजे. हे नाही केलं तर ते लुटू शकतातच. लुटणं असो किंवा लुटीपासून रक्षण असो; जशी लढणाऱ्या माणसांची गरज वाढली तशी शस्त्रांचीही! मग ती शस्त्रं बनवणं हाही पूर्ण वेळचा व्यवसाय. त्याच्या बदल्यात त्यांनाही अन्नधान्य दिलं पाहिजे. म्हणजे एकदा का शेती आली की या बाकीच्या गरजांची साखळी अपरिहार्यपणे सुरू होतेच.

आत्तापर्यंत सगळेच कमीअधिक प्रमाणात भटके होते. भटके असण्यात दोन गोष्टी महत्त्वाच्या. एक म्हणजे, टोळी खूप मोठी असून चालणार नाही आणि दुसरं असं की, प्रत्येकाकडचं वैयक्तिक सामानही कमीच हवं. तिसरं म्हणजे, पहिलं मूल आपलं आपण चालण्याच्या वयाचं झाल्याशिवाय पुढचं मूल होऊन चालणार नाही. कारण दोन मुलं कडेवर घेऊन स्थलांतर करणं परवडणार नाही. दर थोड्या दिवसांनी, महिन्यांनी राहण्याचं ठिकाण बदलायचं, म्हणजे विंचवाचंच बिऱ्हाड असायला हवं ते! दोन मुलांमध्ये अंतर राखायलाच हवं. पहिलं मूल अंगावर पीत असताना दुसरा गर्भ राहण्याची शक्यता तशी कमीच असते.

राजकीय जीवन : पशुपालन व शेतीमुळे

पशुपालनाला सुरुवात झाल्यावर हे चित्र बदललं. एकतर बाहेरचं दूध मिळणं शक्य झालं आणि चालताना पाठीवर बसण्याचीही सोय झाली. दोन मुलांमधलं अंतर कमी व्हायला एवढं पुरे आहे. मुलांची संख्या वाढली की स्त्री अधिक परस्वाधीन होतेच. तिला कायम दुसऱ्याच्या मदतीवर अवलंबून राहावं लागतं. मग मदतीला जास्त माणसं असण्यासाठी टोळीचा आकार मोठा होणं भाग आहे. त्यातून मोठ्या टोळ्या, वस्त्या, गावं, व्यापार आणि टप्प्याटप्प्यांनी छोटी राज्यं, मोठी राज्यं, साम्राज्य, मग त्यांचं राजकारण ही सगळी कारण-परिणामांची साखळी आपोआप सुरू होतेच. खऱ्या अर्थी माणसाचं राजकीय जीवन सुरू झालं, ते शेती आणि पशुपालनामुळे! एवढ्या

मोठ्या प्रमाणावर अल्पकाळात म्हणजे फक्त हजारएक वर्षांत बदल घडत गेल्यावर त्याचा परिणाम कुटुंबसंस्था आणि स्त्री-पुरुष संबंधांवर झाला नाही तरच नवल!

शेतीबरोबर आलेल्या लूटमारीच्या शक्यतेबरोबर घराण्याचं, टोळीचं, गावाचं सामर्थ्य ही जगण्यासाठी सर्वांत महत्त्वाची गोष्ट होऊन गेली. मग पुरुषांची संख्या जेवढी जास्त, तेवढं त्या गटाचं लष्करी सामर्थ्य जास्त. ताकदवान टोळी असेल तर स्वत: शेती न करता ते इतरांकडून लूटमार करूनही जगू शकतात. पूर्वी निसर्गाचं, ऋतुमानाचं सखोल ज्ञान ही चरितार्थासाठी मुख्य आवश्यक गोष्ट होती. त्या ज्ञानात पुरुष-स्त्री असा भेद फार मोठा असण्याचं कारण नाही. त्यातल्या त्यात मोठ्या प्राण्यांच्या वर्तणुकीचं ज्ञान जास्त पुरुषांकडे, वनस्पती आणि छोट्या प्राणी-पक्ष्यांचं स्त्रियांकडे अशी विभागणी असेल फारतर! पण जगण्यासाठी दोन्हीची आवश्यकता होतीच. आता केवळ हाणामारीच्या ताकदीवर जगण्याचा नवीन मार्ग काही लोकांसाठी तरी उपलब्ध झाला. त्यासाठी पुरुषांची संख्या जास्त हवी. कारण लढाई - हाणामाऱ्यांच्या कामात स्त्रियांचा उपयोग नाही. स्त्रीच पुरुषाला जन्म देते, म्हणून ती हवी. पण माणूस म्हणून, व्यक्ती म्हणून तिचं फार मूल्य नाही. मुलांना निर्माण करणारी यंत्रणा म्हणून मात्र आहे. मग, जास्त मुलांना जन्म देणारी स्त्री जास्त चांगली. म्हणजे अशा समाजात स्त्री-पुरुष संबंधाचं स्वरूप पार मुळापासून बदललं असेल, तर त्यात काय नवल?

हा सशस्त्र, संघटित बलवान समाज हाच मुख्य प्रवाह झाला असल्याचं आपल्याला पुढच्या इतिहासात आढळतं. इतिहास त्यांनीच घडवला. निसर्गावर आणि शेतीवर अवलंबून असणारा समाज त्यामानानं असंघटित आणि म्हणून दुबळा राहिला, इतिहासाच्या परिघावरच राहिला. मग त्यांना या संघटित टोळ्यांशी अनेक प्रकारे तडजोडी कराव्या लागल्या असणार! अर्थात, या लुटारू टोळ्या अन्नासाठी निसर्ग आणि शेतकरी समाजावरच अवलंबून असतात. त्यामुळे त्यांनाही कुठेतरी तडजोड करणं भागच आहे. काही तडजोडी चांगल्या आणि न्याय्य तत्त्वांवरही झाल्या असतील; नाही असं नाही. पण ही तडजोड कायमस्वरूपी शांतता प्रस्थापित करू शकत नाही. कारण अशा टोळ्यांमध्ये एकमेकांशी स्पर्धा निर्माण होते. मग नवीन टोळीनं जुन्या टोळीवर मात केली, तर त्यांच्याकडून पुन्हा लूटमार, या नवीन टोळीशी परत सामंजस्य निर्माण होईपर्यंत!

शेतीवर अवलंबून समाज दुबळा

अशा प्रक्रियेमुळे निसर्गावर आणि शेतीवर अवलंबून असलेला समाज नेहमी दुबळाच राहिला. आणि बलवान समाजाचं अनुकरण दुबळे लोक करतात या न्यायानं कुठेतरी त्यांनी बलवान लोकांचा दृष्टिकोन, त्याचं तत्त्वज्ञान, त्यांचा धर्म स्वीकारण्याचा प्रयत्न केला. यातून या समाजाचं आणखी नुकसानच झालं असलं पाहिजे. कारण त्यांना संघटित आणि बलवान तर होता आलं नाही; पण कुटुंब, नाती, संस्कृती यांच्याबद्दलचे काही दूषित दृष्टिकोन मात्र त्यांनी स्वीकारल्याचं दिसतं. शेतीच्या आयुष्यात स्त्रीला दुय्यम स्थान असण्याचं काहीच कारण नाही. कारण स्त्रियांचा शेतीत बरोबरीचा किंवा काकणभर जास्तीचच वाटा असतो. हाणामारीच्या संस्कृतीत स्त्रीला दुय्यम स्थान नक्कीच आहे. पण नंतर हाणामारीची संस्कृती प्रबळ झाली आणि त्यातलं तत्त्वज्ञान इतरांनी स्वीकारल्याची शक्यता जास्त आहे.

प्रत्यक्षात ही उपपत्ती सांगताना सोपी करून सांगितली आहे. लष्करी समाज आणि शेतकरी समाज पूर्णपणे वेगळे होते असं नाही. शेतीच्या हंगामात शेती आणि एरवी लष्करात भरती होण्याचा प्रकार मध्ययुगीन भारतात खूप वाढला होता. मराठा किंवा जाट लष्करात बहुतेक सैनिक मूळचे शेतकरी, पूर्ण वेळ सैनिकी काम करणारे काही टक्केच. युद्धं, स्वाऱ्या, मोहिमा पावसाळ्यात बहुतेक पूर्णपणे बंद व्हायच्या, तेव्हा शेती. एकदा कापणी होऊन गेली की दसरा-दिवाळीनंतर पुन्हा मोहिमा, स्वाऱ्या सुरू व्हायच्या. त्यामुळे तर लष्करी संस्कृती शेतकऱ्याच्या घरी थेट पोहोचण्याचा मार्ग अधिक सोपा झाला. त्यामुळे युद्धसंस्कृतीमधलं स्त्रीचं दुय्यम स्थान इतर संस्कृतींमध्येसुद्धा पसरलं.

युद्ध : बालविवाहाचं मूळ

जेव्हा लष्करी सामर्थ्याला महत्त्व येतं तेव्हा समर्थ गटाशी नातेसंबंध जोडला तर आपलं सामर्थ्यही वाढू शकतं, ही नवीन शक्यता निर्माण होते. त्यासाठी विवाह हे खूप मोठं हत्यार आहे. योग्य त्या घराण्यांबरोबर विवाहसंबंध जोडले, तर आपली राजकारणातली शक्ती वाढते. दोन घराण्यांची शक्ती एकत्र येते. असं झालं की विवाह हे युवक-युवतीच्या निवडीपेक्षा घराण्याची गरज बनते. त्यातलं जीवशास्त्र नावापुरतं राहून राजकारणाचा वाटा वाढतो. जीवशास्त्र विरुद्ध राजकारण हाही एक संघर्षाचा मुद्दा आहे. यात विवाह करणाऱ्या युवकांची, जोडीदाराची निवड आणि त्याचे निकष एकीकडे; तर घराण्याची राजकीय गरज दुसरीकडे!

असा संघर्ष येऊ नये याचा एक अगदी सोपा उपाय आहे; तो म्हणजे मुला-मुलींना समज येण्याच्या आधीच लग्न उरकून घेणं. बालविवाहाचे मूळ हे युद्धं आणि मारामाऱ्यांच्या राजकारणामध्ये आहे. राज्य जेवढं मोठं आणि युद्धाची शक्यता जेवढी अधिक तेवढी राजकारणाची गरज व्यक्तीच्या आवडीपेक्षा मोठी!

राजकारण म्हणजे फक्त राजाची धोरणं नव्हेत. गावाच्या, गटाच्या पातळीवरही हीच तत्त्वं लागू होतात.अनेक ठिकाणी मामाच्या मुलीशी लग्न करणं वगैरे प्रथा आहेत. यामागचा संभाव्य फायदाही राजकीय! खरं तर नात्यामध्ये लग्न करणं जीवशास्त्रीयदृष्ट्या वाईट; पण असं केल्यामुळे सत्ता आणि संपत्तीवर घराण्याची मक्तेदारी ठेवणं सोपं जातं, विभागणी कमी करता येते. आपल्याइतकीच 'औकात' असलेल्या घराण्यांमध्येच विवाह करण्यामागेही हीच राजकारणी समज आहे. इतिहासात याचे अगदी सरळसरळ दाखले मिळतात.

विवाह राजकारणासाठी होत असल्याचे दाखले राजपुतांच्या, मुघलांच्या, मराठ्यांच्या इतिहासात जागोजागी आहेत. राजकारणातली अस्थिरता, अनिश्चितता आणि बालविवाह यांचा संबंधही दोघांचे कालखंड तपासले तर दिसतो. स्वयंवर, प्रेमविवाह वगैरेसारख्या प्रथा पृथ्वीराज-संयोगितापर्यंत दिसतात आणि मग परचक्रांच्या इतिहासाबरोबर पूर्णपणे लुप्त होतात. परचक्रानं गांजलेल्या पराभूत आणि दुबळ्या समाजात मुलगी वयात येईपर्यंत सांभाळणं धोक्याचं; त्यापेक्षा लवकर उजवलेली चांगली, हा नाइलजानं आलेला अपरिहार्य विचार आहे.

सत्ता सामर्थ्याच्या गणितात विसंगती

सत्तेच्या आणि सामर्थ्याच्या गणितात एक अंतर्गत विसंगती आहे. अधिक सामर्थ्यासाठी अधिक पुरुष पाहिजेत. पण, तसं झालं तर सत्तेमध्ये जास्त वाटेकरीही निर्माण होतील. सत्ता आणि संपत्ती वाटणी झाल्यावर दुबळ्या होतात. तसं होऊ नये म्हणून वारस कोण होणार याचे काही नियम आधीच तयार केले पाहिजेत. काहीतरी नीतिशास्त्र, धर्म, पवित्र रीतीरिवाज बनवून ते सगळ्यांच्या माथी मारले पाहिजेत. उदाहरणार्थ, अमुक घराण्यातलेच लोक सत्तेचे वारस होऊ शकतात, फक्त मुलगेच, फक्त थोरल्या मुलालाच वारस करायचं इत्यादी. असं केल्यानं इतरांची जी नाराजी होऊ शकते, ती प्रथा, रिवाज, धर्माज्ञा, श्रद्धा, स्वामिनिष्ठा अशा तत्त्वांना उदात्त बनवून कमीत कमी ठेवता येण्यासारखी आहे.

याउलट, ज्या घराण्यांनी मुला-मुलींमध्ये समान वाटणी केली असेल, ती घराणी सत्ता-सामर्थ्याच्या स्पर्धेत दुबळी होऊन टिकली नसतील. लोकांचं फक्त

थोरल्या मुलावरच प्रेम होतं, धाकट्यांवर किंवा मुलींवर नव्हतं, असा याचा अर्थ नाही. मात्र, ज्यांनी समान न्याय दाखवला आणि सगळ्या मुला-मुलींमध्ये समान वाटणी केली, ते दुबळे आणि म्हणून नामशेष झाले असतील.

असमान आणि एकाधिकारी वारसाहक्कांमुळे वाटण्या टळून राजकीय सामर्थ्य वाढलं असेल आणि म्हणून ही प्रथा टिकली असेल.

भारताचा मध्ययुगीन इतिहास पाहिला तर दर वर्षी भारतभर युद्धंच युद्धं होत होती. पावसाळ्यातले तीन-चार महिने सोडले तर दर वर्षी कुठल्या ना कुठल्या मोहिमा आणि युद्धंच युद्धं! पहिल्या बाजीरावाच्या २० वर्षांच्या कारकिर्दींत त्यानं ४० युद्धं स्वतः लढून जिंकली. युद्धं एवढ्या मोठ्या संख्येनं होत असतील, तर अर्थातच पुरुषांच्या मृत्यूचं प्रमाण बरंच अधिक असणार! परिणामी, मागणी आणि पुरवठ्याच्या तत्त्वाप्रमाणे विवाह-बाजारातील पुरुषाची किंमत जास्त, स्त्रीची कमी! मुलगा झाला तर जास्त आनंद, मुलगी झाली तर कमी! स्त्री-पुरुषांचं प्रमाण एकास एक राहिलं नसेल तर एका पुरुषानं अनेक लग्नं करणं साहजिकच नाही का?

थोडक्यात, युद्धांच्या संस्कृतीमुळे स्त्री-पुरुष संबंध फार मोठ्या प्रमाणावर बदलले आहेत. ते कुणी विचारपूर्वक बदलले, त्यात कुणावर जाणीवपूर्वक अन्याय केलाय, निष्ठुर माणसांनी ही व्यवस्था तयार केली आहे, असं म्हणणं योग्य ठरणार नाही. पण या व्यवस्थेनं दीर्घकालीन विषमता, दडपशाही, अन्याय यांना जन्म दिला आहे, यात शंका नाही. अन्याय, विषमता हा व्यवस्था बदलण्यामागचा हेतू नव्हता, परिणाम मात्र होता.

आधुनिक जगात औद्योगिक क्रांती आणि लोकशाहीबरोबर अनेक गोष्टी पुन्हा बदलल्या आणि बदलत आहेत. दुसरं महायुद्ध संपून गेल्यावर जगातील एकूण युद्धं बऱ्याच प्रमाणात कमी झाली आहेत. स्थावर संपत्तीचं महत्त्व काही प्रमाणात तरी कमी झालं आहे. स्त्रीला किंवा पुरुषाला घराबाहेर पडून नवी करिअर शोधणं सोपं झालं. सत्तेची समीकरणंसुद्धा बदलली आहेत. त्यामुळे राजकीय हत्यार म्हणून असलेला विवाहाचा उपयोग पूर्णपणे नसला तरी बऱ्याच प्रमाणात कमी झाला आहे. या पार्श्वभूमीवर आता परत युवक-युवतींच्या स्वतःच्या निवडीला महत्त्व येऊ लागलं आहे. लग्नाचं वय वाढलं आहे. मुलं होण्यामधलं अंतर वाढलं आणि मुलांची संख्या कमी झाली आहे. त्यामुळे स्त्रीचं परावलंबित्व कमी होत आहे. म्हणजे काही बाबतीत तरी आपण परत आपल्या नैसर्गिक विवाहसंस्थेकडे, मूळच्या स्त्री-पुरुष संबंधांकडे परत चाललो आहोत.

खरं तर बदलत्या सामाजिक, आर्थिक, राजकीय व्यवस्थेबरोबर नाती, आणि कुटुंबसंस्था आपोआप बदलायला पाहिजे. पण तसं होत नाही. कारण आपण त्या व्यवस्थेला टिकवण्यासाठी ज्या प्रथा, परंपरा, नीती-अनीतीच्या कल्पना, धर्माचं पाठबळ आणि निष्ठेचा आभास निर्माण केलेला असतो, तो सोडणं समाजाला कठीण जातं. लोकांच्या श्रद्धांना, आदर्शांना धक्का बसल्यासारखा होतो. पायाखालची वाळू सरकतेय असं वाटतं. विशेषतः प्रतिष्ठित लोकांचा बदलाला जास्त विरोध असतो. नवीन विचार मांडणारा बेजबाबदार, उथळ, उच्छृंखल, अनैतिक, पाखंडी, बंडखोर, लोकांना भडकवणारा ठरवला जातो.

याउलट, नवीन विचारांचा पुरस्कार करणारे आपलंच वेगळं तत्त्वज्ञान निर्माण करतात. परिस्थितीत कोणता बदल झाला आहे आणि त्यामुळे आधीची व्यवस्था कालबाह्य झाली आहे. नव्या परिस्थितीत नवी व्यवस्था निर्माण केली पाहिजे, स्वीकारली पाहिजे अशी साधी सरळ भूमिका न घेता जुन्याचे समर्थक कसे निष्ठुर होते, त्यांनी समाजाच्या काही घटकांवर कसा अन्याय केला, आणि आम्ही कशी क्रांती करत आहोत, असा दबदबा निर्माण करू पाहतात. त्यामुळे त्या बदलाला आदर्शवादाचा संघर्ष, पिढ्यांचा संघर्ष असं स्वरूप येऊ लागतं. ज्याची प्रत्येक वेळी

आवश्यकता असेलच असं नाही. त्यामुळे बदललेल्या समाजासाठी बदललेल्या कुटुंबव्यवस्थेची गरज असली, तरी तो बदल सुखासुखी येत नाही.

सामाजिक बदलाची कारणमीमांसा

सामाजिक बदल केवळ वैचारिक भूमिका घेऊन किंवा कायदे करून होत नसतात. जेव्हा समाजाचे संदर्भ बदलतात तेव्हाच असे बदल रुजतात. याचा अर्थ, नवीन विचार मांडणाऱ्यांना महत्त्व नसतं असा नाही. ते बदलाचे catalyst (उत्प्रेरक) म्हणून काम करतात. पण reactant असतील तरच catalyst काम करतात. तसं योग्य तो बदलाचा सामाजिक-आर्थिक-राजकीय संदर्भ नसेल तर एखाद्या विचारवंतानं कितीही प्रयत्न केले, तरी सामाजिक बदल घडवून आणता येत नाहीत. सामाजिक बदलाची कारणमीमांसा फार मोठी असते. ती काही प्रमाणात तरी समजून घेण्याइतका आजचा विज्ञानविचार प्रगल्भ होऊ लागला आहे. त्याला सामोरं जाणं आणि त्याची प्रगल्भता अधिक वाढवण्याचा प्रयत्न करणं हेच काळाच्या प्रवाहाला धरून होईल आणि अधिक चांगला समाज निर्माण करण्याच्या प्रयत्नांना पोषक होईल.

११.
कपड्यांचा नग्न इतिहास

'एखादा वाघ नरभक्षक का झाला?' याचं उत्तर शोधायचं असेल तर मुळात निसर्गतः वाघ माणसाला खातो का, आणि खात नसेल तर का नाही, याचं उत्तर नीट माहीत असायला हवं. तसंच, माणसाची नग्नता समजून घ्यायची असेल तर आधी 'माणूस कपडे का घालतो', हे मुळासकट आणि सुसंगतपणे कळायला हवं. माणूस हा कपडे घालणारा एकमेव प्राणी आहे. माणसाच्या पूर्वजांच्या ४० लाख वर्षांहून मोठ्या इतिहासात कपडे अगदी आत्ता आत्ता, म्हणजे काही हजार वर्षांपूर्वी आले. ही विचित्र घटना का घडली असेल?

कपड्यांचा उगम

माणसाच्या इतिहासाच्या कारणमीमांसेमध्ये जीवशास्त्रीय, अर्थशास्त्रीय, राजकीय, सांस्कृतिक, धार्मिक घटकांची गुंतागुंतीची सरमिसळ आहे. सगळ्यांचा एकत्रित विचार केल्याखेरीज सुसंगत उत्तरं मिळत नाहीत. माणसाला कपडे घालण्याची गरज का भासली असेल, याचीही एकांगी कारणमीमांसा करून चालणार नाही. या ना त्या स्वरूपात कपड्यांचा वापर सुरू होण्याची अनेक कारणं आजवर मांडली गेली आहेत. पण त्यांपैकी कुठलंही एक कारण सगळ्या गोष्टींचा खुलासा करत नाही. म्हणजे कपडे वापरण्यामागे अनेक कारणांची खिचडी असणार!

शरीरावरील केस कमी होणं हे एक जीवशास्त्रीय कारण दिलं गेलं आहे. ते तसे कमी का झाले याच्या अनेक थेअरीज मांडल्या गेल्या आहेत. पण त्यात आत्ता शिरण्याचं कारण नाही. पण, केस गेल्यामुळे थंडीपासून रक्षण करण्यासाठी अंगावर आणखी काहीतरी घेण्याची गरज भासली असणार, अशी शक्यता नक्कीच

आहे. पण, एवढंच कारण असेल तर उष्ण कटिबंधातल्या माणसानं वर्षातला बराच भाग काही घालण्याची गरजच नाही. कपडे फक्त थंड हवामानातल्या माणसांनीच घालायला हवेत. असं दिसत नाही, म्हणजे हे कारण पुरेसं नाही.

दोन पायांवर चालू लागल्यावर आणखी एक मोठा बदल झाला; तो म्हणजे माणसाची जननेंद्रियं समोर उघड्यावर आली. चार पायांच्या प्राण्यांमध्ये जननेंद्रियं मागच्या पायांच्या मधे अधिक सुरक्षित असतात. समोरच्याशी टक्कर घेताना त्यांना प्रत्यक्ष धोका नसतो. माणसाला कुणाशीही दोन हात करायचे झाले तर या नाजूक भागांना जास्त जपावं लागणार, त्यासाठी त्यांना झाकलं पाहिजे. एवढंच नव्हे; तर अनेक जीवशास्त्रीय कारणांमुळे माणसाची जननेंद्रियं इतर प्राण्यांच्या तुलनेत प्रमाणापेक्षा मोठी झाली आहेत. त्यांना संरक्षणाची गरज अधिक, त्यामुळे एखादे घट्ट कटिवस्त्र आवश्यक आहे. पण हे कारणही पुरेसं बळकट नाही. काही आदिवासी समाजांमध्ये अजूनही कटिवस्त्रसुद्धा घातलं जात नाही. त्यांना संरक्षणाची गरज नसते असं समजायचं का? पण, जननेंद्रिय झाकणं हे कपडे घालण्याच्या सर्व शैलींमधला समान दुवा दिसतो. जिथे कमीत कमी कपडे घातले जातात तिथे ते जननेंद्रिय झाकण्यापुरतेच असतात. त्यामुळे या कारणात काहीतरी तथ्य असावं. पण अंगभर कपडे घालण्यासाठी हे कारण पुरेसं नाही.

माणसानं जगण्यासाठीची कौशल्यं शिकण्याच्या पद्धती अनेक आहेत. जिथे धडपडून, जखमा होऊन शिकणं परवडतं तिथे तसं घडतं. लहान मुलं पडतझडत शिकतात. जननेंद्रियांच्या बाबतीत हे परवडणं कठीण! म्हणून जननेंद्रियं घट्ट कपड्यांनी झाकणं आलं. त्यानं दुखापतीची शक्यता थोटीतरी कमी होते. पण हे लहानपणी समजावून सांगणं आणि ते पुरेशा गांभीयनि समजणं थोडं कठीण आहे. मग दुसरं काहीतरी कारण देऊन ते ऐकायला लहान मुलांना भाग पाडलं पाहिजे. त्यासाठी ते उघडे ठेवण्याची लाज वगैरेसारख्या गोष्टी आणल्या गेल्या असाव्यात. त्या लहानपणापासून वारंवार ठसवल्यानंच पक्क्या होतात. मुलांमध्ये मुळात ही लाज नसते. ती डोक्यावर थोपावी लागते. माणसाच्या स्वभावात मूलत:च अशी लाज असण्याचं काही जीवशास्त्रीय कारण दिसत नाही.

तिसरा घटक भावना लपवण्याचा! 'डिसेप्शन' अल्प प्रमाणात माकडासारख्या प्राण्यांमध्ये दिसतं. आपली खरी भावना लपवून दुसरीच काहीतरी दाखवणं म्हणजे लबाडी. अशा लबाड्या माकडाच्या अभ्यासकांना अनेकदा दिसल्या आहेत. पण ही लबाडी प्राथमिक दर्जाची असते. माणसात त्याचा कळस झाला आहे. भावना लपवण्याला मानवी समाजात फार महत्त्व. पुरुषाचं आणि स्त्रीचं शरीर

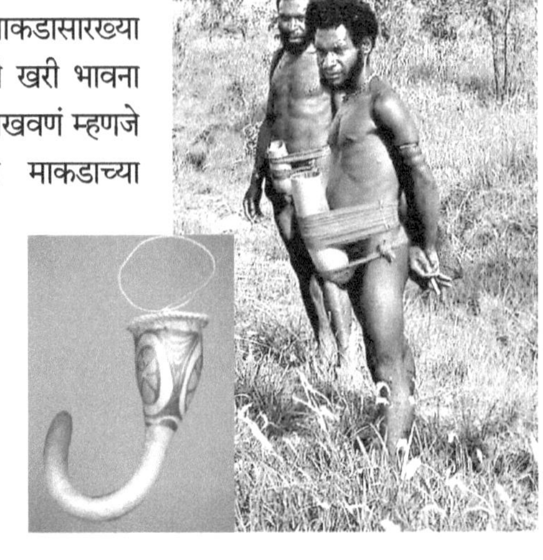

कामोद्दीपनाच्या खुणा दाखवतं, जीवशास्त्रीयदृष्ट्या त्या लपवणं सोपं नाही. पण शरीराचे विशिष्ट भाग झाकल्यानं त्या भावना लपवणं सोपं जातं. पापुआ-न्यु-गिनीमधले काही आदिवासी पुरुष बाकी काही कपडे वापरत नाहीत; पण शिश्नावर भोपळ्यापासून बनवलेलं एक मोठं नळकांडं लावतात. त्यामुळे ते नेहमीच ताठ उभं राहिल्यासारखं दिसतं. इतरत्र घट्ट कटिवस्त्र वापरून ते उभारलेलं दिसणार नाही याची काळजी घेतली जाते. दोन्हीचं साध्य एक प्रकारे सारखंच; आपली उत्तेजित अवस्था कळू न देणं!

कपड्यांचं राजकारण

पण आजच्या 'सभ्य' माणसाचे कपडे एवढ्यानं स्पष्ट होत नाहीत. त्यामागे खूप मोठा राजकीय इतिहास आहे. जगाच्या इतिहासात आक्रमक टोळ्यांनी मोठेच बदल घडवले आहेत. कारणं काहीही असोत; पण विषुववृत्तीय माणसांनी अशी आक्रमणं केल्याच्या घटना जवळपास नाहीतच. ही आक्रमणं तुलनेनं थंड आणि गवताळ माळरानावर उत्क्रांत झालेल्या वंशांनी इतरांवर केली आहेत. असं का? याची उत्तरं मानवशास्त्राच्या अभ्यासकांनी शोधण्याचा प्रयत्नही केला आहे. पण त्यात शिरणं विषयांतर ठरेल. थंड आणि उघड्या प्रांतांतील माणसांना अंगभर कपड्यांची गरज जास्त होती. या टोळ्यांनी इतरांवर विजय मिळवल्यावर 'जेत्याचं अनुकरण जित करतात' या सांस्कृतिक नियमाप्रमाणे ज्यांना अंगभर कपडे वापरण्याची खरं तर

काहीच गरज नव्हती, त्यांनीही ते वापरायला सुरुवात केली. एवढंच नव्हे; तर ती प्रतिष्ठेची खूण झाली.

जेत्यांचे कपडेच नव्हे; तर इतरही अनेक सांस्कृतिक गोष्टी जितांनी उचलल्याची उदाहरणं इतिहासात खच्चून भरलेली आहेत. इंग्रजांच्या राज्यात इंग्रजी सुटाबुटाला लाभलेली प्रतिष्ठा आणि त्यासंबंधीची महात्मा फुले यांची गोष्ट प्रसिद्ध आहे. आपल्याकडे लग्नात नवरदेवाला सूट देण्याची प्रथा काही पिढ्यांनी धार्मिक रूढीसारखी पाळली आणि ती अजूनही पूर्णपणे लुप्त झालेली नाही. आताशा अनेक मंगल कार्यालयांमध्ये वातानुकूलन यंत्र असतं. पण ते नसताना आणि लग्नाचा सीझन मे महिना असताना नवरा मुलगा बिचारा घामाघूम होऊन उभा असे. मात्र, प्रतिष्ठेच्या कल्पनेपायी त्यांं 'फुल' सूटच घालण्याची सक्ती होती. आक्रमकांबरोबर आक्रमकांचे कपडे येतात आणि तेच सभ्य आणि प्रतिष्ठित मानले जातात, ही गोष्ट जगभर घडत आलेली आहे.

युद्धांबरोबर बलात्कारही!

भारतात मध्ययुगात टोळ्यांच्या आक्रमणांमुळे आणखी एक महत्त्वाचा बदल घडला. जवळपास प्रत्येक युद्धात आक्रमकांकडून बलात्कार होतातच.शिवाजी- महाराजांसारखे फार थोडे अपवाद असले तर असतील, ज्यांनी आपल्या लष्कराला स्त्रियांशी वागण्याचे आदर्श घालून दिले. नाहीतर युद्धांबरोबर बलात्कार होणं गृहीतच धरलं तरी चालेल. यामागे मोठ्या प्रमाणावर जीवशास्त्रही आहे. युद्ध म्हणजे मृत्यूची शक्यता! नरांनी आपणहून मृत्यूला कवटाळायला का तयार व्हावं? कारण त्यामागे जनुकीय फायदा आहे, जो अधिक माद्यांशी जुगण्यामुळेच मिळू शकतो. मृत्यू लवकर आला तरी अधिक औरस-अनौरस संतती मागे ठेवणाऱ्याचा वंश चालतो. मग ते खुशीनं होवो वा बलात्कारानं! युद्धात मृत्यूची शक्यता अधिक असली तरी त्याबरोबर अनेक माद्या मिळण्याची शक्यता वाढत असल्यानेच नरांमध्ये हिंसेची प्रवृत्ती उत्क्रांत झाली आहे. हिंसा आणि लैंगिक वासनांच्या मागील चेतासंस्था आणि संप्रेरकांच्या क्रिया बऱ्याच प्रमाणात सारख्या असतात. कारण दोन्हीची उत्क्रांती एकत्रितपणे झाली आहे. म्हणून युद्धं, मारामाऱ्या, हिंसाचार जेवढा जास्त तेवढे बलात्कारही जास्त!

भारतीय इतिहासात जेव्हा हे परचक्र प्रकरण आलं तेव्हा आपल्या स्त्रियांना आक्रमकांपासून वाचवणं हे फार महत्त्वाचं काम ठरलं. जीवशास्त्रीयदृष्ट्या आक्रमणांबरोबर होणाऱ्या बलात्कारांचा खरा बळी स्त्री नसून जित समाजातील पुरुष

असतो. कारण स्त्रीच्या मातृत्वाला धोका नसतो. पुरुषाचं पितृत्व नेहमीच असुरक्षित असतं. त्या असुरक्षिततेचा परिणाम स्त्रियांवर अधिक बंधनं आणण्यात होतो. त्यांचं सौंदर्य झाकून ठेवायचं हा एकमेव उपाय दुबळ्या आणि असुरक्षित समाजांना शक्य असतो. भारतात तेराव्या आणि विशेषत: पंधराव्या शतकापासूनच्या या राजकीय गूढतेचा कपडे-संस्कृतीवर फार मोठा परिणाम झाला, विशेषत: स्त्रियांच्या कपड्यांवर!

इतिहासात युद्धं नेहमीच होत होती. पण प्राचीन आणि मध्ययुगीन भारताच्या इतिहासात युद्धाच्या स्वरूपात मोठा फरक पडलेला दिसतो. साम्राज्य राखण्यासाठी अथवा वाढवण्यासाठी केलेली युद्धं आणि लुटालूट करण्यासाठी केलेली युद्धं यात खूप मोठा फरक असतो. मध्ययुगीन युद्धांमध्ये लुटालुटीचं प्रमाण कमालीचं वाढलेलं दिसतं. मराठेशाहीच्या इतिहासातही मराठ्यांनी आपल्या स्वत:च्या प्रांतात केलेली युद्धं आणि उत्तरेत किंवा बंगालकडे केलेल्या स्वाऱ्या यांच्यात जमीन-अस्मानाचा फरक आहे. स्वराज्यात रयतेची काळजी करण्याला कमीअधिक प्राधान्य असे. परप्रांतातील युद्धं लुटालुटीसाठीच मुख्यत्वे असत. या प्रकारच्या युद्ध-संस्कृतीत अस्थिरता, असुरक्षितता सर्वाधिक असते; आणि या सामाजिक असुरक्षिततेचा परिणाम कपडे-संस्कृतीवर अपरिहार्यपणे होतो.

भारतातल्या मध्ययुगीन युद्धांना आणखी एक रंग होता; तो म्हणजे आक्रमक परके म्हणजे वेगळ्या संस्कृतीतले, वेगळ्या धर्मातले होते. प्राचीन भारतात स्त्री हे युद्धांमागचं एक महत्त्वाचं कारण होतंच; पण हरण केलेली स्त्री त्याच संस्कृतीमध्ये राहत होती. हरण करण्याला कमीअधिक प्रमाणात समाजमान्यता होती. परधर्मीयांनी 'बाटवलेल्या' स्त्रीला ती नव्हती. शिवाय, हरण करणं आणि बलात्कार करून सोडून देणं यातही मोठा फरक आहेच. हे दोन्ही सर्वकाली घडत असलं तरी मध्ययुगीन इतिहासात त्याच्या प्रमाणात फरक पडलेला असावा. त्यामुळे प्राचीन आणि मध्ययुगीन भारतात स्त्रीचं संरक्षण करण्यामागची भूमिका फारच वेगळी होती. परिणामत: मध्ययुगीन काळात स्त्रीवरच्या बंधनांनी फार वेगळं रूप धारण केलं.

शिल्पकलेतील आणि चित्रकलेतील प्रतिबिंब

भारतीय शिल्पकलेत आणि चित्रकलेत याचं सरळ आणि स्पष्ट प्रतिबिंब दिसतं. प्राचीन बुद्ध - हिंदू - जैन शिल्पांमध्ये, अजंठ्याच्या चित्रांमध्ये उघड्या मानवाकृती मायंदळ आहेत. स्तन उघडे दाखवणं अजिबात गैर मानलं गेलेलं नाही. कपडे कमीत कमी दिसतात; आणि हाच नियम आहे, अपवाद क्वचित! याच काळातील गांधार, कुषाण या भारताच्या वायव्येच्या सीमा प्रांतांपासून थेट इजिप्तपर्यंतची शिल्पं आणि

चित्रं पाहिली तर त्यात कपडे बरेच जास्त दिसतात. कारण तिथल्या हवामानाला त्यांची गरजही होती. हवामानाबरोबरच कामाच्या प्रकारांप्रमाणेही कपडे बदलतात. कष्टाची कामं करणारी, खेळ खेळणारी अथवा नृत्य करणारी व्यक्ती कमी कपड्यांमध्ये असणं योग्य आहे. कारण या सगळ्या घाम आणणाऱ्या कृती आहेत. इजिप्तमधल्या चित्रात नृत्य करणाऱ्या युवती जवळजवळ नग्न दाखवल्या आहेत; तर शेजारीच वाद्य वाजवणारी स्त्री पूर्ण कपड्यांत! म्हणजे त्या काळी हवामान आणि शरीराच्या गरजा याप्रमाणे लोक कपडे वापरत असावेत.

या नियमाप्रमाणे, हिमालय वगळता भारतभर वर्षाचा बहुतेक काळ लोकांनी कमी वस्त्रं वापरणं योग्य आहे; आणि लोक तेच करत असावेत, असं शिल्पाकृतींवरून दिसतं. उघड्या शिल्पाकृतींमध्ये उच्च-नीच भेद नाही. राजे, सम्राट आणि त्यांच्या राण्या यांच्या शिल्पांमध्येसुद्धा फक्त कटिवस्त्रं दिसतात. हा शैलीचा भाग होता, की स्त्री पुरुष खरंच कटिवस्त्रांवरच वावरत होते? हा प्रश्न वादग्रस्त आहे. पण सातवाहनकालीन हे शिल्प पाहा. यात सातवाहन सम्राट

उच्चासनावर बसलेला आहे; पण उघडाच! आजूबाजूला राण्या आहेत, कदाचित दासी असतील. समोर नजराणा सादर करणारे काही परदेशी आहेत. त्यांचे कपडे वायव्येकडच्या म्हणजे 'यवन' शिल्पशैलीतल्या कपड्यांसारखे आहेत. म्हणजे ते तिकडचे असावेत. त्यांच्या अंगावरचे कपडे स्पष्ट दाखवले आहेत. त्यात त्या कपड्यांची शैलीसुद्धा व्यवस्थित कळते.

याचाच अर्थ असा, की कपडे न दाखवणं हीच शिल्पकारांची शैली होती, असं म्हणता येत नाही. भारतीय आणि परदेशी लोकांच्या कपड्यांमध्ये स्पष्ट फरक दाखवला आहे. याचा अर्थ त्या काळी प्रतिष्ठित भारतीयसुद्धा फक्त छोटंसं अधरीय वापरत असावेत आणि वर उघडेच! या शिल्पामध्ये उच्चकुलीन स्त्रीवर्गसुद्धा परदेशी लोकांसमोर वावरत आहे, पडद्यामागे वगैरे नाही. शिल्पांमध्ये तर बऱ्याचदा उत्तरीय दिसतच नाही. शिल्पांमधून आणि चित्रांमधून भारतीय आणि परदेशी व्यक्तींच्या कपड्यांमध्ये फरक दाखवणं अनेक ठिकाणच्या कलाकृतींमध्ये आहे; आणि सर्वत्र भारतीय स्त्री-पुरुषांचे कपडे परकीयांच्या तुलनेत खूपच कमी आहेत. कपड्यांच्या शैलीमध्येही स्पष्ट फरक आहेत.

भारतीय स्त्री-पुरुषांमध्ये फक्त अधरीय नेसून वावरण्याची पद्धत सर्रास होती, हे त्या वेळी भारतात आलेल्या परदेशी व्यक्तींच्या प्रवासवर्णनांमध्येही लिहिलं आहे. रशियन प्रवासी अफानासे निकितिन, अब्दुर रझ्झाक समरकंदी, 'बाबरनाम्या'मध्ये बाबर, निकोलो दे कोंटी हा इटालियन प्रवासी सगळे असं लिहितात, की हिंदुस्तानात कमी कपड्यांमध्ये वावरणं सर्वत्र रूढ होतं आणि त्यात कुठलीही कमीपणाची भावना नव्हती. अशी स्थिती पंधराव्या शतकापर्यंतही होती. प्रत्यक्षात तेराव्या शतकापासूनच त्यात हळूहळू बदल होत होते. मुघल काळात हे बदल खूप झपाट्यानं रुजल्याचं दिसतं. मुघल आणि समकालीन राजपूत चित्रांमध्ये अंगभर कपडे असणं, हा नियम झालेला दिसतो. इतकंच नव्हे; तर कपड्यांची शैलीसुद्धा बदलत जाते. मुघल कपड्यांचा प्रभाव वाढू लागतो. नेसूचं अधरीय-उत्तरीय जाऊन अंगाबरोबर शिवलेले कपडे दिसू लागतात.

कनिष्ठ जातींवर बंदी

मुघल आणि नंतर युरोपीय कपड्यांच्या प्रभावातून एक विलक्षण इतिहास दक्षिण भारतात घडला. या उष्ण प्रांतात कमी कपडे वापरणं अगदी योग्यच आहे आणि पंधराव्या शतकापर्यंत ते समाजमान्यही होतं. परंतु उत्तरेतला प्रभाव वाढत होता. दक्षिणेत परचक्राचा जोर तुलनेनं कमी असल्यामुळे उत्तरेतील बदल इथे थोडे सावकाश पोहोचले. पण, कपड्यांना प्रतिष्ठा येत चालली होती.

जेत्यांची संस्कृती जेव्हा जित समाज 'प्रतिष्ठित' म्हणून स्वीकारतो तेव्हा जितांमधल्या उच्च वर्गात हा बदल आधी होतो. इथे स्तन झाकणारे कपडे आधी उच्चवर्णीय स्त्रियांनी वापरायला सुरुवात केली. तो प्रतिष्ठेचा मुद्दा बनला. पुढे जेव्हा हे लोण सामान्य वर्गाकडे जाऊ लागलं तेव्हा ही आपल्या प्रतिष्ठेला बाधा आहे, असं उच्च वर्गाला वाटू लागलं. खरं तर ही उच्चता पोकळ होती. कारण सत्ता तर भलत्यांच्या हातात होती. या पोकळ प्रतिष्ठेला जपण्यासाठी कनिष्ठ जातींवर चोळी घालण्याची बंदी करण्यात आली. त्यावर कालांतराने त्या समाजाने बंड पुकारलं.

एकोणिसाव्या शतकाच्या सुरुवातीपासून मध्यापर्यंत हा संघर्ष सुरू होता. शेवटी, इंग्रज सरकारने कायदा करून हा चोळीचा अधिकार सर्व समाजांना असल्याचं घोषित केलं. यातून परत हाच संदेश पक्का केला गेला, की कितीही उकाडा असला तरी उघडं राहणं हा कमीपणा आहे, कपड्यांमध्येच प्रतिष्ठा आहे. जेवढे कपडे जास्त तेवढी प्रतिष्ठा जास्त; मग ती पोकळ का असेना! हा खरा घडलेला आणि नोंदला गेलेला इतिहास आहे. पण इतिहासाच्या पाठ्यपुस्तकात याचा कधी उल्लेख येत नाही. कारण तो नग्नतेविषयी आहे ना!

संपूर्ण भारताच्या इतिहासात ही गोष्ट स्पष्ट दिसते की, कपडे घालण्यातील प्रतिष्ठा, न घालण्यातील शरम, असुरक्षिततेची भावना, पाप असल्याची भावना या मुघल आणि युरोपीय आक्रमणांच्या देणग्या आहेत. त्यापूर्वीच्या भारतात नग्नता तर सोडा; शृंगार-शिल्पांनाही गैर मानलं गेलेलं नाही. खजुराहो यासाठी प्रसिद्ध आहेच; पण त्या काळच्या इतरही कित्येक मंदिरांवर अशी शिल्पं आहेत, आणि मंदिरांवर अशी शिल्पं असणं अयोग्य आहे वगैरे वाद झाल्याचाही कुठे उल्लेख नाही. कारण ही गोष्ट नैसर्गिक म्हणून सर्वमान्य होती. त्यात काही पाप वगैरे आहे अशी समजूत असती, तर इतक्या सगळ्या मंदिरांवर इतक्या राजरोसपणे नग्नता आणि स्त्री-पुरुष संबंध दाखवले गेले नसते.

अंग झाकण्याचा रिवाज इस्लामी संस्कृतीमध्ये

अंग झाकणं हा रिवाज इस्लामी संस्कृतीबरोबर आला. पण, इस्लामी संस्कृतीमध्ये तरी स्त्रियांच्या कपड्यांवर बंधनं का आली असावीत, याचाही एक धावता आढावा घ्यायला हवा. याला काही प्रमाणात हवामान आणि काही प्रमाणात राजकीय-सामाजिक अस्थिरता जबाबदार असलेली दिसते. एकतर या प्रांतात धूळ आणि वाळूची वादळे - 'आँधी'चं प्रमाण, अनिश्चितता आणि जोर असे आहेत, की पुरुषही पायघोळ कपडेच सुरक्षित मानतात. पण त्यात बुरखा येत नाही.

स्त्रियांनी बुरखा वापरण्यामागचं कारण कुरआनात स्पष्ट केलं आहे (कुरआन ३३, ५९). परमेश्वराचा पैगंबराला संदेश आहे, की तुझ्या आणि इतर भक्तांच्या स्त्रियांना आपल्या वस्त्रांमध्ये स्वतःला झाकून घेण्यास सांग, ज्यायोगे त्या अत्याचारापासून स्वतःला वाचवू शकतील. या काळात इथेही राजकीय अस्थिरता होती. पैगंबर चरित्रमध्ये ही गोष्ट दिसते. खुद्द पैगंबराला अनेकदा पळून जाऊन जीव वाचवावा लागला, त्याच्या अनुयायी स्त्री-पुरुषांवर अगणित अत्याचार झाले. या पार्श्वभूमीवरची ही गोष्ट आहे. म्हणजे स्त्रियांचं अत्याचारांपासून रक्षण करणं हाच बुरख्याचा मूळ हेतू आहे, हे स्पष्ट आहे. पुढे त्याला रूढी, धर्माज्ञा, न केल्यास पाप इत्यादी स्वरूप आलं असलं तरी त्याच्या मूळ हेतूचा धर्मग्रंथातील उल्लेख अगदी स्पष्ट आहे.

कपड्यांची अपरिहार्य दुबळी नैतिकता

राजकीय, सामाजिक अस्थिरता आणि असुरक्षितता यांचा परिणाम स्त्री-पुरुष संबंध मोठ्या प्रमाणावर बदलण्यात होतो. स्त्री ही मुलगी म्हणून असो वा पत्नी म्हणून, एक सांभाळण्याची, जोखमीची वस्तू होते. एकीकडे वंश चालवण्याच्या मूलभूत प्रेरणेसाठी स्त्रीची गरज तर आहे; पण तिला सांभाळणं आणि आक्रमक पुरुषांपासून दूर ठेवणं आपल्या जनुकीय फायद्यासाठी आवश्यक आहे. अशा परिस्थितीत नैतिकतेची जबाबदारी तिच्यावर टाकणं हा एक सामाजिक उपाय होता, आणि तो धर्माच्या कुबड्या घेऊन उभा राहिला. स्त्रीनं आपलं शरीरच काय; चेहरासुद्धा दाखवणं हे अनैतिक आहे, उच्छृंखल आहे, पाप आहे असं ठसवण्यात आलं.

अत्याचार टाळण्याचा 'स्त्रीचं अंग झाकणं' हा प्रभावी उपाय आहे का? तर, तसं चित्र दिसत नाही. अंग झाकूनही अत्याचार होतातच. खरा उपाय समाजातील सज्जन वर्गानं आणि स्वतः स्त्रीनं सबल, सशस्त्र आणि संघटित राहून प्रत्यक्ष प्रतिकार करणं, हा आहे. पण दुबळ्या आणि पराभूत समाजाला अशा विचारांचंही भय

वाटतं. त्यांच्याकडे या दुबळ्या उपायाखेरीज दुसरं काही नसतं. मग हा दुबळेपणा कबूल करण्याऐवजी त्याला धार्मिक-नैतिक पुटं चढवली जातात. हे ब्रेन वॉशिंग मग इतक्या प्रमाणात होतं, की निर्भय अवस्था ही विकृती वाटू लागते. अंगाचा कुठलाही भाग उघडा ठेवण्याची लाज हा या अस्थिर, दुबळ्या आणि पराभूत राजकीय संस्कृतीचा अपरिहार्य भाग असतो. जगाच्या पटलावर आपल्याला एक चित्र स्पष्ट दिसतं. समाजात युद्धखोरी, गुंडगिरी आणि सामान्यांचा दुबळेपणा जितका जास्त, तितकी स्त्रीवरील बंधनं जास्त. शांतताप्रिय आणि निर्भय समाजात स्त्री अधिक मोकळी असलेली दिसते.

मध्ययुगात स्त्री-शरीराचं दर्शन दुर्लभ झाल्यामुळे पुरुषांची दृष्टीही बदलली. जसं तहानलेल्याला मृगजळ दिसण्याची शक्यता जास्त असते, तसं नैसर्गिक स्त्रीदर्शन दुर्लभ झाल्यामुळे स्त्री-शरीराचा जो भाग दिसेल तो सेक्सी वाटू लागला. सेक्स अपील हे स्त्रीच्या शरीरात नसतं, तर तिच्याकडून येणाऱ्या संकेतांमध्ये असतं. प्राण्यांमध्ये मादी नेहमीच उघडी असते. पण म्हणून नर नेहमीच जुगायला जात नाहीत. मादीकडून ती जुगण्यासाठी तयार असल्याचा संदेश जातो तेव्हाच नराच्या मनात आकर्षण निर्माण होतं.

लैंगिक आमंत्रणाचा संदेश

मध्ययुगातल्या सामाजिक-सांस्कृतिक-मानसशास्त्रीय बदलांचा आणखी एक परिणाम झाला. शरीर झाकणं ही स्त्रीची नैतिक जबाबदारी ठरवल्यामुळे, शरीराचा एखादा भाग दाखवणं हा लैंगिक आमंत्रणाचा संदेश मानला जाऊ लागला. प्रत्यक्ष शरीर दिसलं म्हणून कामवासना जागृत झाल्या असं नसून, हा संकेत मिळाला म्हणून तसं घडू लागलं. वेगवेगळ्या समाजांत काय सेक्सी मानलं गेलं आहे त्याचे अलिखित नियम वेगवेगळे आहेत. याचं कारण हेच; स्त्री-शरीर सेक्सी नसतं तर त्यातून येणारा संदेश सेक्सी असतो. आणि कोणत्या गोष्टीला संदेश मानायचं याचे निकष वेगवेगळ्या समाजांत वेगवेगळे आहेत. कुठे चेहरा झाकावा लागतो; पण बेंबी दिसलेली चालते. कुठे स्तनांचा अर्धा भाग उघडाच असतो; पण पाय दाखवलेले चालत नाहीत. काही समाजांत पाठ अधिक सेक्सी समजली जाते, तर काहींमध्ये पोट! मग जी गोष्ट उघडी ठेवणं त्या समाजात चालत नाही, ती उघडी ठेवणं हा संदेश असतो.

स्त्रीच्या शरीरप्रदर्शनाचा वापर जाहिराती आणि चित्रपट यांमध्ये केला जातो. पण ते नुसतं अंगप्रदर्शन नसतं. मॉडेलिंगचं या लोकांनी एक शास्त्रच बनवलं आहे.

कसं उभं राहायचं, कसं चालायचं, हातांचं काय करायचं, केस कसे पाहिजेत, चेहऱ्यावर काय भाव असले पाहिजेत, याचं पद्धतशीर प्रशिक्षण घ्यावं लागतं. याचाच अर्थ, देहबोलीला महत्त्व आहे, नुसत्या देहप्रदर्शनाला नाही. देहबोलीमधून कोणते संदेश जातात, त्यावर पाहणाऱ्याची प्रतिक्रिया अवलंबून असते. इथे नग्नतेचा संबंध कमी, देहबोलीचा अधिक. काही प्रकारची देहबोली नग्नतेमुळे अधिक प्रभावी होते, एवढाच नग्नतेचा खरा संबंध. अनेक पाश्चात्त्य देशांत जिथे उन्हाळ्यात युवती सर्रास कमीत कमी कपड्यांत वावरतात, तिथे त्याचं काहीच वाटत नाही. कारण ते रोजचं सहज वावरणं असतं. त्यात काही वेगळी देहबोली नसते.

मर्ढेकरांवर १९४८मध्ये जो अश्लीलतेचा खटला भरण्यात आला, त्याच्या बचावात मर्ढेकरांचा मुख्य मुद्दा हा होता, की एखादी गोष्ट अश्लील आहे की नाही, हे तिच्यामागच्या संदर्भावर अवलंबून असतं. न्यायालयाने हा मुद्दा मान्य करून त्यांची निर्दोष मुक्तता केली. जर संदर्भ, हेतू आणि वावरात सहजता असेल तर नग्नतेला अश्लील मानण्याचं कारण नाही. पण ज्यांना नग्नतेच्या शरमेचं बाळकडू 'ओ' येईस्तोवर पाजलं गेलेलं असतं, त्यांना हा सहज वावर जमणंसुद्धा फार अवघड असतं.

नग्नतेचं भविष्य

थोडक्यात, अंगभर कपड्यांच्या आणि विशेषतः स्त्रीच्या अंगभर कपड्यांच्या आग्रहाचं मूळ राजकीय अस्थिरता, गुलामगिरी, जित समाजाचा दुबळेपणा, त्यातून येणारी असहायता, आणि त्यातल्या त्यात स्वतःचे जीवशास्त्रीय हितसंबंध जपण्याचा केलेला आटोकाट प्रयत्न अशा घटकांमध्ये आहे. पुरुषांचे अंगभर कपडे मुख्यतः जेत्यांच्या अनुकरणामुळे आले आणि स्त्रियांचे असुरक्षिततेच्या भावनेतून! दोन्ही गुलामगिरीचेच परिणाम. हे खरं असेल तर आपण तपासून पाहण्यासारखी दोन भाकितं करू शकतो. एक म्हणजे, जिथे परचक्रांचा इतिहास फारसा नाही तिथे कपड्यांवरची बंधनं कमी असली पाहिजेत. भारतात असं चित्र नक्कीच दिसतं. केरळसारखा प्रांत आणि काही दुर्गम आदिवासी प्रांत लूटमारीच्या युद्धांपासून तुलनेनं दूर राहिले. तिथे स्त्रीवेशात खरंच जास्त मोकळेपणा दिसतो. चोळी असते;

पण त्यावरून पदर नसतो. पोट उघडंच असतं, पाय मांड्यांपर्यंतच झाकलेले असतात. तरीही, याला उच्छृंखल मानलं जात नाही.

आपल्या थेअरीचं दुसरं भाकीत असं, की समाज स्थिर आणि सुरक्षित होऊ लागल्यावर कपड्यांवरची बंधनं आपोआपच शिथिल होण्याची प्रक्रिया सुरू झाली पाहिजे. आणि हेच आज घडताना दिसतही आहे. ज्या देशांमध्ये तुलनेनं शांती आणि सुरक्षितता आहे, त्या देशांमध्ये उन्हाळी कपडे अगदी कमी असलेले दिसतात. आपल्याकडे अजूनही सामाजिक सुरक्षितता पुरेशी नाही, हे खरं असलं तरी त्यात अनेक पातळ्यांवर झपाट्यानं बदल होत आहेत.

स्टीवन पिंकर हा लेखक-शास्त्रज्ञ आकडेवारी देऊन सांगतो, की जगात हिंसेचं आणि अत्याचारांचं प्रमाण सातत्यानं घटत आहे. दुसऱ्या महायुद्धानंतर जगभरच युद्धांचं प्रमाण खूपच कमी झालं आहे. गुंडगिरी-अत्याचार संपले नाहीत; पण कमी नक्कीच झाले आहेत. माध्यमं अत्याचाराच्या घटना ठळकपणे मांडतात. म्हणून हिंसा वाढत असल्याचा आभास होतो. प्रत्यक्षात वस्तुस्थिती तशी नाही. आकडेवारी दाखवते की, सर्व जगात आणि भारतातही दरडोई हिंसाचाराच्या आणि अत्याचाराच्या घटना हळूहळू कमी होत आहेत. लोकशाही आणि सामाजिक जाणिवा अधिक प्रखर असत्या तर त्या आणखी झपाट्यानं कमी झाल्या असत्या. पण आताचा प्रवासही रडतखडत का होईना; याच दिशेनं सुरू आहे.

हिंसा कमी होण्यामागे कारणं खूप आहेत. त्यात बदलती राजकीय-सामाजिक-शैक्षणिक कारणं आहेत. लोकशाही, न्यायव्यवस्था, माध्यमं निर्दोष नसली तरी काही सकारात्मक बदल नक्कीच घडवत आहेत. विज्ञान-तंत्रज्ञानही गुन्ह्यांना आळा घालण्यात हातभार लावत आहेत. ही बदलाची दिशा अशीच राहिली तर कपड्यांवरील बंधनं आणखीन गळत जातील. थंडीचे दिवस वगळता कमी कपडे वापरणं हे सुरक्षित आणि शांतताप्रेमी समाजाचं द्योतक आहे, म्हणूनच ते स्वागतार्ह आहे.

कधी काळी समाज गुंडगिरीमुक्त झाला तर त्यापुढच्या एक-दोन पिढ्यांमध्येच नग्नतेला अनैतिक मानणं बंद होईल. असा काळ प्रत्यक्षात येईल की नाही माहीत नाही; पण जर तरुण पिढी मागच्या पिढीच्या कपड्यांच्या बंधनांना हळूहळू सोडचिठ्ठी देऊ लागलेली दिसली तर ते समाजाच्या अधिक स्थिरतेकडच्या वाटचालीचं लक्षण असू शकेल.

१२.
प्रेम, मत्सर आणि मंडळी

एक लेखक होता. दररोज काहीतरी लिहायचा. सगळ्याच लेखकांचं होतं तसं कधी-कधी लिहिताना मधे अडल्यासारखं व्हायचं. लिहिण्याचा मूड यावा म्हणून थोडा वेळ लिहिणं वाजूला ठेवून तो गरमागरम कॉफी प्यायचा. तेवढ्या बदलानं त्याचा मूड परत ठीक व्हायचा, पुन्हा लिहायला सुरुवात. असं करताकरता, हळूहळू तो लिहायला बसायच्या आधी कॉफी पिऊनच बसू लागला. मग ती सवयच लागली. रोज कॉफी घ्यायची आणि मग लिहायला बसायचं.

आता मला सांगा, लिहिणं हे कॉफी घेण्यामागचं कारण आहे, की कॉफी हे लिहिण्यामागचं कारण आहे? समजा, एखादा मंगळावरचा बुद्धिमान जीव आला आणि त्यानं ही सवय पाहिली तर त्याला असं वाटेल, की कॉफी हे लिहिण्याचं कारण आहे. कार्यकारणभावाचं तत्त्वज्ञान असं सांगतं की, कारण हे कार्याच्या आधी आलं पाहिजे. लिहायच्या आधी कॉफी घेतली जाते म्हणजे कॉफी हे लिहिण्याचं कारण असलं पाहिजे. जो कुणी लिखाणाकडे आणि कॉफीच्या इतिहासाकडे आधीपासून पाहत असेल त्याला माहीत आहे, की लेखन आधी आलं, त्याला अनुकूल म्हणून कॉफी आली. पुढे ती इतकी सवयीची झाली, की आता कॉफीशिवाय लेखन शक्यच होत नाही.

नर-मादी ते स्त्री-पुरुष
नर-मादीकडून स्त्री-पुरुषापर्यंतच्या प्रवासाची कथा काहीशी अशीच आहे. सजीवांच्या उत्क्रांतीमध्ये 'प्रेम' म्हणण्यासारखं काही नव्हतं, तेव्हाही प्रजनन होतं.

त्याच्या आश्चर्यचकित करणाऱ्या नाना तऱ्हा होत्या. नंतर केव्हातरी प्रेम उत्क्रांत झालं. कुठल्या प्राण्यांमध्ये ते असतं हे ठरवणं कठीण आहे. माणसामध्ये असतं यात शंका नाही. पण, प्रेम असतं म्हणून सहजीवन... म्हणून विवाह... म्हणून संतती अशी ही कारणमीमांसा आहे; की संतती हे मूळ कारण त्यासाठी निरनिराळ्या जातींमध्ये ज्या नाना तऱ्हा उत्क्रांत झाल्या, कुणाला शिंग, कुणाला रंगीत पिसारे तसं काही जातींमध्ये प्रेम उत्क्रांत झालं असं म्हणायचं?

प्रेम म्हणजे काय?

या प्रश्नाचं उत्तर सोपं नाही. कारण, प्रेम म्हणजे काय हे आपल्याला समजतं, असं आपल्याला वाटत असलं तरी त्याची व्याख्या करायला बसणं हे फारच मोठं आव्हान आहे.

अनेक जातींचे मासे शेकडो किंवा हजारो मैलांचा प्रवास करून, आपल्या पिल्लांना वाढायला चांगली जागा मिळेल अशा ठिकाणी जाऊन अंडी घालतात. पिल्लांसाठी एवढे कष्ट घेणारे हे मासे आपल्या पिल्लांवर केवढं प्रेम करत असले पाहिजेत? प्रत्यक्षात असं दिसतं की, एकदा अंडी घालून झाली की ते त्याकडे ढुंकूनही पाहत नाहीत. आपल्या पिल्लांना ओळखतसुद्धा नाहीत, त्यांची मुळीच काळजी घेत नाहीत. किंबहुना, असं काही करण्यासाठी तिथे थांबतही नाहीत. मग आता यांचं आपल्या पिल्लांवर प्रेम असतं असं म्हणायचं की नाही?

सिंहिणी आपल्या पिल्लांच्या रक्षणासाठी स्वतःचा जीवही धोक्यात घालतात. जेव्हा नरांमध्ये प्राणघातक मारामाऱ्या होतात आणि एखादा नवीन नर टोळीचा दादा बनतो तेव्हा आधीच्या नरापासून झालेली छोटी पिल्लं तो मारून टाकतो. याला ती सिंहीण विरोध करतेही; पण अल्पावधीतच आपल्या पिल्लांना मारणाऱ्या नराशी जुगायला ती तयार होते. मग तिचं आपल्या पिल्लांवर खरं प्रेम होतं म्हणायचं, की नव्हतं?

गरुडांच्या माद्या बऱ्याचदा दोन अंडी घालतात. ही अंडी फुटण्याच्या वेळांमध्ये जास्त अंतर असेल तर दोन पिल्लांच्या आकारात खूप फरक असतो. अशा वेळी मोठं पिल्लू दादागिरी करून घरट्यावर आणलेलं अन्न स्वतःच खाऊन टाकतं, धाकट्याला ते मिळू देत नाही. कधी-कधी तर धाकट्याला टोचून-टोचून मारतंसुद्धा! पण त्याची आई त्याला वाचवण्याचा जराही प्रयत्न करत नाही.

त्यापुढे जाऊन अनेकदा शिकारी-प्राण्यांच्या माद्या एखादं पिल्लू जन्मतः दुबळं निघालं, त्याची वाढ होणं अवघड असेल तर त्याला चक्क खाऊन टाकतात.

त्यांच्यात प्रेम वगैरे नसतं का? नसेल तर त्याच आया दुसरीकडे पिल्लांना वाढवण्यासाठी अपार कष्टही घेतात, आपला जीव धोक्यातही घालतात, ते काय प्रेम नसेल म्हणून?

जनुकीय स्वार्थ महत्त्वाचा

प्राण्यांच्या अभ्यासकांनी बऱ्याचदा प्राण्यांच्या अभ्यासात प्रेम वगैरे शब्द आणण्याचं टाळलं आहे. ते फक्त त्यांच्या वागणुकीचं वर्णन करतात, त्यांच्या भावनांचं नाही. कारण त्या आपल्याला बघता येत नाहीत. पण त्यांच्यात भावना नसतात, असंही दाखवता येत नाही. फक्त माणसातच भावना असतील तर त्या एकदम कुठून आल्या? पिल्लांना पाजणं, मोठं करणं, खाऊ घालणं, प्रसंगी जीव धोक्यात घालून त्यांचं रक्षण करणं अशा गोष्टी माणसात आणि कित्येक प्राणिजातींमध्ये तशाच आहेत. तेव्हा, त्यामागच्या मानसिक प्रेरणाही कुठेतरी सारख्याच असल्या पाहिजेत.

पिल्लांशी वागताना त्यांच्यातही प्रेमभावना असली पाहिजे. पण कुठल्या जातीत कुठली वागणूक प्रजननाच्या यशासाठी चांगली, यात परिस्थितीप्रमाणे फरक असतो. त्याला अनुसरून प्रेमाची अभिव्यक्ती बदलते. दुबळ्या पिल्लाला मरू देणं किंवा स्वतःच खाऊन टाकणंही त्यांच्या प्रेमाला मान्य आहे. कारण जो जीव जगण्याची शक्यताच नव्हती त्याच्यासाठी आणखी कष्ट घेणं परवडण्यासारखं नसतं. म्हणजे प्रेम कधी, कसं, किती करायचं आणि ते कुठल्या कृतीतून व्यक्त करायचं, कशातून नाही हे जनुकीय स्वार्थाच्या हिशेबामधून उत्क्रांत झालं आहे. प्रेम जसं उत्क्रांत झालं, तशाच प्रेमाच्या मर्यादा आणि त्यातली लवचीकपणाही; आणि हे जसं प्राण्यांमध्ये तसंच माणसातही!

कारणमीमांसेचं मूळ कारण आणि निमित्त कारण असे दोन प्रकार आपण पहिल्या प्रकरणात पहिले. माणसात जनुकीय स्वार्थ हे मूळ कारण असलं तरी प्रेम

आणि इतर भावना हे निमित्तकारण आहे. या भावनांचे व्यवहार उत्क्रांत होतानाच जनुकीय स्वार्थ जपला जाईल अशा तऱ्हेने ते उत्क्रांत झाले आहेत. मात्र, आज आपण हा हिशेब करून कसं वागायचं हे ठरवत नाही. आपण आपल्या भावनांना अनुसरूनच वागतो. आपल्यापक्षी आपलं प्रेम, त्यातील उत्कटता, तीव्रता हे सगळं खरंच असतं. ते नाकारण्याचं काहीएक कारण नाही. आपल्या भावनांप्रमाणे वागणं हीच आपली नैसर्गिक वागणूक आहे. प्राणीही तसंच करतात आणि माणूसही!

मात्र, माणसामध्ये संस्कृतीच्या उत्क्रांतीबरोबर एक वेगळी गोष्ट झाली. ती प्राण्यांमध्ये झाली नाही. ती गोष्ट म्हणजे, आपण आपल्या नैसर्गिक भावनांभोवती काहीतरी दिव्यतेचं, पवित्रतेचं, अतिमानवी, दैवीपणाचं वलय निर्माण करून ठेवलं. त्यांना लौकिक, नैसर्गिक न मानता अलौकिक मानू लागलो. त्यामुळे आपल्याच भावनांकडून असलेल्या आपल्या अपेक्षा नैसर्गिक अपेक्षांच्या पलीकडे गेल्या. उदाहरणार्थ, 'प्रेम हे निरपेक्ष, निःस्वार्थीच असलं पाहिजे, सोशीकच असलं पाहिजे; नाहीतर ते प्रेम कसलं?', असं म्हणत राहिलो.

माणसाच्या प्रत्येक वागणुकीची आपण नीतिमत्तेच्या दृष्टिकोनातून चूक किंवा बरोबर अशी दोनच भागात कृत्रिम विभागणी करत राहिलो. एवढंच नव्हे; तर समाजाच्या एखाद्या घटकावर होत असलेल्या अन्यायाचं यातून समर्थन होत राहिलं. त्यामुळे त्यावर उपाय करण्याची गरज वाटेनाशी झाली.

आदर्शवादाच्या संघर्षाची प्रक्रिया
सामाजिक परिस्थितीप्रमाणे आपण आपले प्रेमाचे निकष बदलत राहिलो, त्यामुळे सामाजिक बदलाची कुठलीही प्रक्रिया वास्तववादी आणि नैसर्गिक न राहता आदर्शवादांमधल्या संघर्षांची प्रक्रिया होत गेली. माणसाच्या जीवशास्त्रीय, मानसशास्त्रीय आणि सांस्कृतिक उत्क्रांतीच्या अभ्यासाचा अपेक्षित परिणाम हा आहे, की आपण आपल्या भावनांकडे अधिक मोकळ्या वास्तववादी दृष्टिकोनातून पाहू शकू. त्यांच्यावरचं दैवीपणाचं आणि आदर्शवादाचं ओझं झुगारून देऊन मनावरचे कित्येक अनावश्यक ताण, त्यातून जन्माला येणारे मनोविकार कमी करू शकू.

अशा खुल्या भूमिकेतून पाहिल्यानंतर कशी दिसेल माणसामधील प्रेमभावना? ती एक जीवनावश्यक आणि जीवनाला सुंदर बनवणारी भावना दिसेल. त्यातील उत्कटता, ओढ, धुंदी हे सगळे अनुभव खरेच आहेत आणि खरेच राहतील. पण, माणसाच्या स्वभावातील फरक नैसर्गिक आहेत, प्रत्येकाच्या भावना वेगळ्या आहेत, हे आधीच गृहीत धरलं असलं तर नात्यांमधला डोळसपणा वाढेल.

'अमक्या नात्यात असंच वागणं अपेक्षित आहे', 'बायकोनं असंच करायचं असतं,' 'सुनेनं तसंच वागायचं असतं', 'हे नवऱ्याचंच कर्तव्य आहे, ते नवऱ्याचं नाहीच', असे स्टीरिओटाइप, अशी साचेबद्ध नाती न राहता व्यक्तीच्या स्वभावाप्रमाणे त्याला प्रत्येक वेळेस नवा आकार देता येणं शक्य होईल.

प्रेमाबरोबर अनेक अपेक्षा येतात; पण सगळ्याच पूर्ण होऊ शकत नाहीत. त्यात तडजोड करणं आवश्यक आहे, ही गोष्ट नैसर्गिक म्हणून स्वीकारता येईल. निरपेक्ष प्रेम अशक्य नसेल कदाचित; पण प्रत्येकाकडून ती अपेक्षा करण्याचा अट्टहास राहणार नाही. एकमेकांच्या अपेक्षांबद्दल खुलेपणानं बोलून नात्यांमध्ये स्पष्टता, समंजसता वाढवता येईल. दुसऱ्याला गृहीत धरण्यापेक्षा समजून घेणं महत्त्वाचं आहे हे आपोआपच मान्य केलं जाईल. अशा नात्यांमध्ये संघर्ष येणारच नाहीत असं मुळीच नाही. पण लादल्या गेलेल्या आदर्शवादातून संघर्ष अधिक तीव्र होत असतात. त्याऐवजी, वास्तववादी आणि व्यवहारवादी तर्कांना धरून राहिलं तर त्यातल्या त्यात चांगला तोडगा काढणं अधिक सोपं असतं. नव्या समंजस युगामधील प्रेम असं असण्याची अपेक्षा आहे. हा समंजसपणा मानवी भावनांचं मूळ समजल्यामुळे अधिक वाढेल अशी अपेक्षा आहे.

पण, उत्क्रांतीमधून सर्व प्रकारच्या गोष्टी येऊ शकतात. जशी एकजुटीनं काम करणारी मधमाश्यांसारखी समाजव्यवस्था निर्माण होते, तशी त्याच समाजात कामकरी असूनही चोरून अंडी घालणाऱ्या माश्या तयार होतात. जसं फुलाचं आणि कीटकाचं सहकार्य निर्माण होतं तसं मध चोरणारी लबाड फुलंही तयार होतात. फुलात शिरेपर्यंत 'आत मध नाही' हे समजायला काही मार्ग नसतो आणि 'इथे मध नाही' हे समजेपर्यंत परागकणाचं काम होऊनही गेलेलं असतं.

प्रेमाचा देखावा आणि फसवणूक

माणसाच्या सहजीवनासाठी आणि बालसंगोपनासाठी जसं प्रेम उत्क्रांत झालं तसं प्रेमाचा देखावा करून दुसऱ्याला फसवण्याची वृत्तीही निर्माण होणार, हे गृहीत धरलं पाहिजे. तेही अपरिहार्यपणे नैसर्गिक आहे. जोडीदार-निवडीमध्ये हा एक प्रकारचा खेळ खेळला जात असतो. दुसऱ्याचं प्रेम खरं आहे याच्या अनेकदा सूक्ष्म पातळीवर चाचण्या घेतल्या जात असतात.

आपलं प्रेम खरं असल्याचं दाखवण्याचाही प्रत्यक्ष-अप्रत्यक्ष प्रयत्न सतत होत असतो. हे करण्याचे अनेक छोटे-मोठे, वरवरचे आणि खोलवरचे, उघड आणि सूक्ष्म मार्ग प्रेमिकांच्या वागण्यात सतत दिसतात.

हे काही अंशी जीवशास्त्राच्या आणि काही अंशी संस्कृतीच्या उत्क्रांतीमधून आले आहेत. यात एकीकडे सचोटीही आहे आणि दुसरीकडे लबाडीही! हे दोन्ही वेगळं करणं सोपं नाही. त्यामुळे प्रेम करणाऱ्यांनी सावध, डोळस असणं आवश्यक आहे. पण इथेही प्रेमाभोवतीचं गूढ पावित्र्याचं वलय जेवढं मोठं तेवढी फसवणुकीची तीव्रता अधिक. प्रेमाचं नैसर्गिक स्वरूप आणि त्याच्या मर्यादा समजून घेतल्या, तर फसवणुकीची तीव्रता कमीच होईल.

जशी नैसर्गिक प्रेमभावना समजून घेण्याची गरज आहे तशा इतर भावनाही त्यांच्या नैसर्गिक रूपात नीट समजून घेतल्या, तर आपण त्यांच्या आहारी जाण्यापेक्षा त्यांचा आपल्याला योग्य वापर करून भावनिक जीवन अधिक समृद्ध बनवता येणं शक्य आहे. स्त्री-पुरुष संबंधातली अशी आणखी एक नैसर्गिक आणि महत्त्वाची भावना आहे मत्सर! कुठून आणि का आला हा मत्सर?

आपण हे अनेक वेळा पाहिलं आहे, की स्त्री आणि पुरुषातील फरक केवळ मूल स्त्रीच्या पोटात राहतं आणि आईचं दूध पितं एवढ्यापुरता मर्यादित नाही. मूलभूत फरकांपैकी सर्वात महत्त्वाचे दोन फरक आहेत.

एक म्हणजे, निसर्गतः एका अपत्यामागे स्त्रीची जेवढी गुंतवणूक असते तेवढी पुरुषाची असत नाही. परिणामतः स्त्रीला आयुष्यभरात किती अपत्यं होऊ शकतात, हे तिच्या स्वतःच्या मर्यादाच ठरवतात. जास्त नर मिळाल्यामुळे तिला जास्त पिल्लं होऊ शकत नाहीत.

याउलट, जास्त माद्या मिळाल्या तर नराला तेवढ्या प्रमाणात जास्त पिल्लं होऊ शकतात. त्यामुळे स्त्रीमधल्या मादीला जास्त नर नाही; पण जास्त चांगला नर मिळवण्याची जीवशास्त्रीय प्रेरणा असते. याउलट, पुरुषातल्या नराला जास्तीत जास्त माद्यांशी जुगण्याची जीवशास्त्रीय प्रेरणा असते. या प्रेरणा आपण पुसून टाकू शकत नाही. त्यांना कमीअधिक प्रमाणात आवर मात्र घालू शकतो.

त्याहून महत्त्वाचा दुसरा फरक म्हणजे, आपल्या पोटातलं मूल आपलंच असल्याची मादीला नेहमीच खात्री असते. नराला मात्र ही खात्री १०० टक्के देणं जीवशास्त्रीयदृष्ट्या फार अवघड. मग आपलं 'बापपण' सुरक्षित राखण्यासाठी त्याला इतर उपाय शोधावे लागतात. आपल्या स्त्रीला दुसऱ्या पुरुषांपासून लांब ठेवणं हा सर्वात प्रभावी उपाय. पुरुषामध्ये मत्सर याच कारणासाठी उत्क्रांत झाला आहे. ही जीवशास्त्रीय असुरक्षितता नसती तर लैंगिक मत्सर निर्माण होण्याचं काही कारणच नव्हतं.

... म्हणून माद्यांमध्ये प्रेरणा उत्क्रांत

मत्सराचं हे कारण स्त्रीला लागू होण्याचं काही कारण नाही. कारण आपल्या पुरुषाच्या दुसऱ्या स्त्रीशी आलेल्या संबंधामुळे तिचं मातृत्व धोक्यात आलं असं होत नाही. स्त्रीलाही मत्सर असतोच. त्याचं कारण वेगळं आहे. माणसाच्या जातीचं मूल इतर प्राण्यांच्या तुलनेत फार जास्त आणि फार काळ परावलंबी असतं. एकटी मादी त्याला वाढवू शकत नाही. नराकडून जीवशास्त्रीय नाही; तर साधनांची, संरक्षणाची तरी मदत मिळणं आवश्यक असतं. अशा परिस्थितीत त्यानं दुसरा घरोबा केला, तर ही मदत बंद व्हायची किंवा किमानपक्षी कमी होण्याची दाट

शक्यता. या कारणानं आपल्या नराला दुसऱ्या माद्यांपासून दूर ठेवण्याची प्रेरणा मादीमध्ये उत्क्रांत झाली आहे.

मत्सराच्या मूळ कारणांमध्ये फरक असल्यामुळे मत्सराच्या स्वरूपात फरक पडला तर त्यात नवल नाही. आपल्या पुरुषाचा दुसऱ्या स्त्रीशी लैंगिक संबंध आल्यानं स्त्री जितकी अस्वस्थ होईल, त्यापेक्षा त्याची दुसऱ्या स्त्रीमधील गुंतवणूक वाढल्यानं स्त्री जास्त अस्वस्थ होईल. याउलट, पुरुषाला आपली स्त्री दुसऱ्या पुरुषाबरोबर निव्वळ भावनिक पातळीवर जवळ आली तर तितका विषाद वाटणार नाही, जितका तिच्या लैंगिक संबंधामुळे वाटेल. अनेक अभ्यास आणि बहुतेकांचा अनुभव याला पुष्टीच देतो. हे झालं मत्सराचं मूळ नैसर्गिक रूप. यापुढे जाऊन आपले आदर्शवाद आणि नीती-अनीतीच्या कल्पनांनी मत्सराला आणखी गुंतागुंतीचं रूप दिलं आहे.

गुंतागुंतीतून नीतिनियम

पुरुष किंवा स्त्री एकाच व्यक्तीवर प्रेम करू शकते ही कल्पना प्रचलित नीतिकल्पनांचा आणि कविकल्पनांचा परिणाम आहे. निसर्गत: ही अपेक्षा सगळ्यांना लागू नाही. आई अनेक मुलांवर तितकंच उत्कट प्रेम करू शकते तर पुरुष अनेक स्त्रियांवर किंवा स्त्री अनेक पुरुषांवर का करू शकणार नाही? उत्क्रांतमानसशास्त्रानुसार, पुरुषाच्या आणि स्त्रीच्याही मनानं एका वेळी अनेकांवर प्रेम करणं शक्य आणि सहज आहे.

परंतु एक पार्टनर असताना दुसऱ्यावर प्रेम करणं हा गुन्हा आहे हे आपल्या आजच्या संस्कृतीनं ठरवलं आहे, उत्क्रांतीनं नाही. पण संस्कृती, नीती हेसुद्धा एक प्रकारे उत्क्रांतच होत असतात. त्यामागेही काही कारणं असतात.

प्रेगातील एकनिष्ठ आदर्श मानण्यामागेही काही प्रमाणात पुरुषाची जैवशास्त्रीय असुरक्षितता आहे, तर काही प्रमाणात सामाजिक, राजकीय, आर्थिक, कौटुंबिक घटक! उदाहरणार्थ, जिथे सतत युद्धं होती त्या समाजांमध्ये पुरुषांचा मृत्युदर स्त्रियांपेक्षा जास्त... मग एका पुरुषाला अनेक बायका करण्याची मुभा. अशासारख्या अनेक गुंतागुंतीच्या कारणांमधून नीतिनियम बनतात. ज्या कारणांनी ही गुंतागुंत निर्माण झाली, ती कारणं बदलली तर नीतिनियमही बदलायला पाहिजेत. पण श्रद्धा, परंपरांचा अभिमान, धर्मकल्पना अशा गोष्टींमुळे बदलाची प्रक्रिया अवघड होऊन बसते.

कालच्या पिढीनं अनेक कारणांसाठी एकनिष्ठा आदर्श मानली. पण, त्यामुळे प्रत्येक जण मनातून एकनिष्ठच होता असं नाही. प्रत्येकाचा स्वभाव आणि परिस्थिती सारखी असणारच नाही. मनाच्या प्रेरणा आणि समाजानं पाळलेली मूल्यं यातल्या संघर्षामधून अनेक समस्या आल्याही! पण त्या पिढीनं समाजाचा नैतिक चेहरा व्यक्तिगत संघर्षपिक्षा अधिक महत्त्वाचा मानला. उद्याची पिढी तशी मानेल असं नाही. ती कदाचित असं मानेल की, आपल्या विचारांनी, आपल्या स्वभावानुसार आणि कुणावरही सक्ती किंवा फसवणूक न करता अनेक संबंध ठेवले तर त्याला त्याज्य मानण्याचं कारण नाही. या विचारांनी काही भावनिक समस्या सुटतील, तर नवीन काही निर्माण होतील. सर्व काळी सर्वांसाठी आदर्श आणि समस्यारहित अशी कुठलीच व्यवस्था नाही. काय नैतिक, काय अनैतिक हे परिस्थितींनुरूप बदलत असतं.

भावनेची मॅनेजमेंट

उद्या समजा, अनेक संबंध ठेवणं हा समाजानं अपराध मानण्याचं बंद केलं तर ज्या नवीन समस्या उभ्या राहतील त्यांतील एक असेल मत्सराची मॅनेजमेंट! मला आजच्या तरुण पिढीमध्ये अशी जोडपी माहीत आहेत, ज्यांनी विचारपूर्वक एकमेकांना दुसरे संबंध असण्याची मुभा दिली आहे. परंतु त्यांचा अनुभव असा आहे की, प्रत्यक्षात तशी वेळ आली तर मत्सर आणि पझेसिव्हनेस (possessiveness) उफाळून येतोच. याचं कारण ती माणसाची उत्क्रांत जीवशास्त्रीय प्रेरणा आहे. या भावनेची मॅनेजमेंट शक्य आहे का? तर, हो!

पाच पांडव आणि द्रौपदीच्या उदाहरणात असं दिसतं की, पांडवांनी स्वतःला असे नियम घालून घेतले होते, की द्रौपदीपासून झालेलं मूल कुणाचं आहे, याचा संभ्रम राहणार नाही. पत्नी एकच असली, तरी कुठलं मूल कुठल्या पतीपासून झालेलं आहे याच्याबद्दल महाभारतात कुणाच्याही मनात गोंधळ असलेला दिसत नाही. पुरुषी असुरक्षितता विचारपूर्वक नाहीशी केल्यानंतर मत्सराचं काही कारण राहिलं असं पांडवांच्या उदाहरणात तरी दिसत नाही. पांडव खरे असोत वा काल्पनिक; किमान पुरुषाची असुरक्षितता गेली तर मत्सराचं कारण जातं, असा विचार महाभारतकार व्यासांना तर्कशुद्ध वाटत होता असं दिसतं.

ज्या परिस्थितीमध्ये हे दोन्ही मत्सर उत्क्रांत झाले, त्यापेक्षा खूप वेगळ्या परिस्थितीमध्ये आज आपण जगतो आहोत. आज मूल होणं ही प्रेमाची, विवाहाची आणि लैंगिक संबंधांची एकमेव किंवा मुख्य प्रेरणा राहिलेली नाही. एकत्र येणं, एकत्र राहणं, प्रेम करणं, लैंगिक संबंध असणं आजच्या मानवी जीवनात खूप वेगळ्या मितीमध्ये गेलं आहे. तिथे पुरुषाला आपली जीवशास्त्रीय असुरक्षितता प्रधान मानण्याची आवश्यकता राहिलेली नाही.

मूल कधी होऊ द्यायचं, कधी नाही हे आता आपण आपल्या मताप्रमाणे ठरवू शकतो. बरं, काही शंका राहिली तर डीएनए चाचणी करून घेता येते. त्यामुळे पुरुषाची असुरक्षितता हे मत्सरामागचं मूळ कारण आता जवळपास कालबाह्य झाल्यात जमा आहे. आजच्या समाजाची आर्थिक-सामाजिक व्यवस्था अशी आहे, की स्त्रीचं पुरुषावरचं अवलंबन उत्तरोत्तर कमी होत आहे. परिणामी, स्त्रीच्या मत्सराचं कारणही पहिल्यासारखं राहिलेलं नाही. मत्सराची मूळ कारणं नाहीशी झाली, म्हणजे खरं तर मत्सर नाहीसा व्हायला पाहिजे. पण तो तसा होणार नाही. कारण तो माणसाच्या जीवशास्त्रात खोलवर मुरलेला आहे. सुंभ जळला तरी पीळ जळलेला नाही. तो आपल्या विचारांपेक्षा आपल्या ताब्यात नसलेल्या अंतःप्रेरणांमधून येतो असं दिसतं.

माणसाच्या जातीचं वैशिष्ट्य असं, की आपल्या जीवशास्त्रीय प्रेरणांना पुसून टाकणं आपल्याला शक्य नसलं तरी विचारांनी त्यावर ताबा ठेवणं किंवा त्यांचा प्रवाह वळवणं शक्य आहे. मत्सराचं मूळ कारण नीट समजलं तर जिथे ते कारण

राहिलेलं नाही तिथे ही भावना अनाठायी आहे, असं समजून त्यावर मात करणं शक्य आहे. असं केल्यानं आपलं स्वातंत्र्य वाढून जगण्याच्या पद्धतीतला एकसुरीपणा आपल्यालाच कमी करता येणार आहे.

व्यक्तिवैविध्य उत्क्रांत झालं

उत्क्रांतमानसशास्त्र असं सांगतं की, एकनिष्ठा-अनेकाकर्षणाच्या मितीवर पुरुष आणि स्त्री दोघांमध्येही स्टीरियोटाइप नव्हे; तर व्यक्तिवैविध्य उत्क्रांत झालं आहे. काही व्यक्ती स्वभावतःच एकनिष्ठ असतात. काहींना अनेकविध आकर्षणं स्वभावतःच खुणावतात. सर्व माणसांना एकाच आदर्शाचा आग्रह धरणं एका पिढीत समाजमान्य होतं. आपल्या स्वभावाला धरून वागणं कदाचित पुढच्या पिढीत मान्य असेल. यातील एक गोष्ट बरोबर आणि दुसरी चूक असं म्हणता येत नाही. दोन्हीचे वेगळे गुणदोष आहेतच.

पण यांपैकी कुठल्याही व्यवस्थेचा आपण स्वीकार केला तरी आपल्या मूलभूत प्रेरणा काय, त्या तशा का घडल्या; समाजाच्या नीतिनियमांच्या कल्पना काय, त्या तशा का घडल्या; हे समजून घेण्यामुळे आपण स्वतःला अधिक चांगले समजून घेऊ शकतो. यानं आपलं निर्णयस्वातंत्र्य वाढतं. आपल्या भावनांच्या कह्यात न जाता भावनांच्या आणि विचारांच्या योग्य मिश्रणाचा आनंद घेतघेत जगणं शक्य होतं. उत्क्रांतमानसशास्त्राची ही देणगी स्वीकारून आपण आपलं जगणं अधिक समृद्ध करू शकतो. माणसाला समजून घेण्याच्या विज्ञानाची ही पुढच्या पिढीला फार मोठी देणगी असू शकेल.

१३.
स्त्री-पुरुष ते आई-बाबा

मुळात नर-मादी उत्क्रांत झाले, ते आई-बाबा होण्यासाठीच! जिवांची सगळी उत्क्रांती याच एका तत्त्वावर झाली आहे. ज्यांची पिल्लं अधिक जगली ते टिकले; नाही ते नामशेष झाले. आईपण आणि बापपण यांचा अर्थ सगळ्या जातींमध्ये सारखा नाही. दोघांनी मिळून पिल्लांची काळजी घेणाऱ्या जाती निवडकच; माणूस त्यातलाच एक! या जातींमध्ये पालकत्व खूप महत्त्वाचं!

पालक पिल्लांना जगवतात, संकटांपासून वाचवतात हा फक्त एक भाग झाला. दुसरा तितकाच महत्त्वाचा म्हणजे, ते पिल्लांना घडवतात. हे घडवणं अनेक जातींमध्ये महत्त्वाचं आहेच; पण मुलांना घडवण्याचं माणसाइतकं महत्त्व इतर कुठल्या जातीमध्ये नसेल. घडवण्याची, म्हणजे अधिक जीवनक्षम बनवण्याची प्रक्रिया आपल्या कल्पनेपेक्षा कितीतरी अधिक सुरस व चमत्कारिक पद्धतीनं होत असते, असं अलीकडचे अनेक अभ्यास दाखवतात. जगायला कोण अधिक सक्षम आहे याचं परिस्थितिनिरपेक्ष असं एकच एक उत्तर नसतं.

परिस्थितीप्रमाणे वेगवेगळ्या गुणधर्मांचा फायदा-तोटा बदलत असतो. कधी ताकद महत्त्वाची, तर कधी चपळाई; कधी चतुराई, तर कधी उपासमारीतही जगण्याचा चिवटपणा. ज्याच्याकडे यांपैकी एक असेल त्याच्याकडे दुसरं असेलच असं नाही.

पिल्लांची जडणघडण

आत्ता परिस्थिती काय आहे, पिल्लाच्या आयुष्यात त्याला कुठल्या परिस्थितीला तोंड द्यावं लागण्याची जास्त शक्यता आहे, त्यासाठी त्याला कुठल्या क्षमतांची गरज अधिक असू शकेल, त्याप्रमाणे त्याला घडवलं तर जास्त चांगलं. उदाहरणार्थ, पक्ष्यांच्या एका जातीमध्ये आजूबाजूचं वातावरण, तापमान, पाऊसमान कसं आहे हे आपल्या पालकांच्या गाण्यामधून अंड्यात वाढणाऱ्या पिल्लांपर्यंत पोहोचतं. मग त्या वातावरणाला अनुरूप अशी पिल्लांची जडणघडण होते, असं एक अभ्यास दाखवतो. हे केवळ अद्भुत वाटतं. पण पुरावा दिल्याशिवाय अभ्यासकांनी असा दावा केलेला नाही.

सस्तन प्राण्यांमध्ये पोटात असताना आईकडून पिल्लांना अनेक प्रकारचे रासायनिक संदेश जातच असतात आणि त्यांचा होणारा परिणाम पिल्लांच्या आयुष्यात जन्मभरसुद्धा टिकतो, असं दाखवणारे अनेक प्रयोग आता प्रसिद्ध झाले आहेत. उदाहरणार्थ, आईला शिकारी-प्राण्यांचं भय अधिक असेल तर पिल्लं जास्त सावध स्वभावाची निपजतात. या सगळ्याला माणूसही अपवाद नाही. गर्भारपणातील आईच्या आहाराचा गर्भावर परिणाम होतो, हे तर सर्वमान्य आहेच. पण आईच्या सामाजिक परिसराचा आणि तिच्या वागणुकीचा परिणामही तिच्या संप्रेरकांच्या माध्यमातून गर्भावर या ना त्या स्वरूपात होताना दिसतो. ही यंत्रणा माणसासह अनेक प्राण्यांमध्ये उत्क्रांत झाली आहे.

हे कसं होतं याच्या अनेक शक्यता, अनेक मार्ग आहेत. आईकडे गर्भाला देण्याजोगं पुरेसं पोषण नसेल तर गर्भाची वाढ खुंटते, ही अपेक्षित गोष्ट आहे. पण हे गणित इतकं साधं नाही. जेव्हा गर्भाला पोषण कमी पडतं तेव्हा त्याची वाढ सगळ्याच बाजूनं सारखी खुंटत नाही. मेंदूची वाढ यातून शक्यतो वाचते. म्हणजे मूल अंगानं छोटं जन्माला येतं; पण त्याचा मेंदू जवळजवळ चारचौघांइतकाच विकसित असतो. त्यामुळे जन्माला आल्यानंतर हे पिल्लू तुलनेनं दुबळं राहिलं, तरी त्याची समज आणि बौद्धिक क्षमतासुद्धा अविकसित असेल असं नाही.

इतकंच नव्हे, तर माकडांच्या काही जातींमध्ये अंगानं दुबळं असलेलं पिल्लू जास्त चतुराई दाखवतं, असाही पुरावा आहे. ही माकडं शारीरिक दुर्बलता अंशतः तरी बौद्धिक चातुर्यानं भरून काढतात. हे कदाचित माणसातही बऱ्याच प्रमाणात खरं असू शकेल. म्हणजे वाढीची कमतरता असेल, तरी ती त्यातल्या त्यात लाभदायक कशी होईल, याची व्यवस्था अत्यंत योजनाबद्धतेनं केली जाते; आणि

यात आईकडून जाणारे रासायनिक संदेश महत्त्वाचे असतात. ही कमाल अर्थातच उत्क्रांतीमधून निर्माण झालेली आहे. आपण असं काही करतो आहोत हे आईला अजिबात माहीत नसतं. कारण या कुठल्याच गोष्टी विचारपूर्वक होत नाहीत, तर उत्क्रांत झालेल्या यंत्रणांकडून आपसूक होतात.

बाळाच्या विकासात आलेल्या निरनिराळ्या छोट्यामोठ्या अडथळ्यांवर मात करून त्याला त्यातल्या त्यात अधिक सक्षम कसं बनवायचं, याच्या निरनिराळ्या क्लृप्त्या उत्क्रांत झालेल्या आहेत. विज्ञानाला त्या सगळ्या अजून समजलेल्याही नाहीत. सूक्ष्म विकासाची ही प्रक्रिया जन्मानंतरही सुरू राहते. जन्मानंतर त्यात आईखेरीज बापाचा आणि इतरांचा वाटा वाढतो.

मुलाला लहानपणी कशी वागणूक मिळते, त्याप्रमाणे त्याचा स्वभाव बऱ्याच प्रमाणात घडत असतो. आणि आपली परिस्थिती कशी आहे, त्याप्रमाणे मूल मोठेपणी कोणत्या परिस्थितीत जगण्याची शक्यता आहे, आणि त्या परिस्थितीत त्याला कशा प्रकारचा स्वभाव उपयोगी पडेल, तो स्वभाव घडवण्यासाठी त्याला लहानपणी जशी वागणूक दिली पाहिजे तशीच वागणूक बहुतेक आईबाप देत असतात. परंतु या गोष्टी विचारपूर्वक घडत नाहीत, तर उत्क्रांत प्रेरणांमधून घडतात. आपण असं का करतो आहोत, ते पालकांना कळत नसतं; पण बऱ्याचदा त्यांच्या उत्क्रांत अंतःप्रेरणा त्यांच्याकडून प्राप्त परिस्थितीत योग्य ते घडवून आणत असतात.

धाकानं मुलं सोशीक बनतात

लहानपणी मुलाला सक्तीनं आणि धाकानं सर्व गोष्टी करायला लावल्या तर मोठेपणी ती व्यक्ती सोशीक होण्याची शक्यता वाढते; पण त्याचबरोबर ते स्वतंत्र विचारांचं होण्याची संभाव्यता कमी होते. आईबाप मजूर, कामगार असतील तर त्यांची मुलं मोठेपणीही तसंच जीवन जगण्याची शक्यता अधिक! मग त्या मुलाला स्वतंत्र विचारांचा बनवून फायदा होण्याऐवजी संघर्ष वाढून तोटाच व्हायचा. त्यापेक्षा गरीब-बिचारा होऊन जगला तर किमान जिवंत राहील, आणि त्याला मुलं तरी होतील. जनुकीय स्वार्थासाठी हेच जास्त चांगलं! त्यामुळे जे पालक आपल्या मुलाचं भवितव्य एवढंच पाहतात, ती त्याला स्वतंत्र विचारांचा बनवण्याऐवजी सोशीक, आज्ञाधारक बनवण्याचा प्रयत्न करतात.

मुलाचं भवितव्य काही वेगळं होऊ शकेल अशी संभाव्यता पुरेशी असेल तर पालकांचं वागणं लगेचच बदलतं. ते अशिक्षित असले तरी त्यांना नेणीवमनात हे संभाव्यतेचं गणित खूप चांगलं मांडता येतं. ज्या पालकांना मुलानं अधिक

स्वतंत्र, सर्जनशील झालं तर अधिक यश मिळेल असं वाटतं, त्याचं संगोपन त्याला अनुरूप असं होऊ लागतं. ते कसं करायचं हे बाहेरच्या कुणी समजावून देण्याची आवश्यकता नसते.

आदर्श पालकत्वाची अशी काहीएक व्याख्या नसून परिस्थितीप्रमाणे आदर्श बदलतो, आणि याची नकळत जाण बहुतेक पालकांना असलेली दिसते. आज समाज झपाट्यानं बदलतो आहे, त्यानुसार पालकत्वही बदलत आहे; पण ते समाजाच्या वेगवेगळ्या थरांत आणि वेगवेगळ्या विचारप्रवाहांत वेगवेगळ्या प्रकारे! मी अनेक ठिकाणी, अनेक प्रकारच्या शाळा-महाविद्यालयांमधून मुलांना शिकवलं आहे किंवा त्यांच्याशी संवाद साधला आहे. काही ठिकाणची मुलं पटकन बोलती होतात आणि प्रश्न विचारू लागतात, तर काही ठिकाणी अजिबातच बोलत नाहीत. त्यांच्या सरासरी बुद्धिमत्तेमध्ये फरक असत नाही; पण स्वभावात असतो. कारण त्यांची जडणघडण वेगळ्या प्रकारे झालेली असते. त्याप्रमाणे त्यांचे प्रतिसाद बदलतात, शिकण्याची गती, काय शिकायचं त्याची आवड बदलते.

मुलांचासुद्धा यात लहानपणापासूनच पुढाकार असतो. लहानपणी मुलं खूप प्रश्न विचारतात, ती का? याचं मला बराच काळ खूप नवल वाटत होतं. कारण बऱ्याचदा प्रश्नाचं उत्तर ऐकून घेण्याआधीच त्यांना पुढचा प्रश्न विचारण्याची घाई असते. मिळालेलं उत्तर समाधानकारक आहे की नाही, यात ते पडतीलच असं नाही. उत्तरं मिळण्यापेक्षा प्रश्न विचारण्याला जास्त महत्त्व असावं, असं त्यांचं वागणं पाहून वाटतं. उत्तर काय आहे यापेक्षा आपल्या प्रश्नाला प्रतिसाद कसा मिळतो याचा ते अंदाज घेत असतात असं दिसतं. या अंदाजावरून आपला सामाजिक परिसर कसा असणार आहे आणि त्याला अनुरूप आपला स्वभाव कसा असला पाहिजे याची ते चाचपणी करत असतात. अर्थात, हेसुद्धा जाणिवेच्या पातळीवर नाही.

चौकस, शोधक, स्वतंत्र घडणार, की ...

मुलांच्या घडणीत त्यांनी विचारलेल्या प्रश्नांना कसा प्रतिसाद मिळाला ते जास्त महत्त्वाचं असतं. दिलेलं उत्तर बरोबर होतं की नाही, यापेक्षा त्याच्या प्रश्नाचा आदर केला जातो, की त्याकडे तुच्छतापूर्वक पाहिलं जातं; उत्तर देण्याचा प्रयत्न केला जातो, की त्याला वेड्यात काढलं जातं; ते जास्त महत्त्वाचं असतं. त्यावरून त्याचं व्यक्तिमत्त्व अधिक चौकस - शोधक - स्वतंत्र घडणार, की अधिक धोपट मार्गानं जाणारं; चारचौघं जे करतात, त्याचं अनुकरण करणारं होणार, यावर परिणाम होत असतो. हे एक फक्त उदाहरण झालं. यासारख्या अनेक मार्गांनी स्वभावाची

जडणघडण होत असते. स्वभावातल्या अनेक खाचाखोचा मुलाच्या लहानपणीच्या वागण्याला आधी पालकांकडून आणि नंतर इतरांकडून मिळणाऱ्या प्रतिसादावर अवलंबून असतात.

अनेक प्रकारांनी मोठेपणीच्या संभाव्य परिस्थितीला अनुरूप स्वभाव घडवता येणं ही उत्क्रांतीनं माणसाला दिलेली एक अद्भुत देणगी आहे. या घडणीमध्ये पालकत्वाचा वाटा मोठा असतो आणि ते कळत-नकळत कुठेतरी त्याप्रमाणे वागत असतात. विचारपूर्वक घेतलेल्या निर्णयापेक्षा माणसाच्या उत्क्रांत प्रेरणांचा यात अधिक हात असावा, असं वाटतं. त्यामुळेच जसा समाज बदलतो तशा पालकत्वाच्या आणि संगोपनाच्या कल्पना बदलतात, आणि एकाच वेळी समाजाच्या वेगवेगळ्या थरांतही त्या वेगवेगळ्या असतात. हे सगळे बदल माणसं जाणीवपूर्वक नाही, तर सहजच करत असतात.

माणूस मूलभूत प्रेरणांनी चालतो या विचाराला आव्हान देणाऱ्या गोष्टीही घडत आहेत. आधुनिक समाजात एक-दोन मुलंच असावीत, ही सुजाणतेची खूण समजली जात आहे. इतकंच नव्हे; तर 'मूल नको' असं म्हणणाऱ्या जोडप्यांची संख्या वाढते आहे. हे उत्क्रांतीच्या, माणसाच्या मूलभूत प्रेरणेच्या विरुद्ध नाही का? तर, ते तसं आहेही आणि नाहीही. उत्क्रांतीमध्येच दोन प्रकारची धोरणं असतात. एक म्हणजे, भरपूर मुलं होऊ देणं; पण त्यांच्याकडे लक्ष द्यायला फुरसत नसणं. होतानाच भरपूर झाली तर काही ना काही जगतीलच. याला आपण 'बहु, पण दुर्लक्षित (बदु) धोरण' म्हणू. याउलट धोरण म्हणजे, 'अल्प, पण सुलक्षित (असु)'. थोडीच मुलं जन्माला घालणं; पण त्यांची भरपूर काळजी घेऊन त्यांना अधिकाधिक सक्षम करणं.

स्पर्धेत सक्षमच टिकतील

पिल्लांना बाहेर शत्रू फार असतील, आणि त्यांच्यावर मात करण्याइतकी क्षमता पिल्लांना देता येत नसेल, तर हे दुसरं धोरण काम करत नाही. असु धोरण राबवायला तुम्हांला भविष्याची खात्री देता येण्याइतका सुरक्षित परिसर हवा. असुरक्षितता असेल तर जास्त मुलं होणंच चांगलं. याउलट, बाहेरच्या असुरक्षिततेपेक्षा त्यांच्यातील स्पर्धा जास्त महत्त्वाची ठरत असेल, तर बदुपेक्षा असु धोरण जास्त

चांगलं. कारण अटीतटीच्या स्पर्धेमध्ये फक्त सक्षम पिल्लंच टिकतील. तिथे संख्या महत्त्वाची नाही, तर सक्षमता महत्त्वाची. म्हणजे काही प्रकारच्या परिस्थितींमध्ये बदु आणि काहींमध्ये असु धोरण यशस्वी होतं. माणसामध्ये ही दोन्ही धोरणं आणि त्याच्यातल्या छटाही दिसतात.

अनेक प्राणी आणि वनस्पती हा धोरणात्मक निर्णय आपल्या उत्क्रांत प्रेरणेनुरूप घेतात. काही जाती जास्तकरून असु आणि काही बदु धोरणांच्या असल्या, तरी एकाच जातीत परिस्थितीनुसार या धोरणात सूक्ष्म बदल करण्याची क्षमताही अनेक जातींमध्ये असते. माणूस हा त्यांपैकी एक. ज्या समाजाचं जिणं जास्त असुरक्षित, त्याच्यात मुलांची संख्या बक्कळ! हे जाणीवपूर्वक घडत नसून उत्क्रांत प्रेरणांनी घडत असण्याची शक्यता जास्त दिसते.

'मूलच नको' ही भावना उत्क्रांतीविरोधी नाही

मुलांची संख्या कमी असणं हे सगळ्याच परिस्थितीत उत्क्रांतीच्या विरोधी नाही. विशिष्ट परिस्थितीत हा पर्याय जास्त चांगला ठरू शकतो म्हणून तसं करणंही नैसर्गिक आहे. पण 'मूलच नको' असंही कुणी कसं म्हणू शकतं? वरवर पाहता हे उत्क्रांतितत्त्वाच्या विरुद्ध आहे. पण तसं ते खरंच आहे का? प्रजनन ही उत्क्रांतीमागची मूळ प्रक्रिया ही गोष्ट खरी; पण प्रेरणा किंवा मनातला हेतू प्रजननाचाच असला पाहिजे असं नाही. प्रेरणा फक्त एकत्र येण्याची, समागमाची असली, प्रत्यक्ष प्रजननाची नसली तरी समागमानंतर ते होणारच, हा निसर्गनियम! त्याचा परिपाक म्हणून मूल जन्माला येतं. त्यामुळे पालकत्वाच्या प्रेरणेनं संभोग होत नाहीत; तर संभोग घडतो म्हणून पालक 'जन्माला' येतात.

माणसातील सेक्सची प्रेरणा मुलं व्हायला पुरेशी आहे. मूल होणं ही प्राथमिक प्रेरणा म्हणून उत्क्रांत होण्याची आवश्यकता नाही. प्राण्यांच्या सगळ्या जातींमध्ये वात्सल्य ही मूलभूत प्रेरणा असतही नाही. माणसात ती आहे यात शंका नाही. वात्सल्य प्रत्यक्ष मूल झाल्यानंतर जागं झालं तरी चालेल. सेक्सची प्रेरणा ताजी असली की झालं! पण आता ही परिस्थिती बदलली आहे. सेक्सची उपजत भावना तशीच राहिली, तरीही त्याचे परिणाम होऊ द्यायचे की नाही, हा चॉइस माणसाला उपलब्ध आहे.

संभोगासारखीच वात्सल्याची प्रेरणाही काही प्रमाणात मूलभूत असली तरी दोन्हींमध्ये गुणात्मक आणि परिमाणात्मक फरक आहेत. 'मूल नको' असा निर्णय घेणं 'सेक्स नको' या निर्णयाच्या तुलनेत अधिक सोपा आहे. त्यामुळे आज अधिकाधिक जोडपी 'मूल नको' असा निर्णय घेत असली, आणि ते वरकरणी उत्क्रांत प्रेरणांच्या पूर्णपणे विरुद्ध वाटत असलं, तरी व्यवहारतः ते तसं नाही. कारण सेक्स ही प्रेरणा माणसात अधिक खोलवरची आहे, मूल होण्याची इच्छा ही नाही. समजा, सेक्सशिवाय मूल होण्याचं तंत्रज्ञान उपलब्ध करून दिलं, तर 'आता सेक्स सोडून देऊ या' असं किती जोडपी म्हणतील? याउलट, सेक्स-जीवन सुखाचं असेल तर मूल नसलं तरी चालेल असं म्हणणारे अधिक निघतील.

दुसरीकडे माणसाचा निर्णय त्याच्या मूलभूत जीवशास्त्रीय प्रेरणांनी तर घडतोच; पण प्रेरणेप्रमाणे वागण्याची एक आर्थिक-सामाजिक किंमतही चुकवावी लागत असते. या दोन्हींची तुलना करून माणूस शेवटी निर्णय घेत असतो. आज मूल वाढवणं अधिकाधिक खर्चिक होत आहे. हा खर्च नुसता पैशातला नाही; आईबाप दोघांनाही मर्यादित वेळच देता येतो, करिअरशी जास्त तडजोड करणं परवडण्यासारखं नसतं. याउलट, सेक्सची प्रेरणा या बाबतीत फार महागडी नसते. त्यामुळे ती सोडली जात नाही; पण मूल होण्याची प्रेरणा बाजूला ठेवली जाते.

अनेकांना हवं असूनही मूल होत नाही ही वेगळी समस्या आहे. वंध्यत्वाची कारणं अनेक आहेत. त्यांपैकी काही कारणं आजच्या अनारोग्यकारक शहरी जीवनाशी निगडित असून त्यांचं प्रमाण वाढत आहे. आता यावरही अनेक उपाय असून त्यांचा वापर करण्याचं प्रमाणही वाढत आहे. यातून उद्भवणाऱ्या काही समस्यांमध्ये आपल्या उत्क्रांत प्रेरणा आणि आजची परिस्थिती यातला संघर्ष स्पष्टपणे जाणवतो.

दत्तक... सरोगेट माता...

दत्तक घेण्यामध्ये आपला जनुकीय संबंध नसलेलं मूल वाढवलं जातं. सरोगेट मातांच्या भावना आणखीन गुंतागुंतीच्या; पण या आपण स्वीकारतो आहोत. याचा अर्थ आपल्या मूळ प्रेरणा बाजूला सारून वागण्याची माणसाची क्षमता नक्कीच आहे. अनेक कारणांनी ते उपयुक्त आणि काही लोकांसाठी अपरिहार्यही ठरत आहे. त्यामुळे

प्रत्येकानं उत्क्रांत प्रेरणांप्रमाणे वागलंच पाहिजे असं नाही. आपण समजूनउमजून त्याविरुद्ध जाण्याचा निर्णय घेऊ शकतो. त्यासाठी या प्रेरणा काय आहेत हे समजून घेऊन त्यांना नीट हाताळणं हा खरा उपाय, त्या प्रेरणा नाकारणं हा नाही.

खरं तर हे आपल्याला पूर्वापार समजत आलेलं आहे. मूळ प्रेरणांच्या विरुद्ध वागण्याची वेळ येते तेव्हा आपण त्या वागणुकीला वेगळा आधार द्यायचा प्रयत्न करतो. उदाहरणार्थ, माकडांमध्ये सामाजिक उतरंड खूप लवकर म्हणजे पिल्लं खेळू लागतात तेव्हापासूनच तयार होऊ लागते, तीसुद्धा शून्यातून निघत नाही. आईचं समाजातील स्थान पिल्लाला त्याचं पहिलं स्थान मिळवून देतं. माणसाच्या पिल्लांमध्येसुद्धा एकत्र खेळू लागल्या-लागल्या ही उतरंड दिसू लागतेच. पण आज ती मुख्यत: आईवरून ठरत नाही.

शेतीच्या सुरुवातीनंतर अनेक बदल घडले. घराणी आणि त्यांची मालमत्ता यांना महत्त्व आलं. आता वाढत असलेल्या मुलाचं सामाजिक स्थान त्याच्या घराण्याची मालमत्ता कमीअधिक प्रमाणात ठरवू लागली. मालमत्ता दाखवायची कशी, यासाठी अनेक उपाय शोधावे लागले. घराण्याचं नाव अथवा आडनाव असणं हा त्यांतला एक महत्त्वाचा उपाय. मालमत्तेला महत्त्व देणाऱ्या समाजात आडनावाचं महत्त्व जास्त असतं. कारण जीवशास्त्रात नसलेला एक लेप आता मुद्दाम चढवून स्थिर करायचा असतो. जे स्वभावातच आहे, त्याला लिखित स्वरूप द्यायची गरज नसते; पण ज्याबद्दल अनिश्चितता आहे त्यावर सामाजिक शिक्कामोर्तब गरजेचं वाटतं.

घराण्याचं नाव हा नैसर्गिक नसलेला घटक आज आपण इतक्या मोठ्या प्रमाणावर स्वीकारला आहे, की ती नैसर्गिक प्रेरणाच वाटावी. नैसर्गिक नसल्याकारणानं आडनावाचं महत्त्व मुलांच्या मनावर कायम ठसवत जावं लागतं. पण याचे मार्गही आपण इतके अंगी मुरवले आहेत, की त्यात आपल्याला वेगळं काही करतोय असंही वाटत नाही. हा घराण्याचा आणि आडनावाचा अभिमान पालकत्वाचं स्वरूपही बदलतो. कारण मूल मोठेपणी कोण होणार याचं थोडंफार भाकीत त्यावरून करता येतं; पारंपरिक भारतीय समाजात तर खूपच!

वारसाहक्क पितापुत्र परंपरेनं का चालतात, याची कारणं आपण मागच्या एका प्रकरणात पाहिली. त्या परिस्थितीत बापाचं आडनाव लावणं ही प्रथा साहजिक आहे. आज परत परिस्थिती बदलते आहे. एखाद्याच्या करिअरमधलं घराण्याचं महत्त्व कमी होऊन स्वतःच्या कर्तृत्वाचं वाढतं आहे. अशा परिस्थितीत बापाचं आडनाव लावण्याची प्रथा कमी होऊ लागली तर नवल नाही. ज्या समाजघटकांमध्ये आडनाव लावण्याची प्रथा बदलते आहे, त्यांमध्ये पालकत्वाच्या कल्पनाही बदलत आहेत, हा काही योगायोग नाही. कारण बदलाच्या प्रक्रियेत अनेक संकल्पना एकमेकांत गुंतलेल्या असतात.

त्यामुळे कामाची विभागणी

मुळात पालकत्वात गर्भाला पोटात वाढवणं आणि अंगावर पाजणं ही आईची कामं दुसरं कुणीच करू शकत नाही. बाकी सर्व बाबतींत लवचीकपणा आहे. परंतु मूल अंगावर पाजण्याचा काळ निसर्गतः बराच मोठा असतो. आदिवासी आणि भटक्या समाजांमध्ये अजूनही तो दोन ते तीन वर्षांचा असतो. काही समाजांमध्ये पाच-सहा वर्षांपर्यंत मूल अंगावर पाजलं जात असल्याचं नोंदलं गेलं आहे.

पहिलं मूल स्वतंत्र होण्याच्या सुमारास दुसरं होणं नैसर्गिक आहे. त्यामुळे स्त्री कुठलं काम करू शकते, कुठलं नाही यावर हे सर्वांत मोठं आणि नैसर्गिक असं बंधन आहे. मूल रडलं तर पाजायला घ्यावं लागतं, त्यामुळे जी कामं मधेच थांबवून चालतं ती कामं स्त्रीची; जी कामं एकदा घेतली की पूर्ण करूनच थांबणं शक्य असतं ती पुरुषाची, हे कामाच्या विभागणीचं नैसर्गिक स्वरूप!

स्त्रीच्या ‘सुरक्षिततेच्या’ कल्पना बदलल्या

शक्तीची कामं पुरुषांची, नाजुकपणाची स्त्रीची; किंवा बाहेरची कामं पुरुषाची, घरातली स्त्रीची अशी नैसर्गिक विभागणी नाही. अशी विभागणी का आली याची कारणं माणसाच्या जीवशास्त्रात नाही, तर इतिहासात सापडतात. शिकारी समाजांमध्ये स्त्रिया छोट्यामोठ्या गटांनी अन्न गोळा करायला बाहेर पडत होत्याच आणि आज अजून असं जीवन जगणाऱ्या समाजांमध्ये पडतातच. मोठ्या प्राण्यांच्या शिकारीत स्त्रियांचा सहभाग कमी; पण एकूण अन्न गोळा करण्यासाठी बाहेर पडणं दोघांचंही तितकंच महत्त्वाचं!

युद्धं आणि सत्ताप्रधान संस्कृती आल्यानंतर स्त्रीच्या ‘सुरक्षिततेच्या’ कल्पना बदलल्या. असुरक्षित समाजांमध्ये स्त्रीनं घराबाहेर पडू नये अशी प्रथा निर्माण झाली.

घरातलं काम स्त्रीचं, बाहेरचं पुरुषाचं असं होणं अपरिहार्य झालं. ही विभागणी युद्धसंस्कृतीची देणगी आहे, ती नैसर्गिक नाही. नैसर्गिक घटक असलाच तर तो पुरुषाची जीवशास्त्रीय असुरक्षितता हा आहे; नाहीतर मूल सोबत घेऊन अन्न गोळा करण्यासाठी गटानं बाहेर पडणं हा स्त्रीचा मूळ स्वभाव!

अलीकडच्या काळात अनेक कारणांमुळे अंगावर पाजण्याचा काळ खूपच कमी झाला आहे. मुलांची संख्या कमी झाली आहे. मूल होण्या न होण्यावर अधिक नियंत्रण आलं आहे. पुरुषाची असुरक्षितता कमी करण्याचे अनेक नवे मार्ग उपलब्ध झाले आहेत. त्यामुळे कामाची वाटणी पुन्हा बदलली जाणं अपेक्षितच आहे.

कामाच्या स्त्री-पुरुष विभागणीचा बालसंगोपनातील आई-बापाच्या भूमिकेशी सरळसरळ संबंध आहे. आई-बापांच्या मूल वाढवण्यातील भूमिकेत अंगावर पाजणं हा एकमेव फरक नैसर्गिक आहे. बाकी सर्व भूमिका लवचीक असून दोघांपैकी कुणीही कोणतीही भूमिका घेऊ शकतो. आई अधिक प्रेमळ, बाप कठोर; नातेसंबंधातले धडे आईकडून मिळतात, बाहेरच्या व्यवहारातले बापाकडून; यांसारखे जे फरक नेहमी सांगितले जातात, ते त्या-त्या वेळच्या सामाजिक-सांस्कृतिक परिस्थितीला धरून असतात, नैसर्गिक आणि अपरिहार्य नाही.

पालकत्व आणि मुलांच्या जडणघडणीचे इतके कंगोरे आणि खाचाखोचा आहेत, की त्यावर इथे अधिक खोलवर चर्चा करण्याची अपेक्षा करता येणार नाही. थोडक्यात सांगायचं तर,

बालसंगोपनाच्या आणि पालकत्वाच्या कल्पनांना उत्क्रांती, जीवशास्त्र, सामाजिक परिस्थितीचा इतिहास, सद्य:स्थिती, अर्थव्यवस्था या सगळ्यांचे संदर्भ असतात. संदर्भ सोडून बालसंगोपनाची आणि पालकत्वाची अमुक पद्धत आदर्श आणि म्हणून सगळ्यांनी तीच अनुसरावी, असं म्हणता येत नाही. मुलांना रट्टा घालावा की घालू नये? समजावून सांगावं की मोठ्यांचं ऐकण्याचा संस्कार करावा? पाठांतर करून घ्यावं की घेऊ नये; 'बरोबर काय चूक काय' हे आपण सांगावं, की त्यांचं त्यांना स्वतःच्या अनुभवातून शिकू द्यावं? यांसारख्या प्रश्नांना जागतिक पातळीवर एकच एक उत्तर देता येत नाही. त्या-त्या समाजाचा, कुटुंबाचा आणि व्यक्तीचासुद्धा संदर्भ यांची योग्य उत्तरं ठरवतो.

मोठेपणी आपापल्या व्यवसायासाठी शेतकरी समाजाला वेगळी स्वभाव-वैशिष्ट्ये लागतात, मासेमारी करणाऱ्या समाजाला वेगळी, मजुरी करणाऱ्यांना आणखी वेगळी, व्यापार करणाऱ्यांना त्याहून वेगळी! यासाठी मुलांची योग्य ती जडणघडण कशी करायची, ते त्या-त्या समाजांच्या आई-बापांना ठाऊक असतं. त्या-त्या समाजाचा संदर्भ आणि त्या संदर्भात प्रत्येक माणूस आपापलं बालसंगोपनाचं गणित कसं मांडतो, याचा पुरेसा अभ्यास शिक्षणशास्त्रानं अद्याप केलेला नाही. त्या-त्या समाजाच्या - संस्कृतीच्या - माणसाच्या जडणघडणीच्या गरजा, त्यातल्या आई-बापाच्या विशिष्ट भूमिका या बऱ्याच काळाच्या सांस्कृतिक उत्क्रांतीमधून निर्माण झाल्या आहेत, त्यांना समजून घेणं हा खरा शहाणपणा! त्यातूनच त्या-त्या समाजाला - संदर्भाला - संस्कृतीला - परिस्थितीला योग्य अशी पालकत्वाची लवचीक मॉडेल्स तयार होतील. एकच मॉडेल सगळ्या समाजांना सर्व काळ लागू होईल, असं समजणं अपरिपक्व म्हटलं पाहिजे. मात्र, हा विचार शिक्षणशास्त्रानं पुरेसा केला असल्याचं दिसत नाही.

बालसंगोपन : पुस्तकी आदर्श नव्हे!

आजच्या शालेय शिक्षणात असं दिसतं की, शिक्षणविषयक धोरण राज्यभर तेच असतं, पाठ्यक्रम आणि पाठ्यपुस्तकं तीच असतात; पण निरनिराळ्या भागातल्या विद्यार्थ्यांमध्ये कमालीचा फरक असतो. याचं कारण जागोजागची मुलांना वाढवण्याची संस्कृती वेगळी आहे. त्यात काही भलं, काही वाईट, काही स्थानिक परिस्थितीला, स्थानिक व्यवसायांना अनुकूल, काही कालबाह्य असंही असणार आहे. पण, बालसंगोपन हे केवळ पुस्तकी आदर्शांवर चालत नाही, चालू शकतही नाही.

शिक्षणव्यवस्थेनं जसं लोकांना शिक्षण देण्याची गरज आहे, तशी जागोजागच्या वस्तुस्थितीकडून शिकण्याचीही गरज आहे. त्यातून पालक, समाज आणि शिक्षणव्यवस्था पुढच्या पिढीची जडणघडण कशी व्हावी याचा विचार आणि आखणी अधिक समंजसपणे करू शकतील.

१४.

उत्क्रांती, प्रकृती, संस्कृती आणि विकृती

स्त्री-पुरुष संबंधाविषयी बोलताना आज आपण (किंवा समाजातले काही लोक तरी) ज्या गोष्टींना वासना, त्याज्य, तिरस्करणीय, अनैतिक, विकृत, घृणास्पद, गुन्हेगारी मानतो अशा – म्हणजे वेश्याव्यवसाय, बलात्कार, समलिंगी संबंध, बालशोषण अशा – गोष्टींबद्दल बोलणं भागच आहे. माणसाच्या वागण्याचाच हा सगळा भाग आहे; आणि तो गुन्हा मानला आणि शिक्षा ठोठावली म्हणजे संपत नाही. या वागणुकीमागेही काही कारणमीमांसा आहे. त्यांपैकी काही उत्क्रांतीतून आलेले घटकही असणार, काही गोष्टी माणसाच्या स्वभावातच असणार! काही संस्कृतीमधून, तर काही विकृती म्हणून. पण या सगळ्याच गोष्टींचं माणसाच्या वागण्यात असं मिश्रण असतं, की ही प्रकृती आणि ही विकृती असं दूध-पाणी वेगळं करून दाखवता येत नाही. तरीही, आपल्या मते समाजाच्या चांगल्या भविष्यासाठी यांचं काय करायचं आणि कसं करायचं, हे विचारपूर्वक ठरवायला हवं.

हा मार्ग साधा नाही

उत्क्रांतीनं आपल्याला अनेक गोष्टी दिल्या आहेत. आपलं मन, स्वभाव, वागणूक घडवली आहे. जी कृती जाणूनबुजून, वेगळी प्रयत्नपूर्वक करावी लागत नाही, जन्माला आलेल्या सर्वांमध्येच जगण्याचा भाग म्हणून ज्या कृती घडतात, ती प्रकृती! ही साधी व्याख्या झाली. पण ही व्याख्या माणसाला जशीच्या तशी लागू करता येत नाही.

कारण मेंदूची प्रगती, त्यातून आलेली विचार करण्याची शक्ती आणि गुंतागुंतीचं समाजजीवन हे उत्क्रांतीचा भाग म्हणूनच माणसामध्ये घडले आहेत. पण ते जीवशास्त्रीय उत्क्रांतीच्या पलीकडेही जातात आणि काही वेगळे परिणामही घडवतात. त्यामुळे माणूस जन्मजात प्रकृतीनुसार किती वागतो, संस्कारांनुसार किती, आणि समाजाच्या दबावाखाली किती, हे ठरवण्याचा काही साधा मार्ग नाही.

समाजाची वेळोवेळी बदलत जाणारी नीतिमूल्ये वेगळ्याच व्याख्या करू पाहतात. जे समाजाच्या आजच्या नीतिनियमांना मान्य नाही ते विकृत, अशीही समज आहे. म्हणून प्रकृती आणि विकृतीची माणसासाठीची व्याख्या ही इतर प्राण्यांपेक्षा थोडी वेगळी आणि बरीच अवघड असणार, हे उघड आहे. नक्की कशाला प्रकृती म्हणायचं आणि कशाला विकृती, ते बारकाईनं बघायला पाहिजे. ज्याला आजचा समाज सर्वसाधारणपणे विकृती म्हणतो त्यांच्याकडे एकेक करून बघू या. आणि त्या तशा का आहेत, याचं उत्तर शोधण्याचा प्रयत्न करू या.

त्यातल्या त्यात सौम्य अशा 'गुन्ह्या'पासून म्हणजे पुरुषाच्या 'नजरे'पासून सुरुवात करू. कारण 'पुरुषाची वाईट नजर' ही वारंवार बोलली जाणारी गोष्ट आहे. त्याविषयी बोलणं हे एक सामाजिक हत्यारही झालेलं आहे. ते स्वसंरक्षणासाठीही वापरलं जातं आणि दुसऱ्याचा बळी देण्यासाठीही! सौंदर्याकडे लक्ष जाणं अगदी स्वाभाविक आहे – त्यातही विरुद्धलिंगी व्यक्तीच्या! ही फक्त साथीदाराच्या निवडीची तयारी नाही, तो जन्मभराचा नैसर्गिक स्वभाव आहे. कोणत्याही वयात, विवाहित अथवा अविवाहित, स्त्रीला अथवा पुरुषाला शरीरसौष्ठवाचं, अंगकांतीचं सौंदर्य आकर्षित करतंच करतं. ही उत्क्रांत झालेली मूलभूत प्रकृती आहे. त्यात काहीच गैर मानलं जाऊ नये खरं तर. पण कधी, कुणी, कुणाकडे पाहिलं तर ती सौंदर्यदृष्टी आणि कुठली नजर 'वाईट', याचे समाजानं ठरवलेले नियम बऱ्याच अंशी अनाकलनीय वाटतात.

'अशा नजरे'ची व्याख्या

'आपल्याकडे लोकांनी पाहावं' अशी इच्छा आणि 'आपण आकर्षक आहोत' ही भावना सुखावणारी असतेच. तरीही, आपण 'अशा नजरेनं' बघणं वाईट ठरवतो आणि 'अशा नजरे'ची व्याख्या व्यक्तिगणिक बदलते. आपल्याला न आवडणाऱ्या व्यक्तीनं पाहिलं तर ती वाईट नजर आणि आवडणाऱ्या व्यक्तीनं पाहिलं तर सौंदर्यदृष्टी अशा काहीशा आपल्या व्याख्या आहेत. त्यातही कपडे-संस्कृतीनं आणखी गोंधळ घातले आहेत. चेहऱ्याच्या सौंदर्याकडे पाहिलं तर कदाचित चालेल. शरीराच्या इतर भागांपैकी कशाकडे बघणं वाईट हे वेगवेगळ्या संस्कृतींमध्ये वेगवेगळं आहे.

वास्तविक, सौंदर्याकडे पाहण्यात वाईट असं काय असणार? परत कुणी असं पाहण्यानं पाहिल्या जाणाऱ्या शरीराला खरं तर काहीच होत नाही. निसर्गातील एखाद्या गोष्टीच्या सौंदर्याकडे अनिमिष नजरेनं पाहिलं तर त्यात काही गैर नाही; पण स्त्री-शरीराकडे पाहिलं तर ते वाईट, असं का असावं? वास्तविक, दोन्ही गोष्टी तितक्याच सुंदर असतील तर दोन्हींमध्ये फरक का करावा?

'वाईट नजरेची' भीती वाटण्यामागे असुरक्षिततेची आणि दुर्बलतेची भावना हेच एकमेव कारण आहे. नजरेला वाईट ठरवण्यानं हा प्रश्न सुटणार नसून, दुर्बलता दूर करणे हाच त्यावरचा खरा उपाय आहे. या दुर्बलतेमध्ये शारीरिक दुर्बलतेचा वाटा थोडा आणि सामाजिक दुर्बलतेचा बराच अधिक आहे. ही दुर्बलता माणसाच्या अनेक शतकांच्या युद्धखोरी, गुंडगिरी, दहशतीचा इतिहास यातून आली आहे. त्यामुळे पुरुषाच्या नजरेला वाईट ठरवून काहीच फायदा होणार नाही. समतेचा आणि सुरक्षित समाज निर्माण झाला तर आपल्याकडे वळणाऱ्या नजरांची भीती किंवा घृणा वाटण्याचं सोडून अभिमान वाटायला लागेल. असा अभिमान वाटणं हीच खरं तर स्त्रीची प्रकृती आहे. तोच माणसाचा मूळ स्वभाव आहे. नजरेची भीती वाटणं किंवा त्याला वाईट, त्याज्य, वासना वगैरे ठरवणं ही पिढ्यान्पिढ्याच्या असुरक्षिततेच्या संस्कृतीनं लादलेली विकृती आहे.

'लैंगिक शोषण' हा आज एक गरमागरम विषय झाला आहे. याच्या मागेही मुख्यतः मानसिक, सामाजिक आणि आर्थिक दुर्बलता आहे. लैंगिक शोषणाला अधिक प्रमाणात स्त्रीच बळी पडते. काही अपवाद असतीलही! असं का? असा प्रश्न विचारला तर त्याचं उत्तर जीवशास्त्रातच आहे. नर आणि मादी यांच्या जनुकीय फायद्याच्या गणितात मूलभूत फरक आहेत, ते आपण अनेक वेळा पाहिलं आहे. अनेक स्त्रियांशी संबंधांनं, यात अल्पकालिक संबंधही आले, पुरुषाच्या जनुकांचा अधिक प्रसार होतो. म्हणून अशा संबंधांना पुरुष अधिक उत्सुक असतात. ही पुरुषांची प्रकृती झाली. या पातळीवर त्याला विकृती म्हणता येत नाही. कारण ती नैसर्गिक प्रवृत्ती आहे.

ती विकृती कधी होते? तर, आजच्या आर्थिक, सामाजिक आणि राजकीय सत्तेच्या असंतुलित स्वरूपामुळे स्त्रीच्या 'नाही' म्हणण्याच्या स्वातंत्र्यावर मर्यादा येतात तेव्हा! असहाय स्त्रीचा गैरफायदा घेता येतो, स्वतंत्र आणि सक्षम स्त्रीचा नाही. पुरुषाच्या नैसर्गिक प्रकृतीला आर्थिक, सामाजिक, राजकीय विषमतेनं विकृतीचं स्वरूप दिलं आहे. यावर उपाय पुरुषाच्या प्रकृतीलाच विकृत ठरवणं हा नाही; तर ज्या विषमतेमुळे आणि असहायतेमुळे गैरफायदा घेण्याची संधी उपलब्ध होते, ती विषमता नाहीशी करणं हा आहे. जर स्त्रीचं नाकारण्याचं स्वातंत्र्य अबाधित राहिलं तर लैंगिक शोषणाचा प्रश्न उभा राहतच नाही.

आदिवासींमध्ये स्त्रीशोषण कमी

आदिवासी समाजांमध्ये वर्षानुवर्षं काम केलेल्या अभ्यासकांचा आणि समाजसेवकांचा अनुभव असा आहे की, या समाजात स्त्रीशोषण आणि बलात्काराच्या केसेस अगदी नगण्य असतात. बाहेरच्या संस्कृतींशी संबंध आल्यानंतर त्या वाढू लागतात. समाजात जेवढी विषमता जास्त तेवढं लैंगिक शोषण जास्त. निरनिराळ्या समाजांमधल्या पुरुषांच्या मनातल्या स्त्री-शरीराच्या जीवशास्त्रीय आकर्षणामध्ये फरक पडण्याचं काही कारणच दिसत नाही. तसंच 'सभ्य' आणि 'असभ्य' पुरुषांमधल्या स्त्री-शरीराच्या सरासरी आकर्षणात फरक असण्याचंही काही कारण दिसत नाही. फरक असतो तो समाजामधल्या आर्थिक, सामाजिक, राजकीय सत्तेच्या रचनेमध्ये; समोरच्या व्यक्तीला बरोबरचं मानणं किंवा दास, गुलाम, कनिष्ठ दर्जाचं, उपभोग्य मानण्यामध्ये!

आज गाडी योग्य दिशेनं चालल्याचं दिसत नाही. साधं पाहणंसुद्धा 'वाईट नजर' ठरवली जाऊ शकते. रोजच्या व्यवहारातल्या साध्या स्पर्शालाही एकदम लैंगिक शोषणाचं रूप दिलं जाऊ शकतं. अनेक समाजांमध्ये थोडीशी ओळख असलेले कोणतेही स्त्री-पुरुष भेटल्यानंतर एकमेकांना आलिंगन देतात आणि तोच शिष्टाचार आहे; तर इतर काही समाजांत लग्नसंबंधाखेरीज स्त्री-पुरुषाचा कुठलाही स्पर्श चालत नाही. काही समाजांमध्ये स्पर्श मान्य आहे, काहींमध्ये नाही. याचा अर्थ उघड आहे, स्पर्शामध्ये काही वाईट नसून त्याकडे पाहण्याचा दृष्टिकोन सगळं काही ठरवतो.

> आजच्या आपल्या समाजात लैंगिक शोषणाविषयीचा जो दृष्टिकोन बनत आहे तो नैसर्गिक आहे की विकृत आहे, हे तपासून पाहायला हवं. समाज आणि माध्यमं याविषयी अति सेन्सिटिव्ह आहेत. यातून काय साध्य होऊ शकतं? स्त्रीवरचा अन्याय दूर होतो का, हे सांगणं कठीण आहे. पण कदाचित अन्यायात थोडीफार समता येत असेल. म्हणजे, स्त्रीवर होणाऱ्या अन्यायाबरोबर तो पुरुषावरही कधी-कधी होण्याचं प्रमाण वाढू लागलं आहे. कारण, खोटे किंवा पराचा कावळा केलेले आरोप पुरुषावर केले जाऊ शकतात. पण अन्यायात समता आणणं हे आपलं ध्येय असावं, की तो दूर करणं हे असावं?

लैंगिक शोषणापासून मुक्ती...?

लैंगिक शोषण दूर करण्याचा एकमेव मार्ग स्वातंत्र्य आणि समता यातून जातो. जे पुरुष 'सज्जन' असतात त्यांच्या मनात पुरुषाचे 'विकार' येतच नाहीत असं नाही. ते सज्जन असतात, कारण आपल्यासमोरची व्यक्ती आपल्याइतकीच स्वतंत्र आहे, आपल्याइतकाच तिचाही सन्मान आहे, तो आपण मोडू शकत नाही ही भावना अधिक प्रबल असते. स्त्री-शरीराविषयीच्या आकर्षणात फरक नसतो. पण व्यक्तीचा आदर करण्याच्या भावनेनंच 'वाईट' भावनांना आपोआप आळा बसतो. अगदी मालक-नोकर, वरिष्ठ-कनिष्ठ असं काही व्यावहारिक नातं असलं तरी जो पुरुष समोरच्या स्त्रीला व्यक्ती म्हणून आपल्या बरोबरीचं मानतो, आपल्या हाताखालच्या व्यक्तीलाही तिचं स्पष्ट मत मांडण्याचं स्वातंत्र्य देतो, त्याच्या हातून लैंगिक शोषण होऊ शकत नाही. मग त्याला ती सुंदर वाटली का, आकर्षक वाटली का, पुरुषी

भावना जाग्या झाल्या का, हे सर्व गैरलागू आहे. त्यामुळे व्यक्तिस्वातंत्र्याचा आदर करणारी संस्कृती रुजवणे हा खरा उपाय झाला.

स्पर्शाला गुन्हा मानणे यासारखे उपाय कुचकामाचेच आहेत. स्त्रीनंही आपला नकारहक्क योग्य वेळी वापरणं हा उपाय आहे, मागाहून तक्रार करणं हा नाही. 'सारखी-सारखी तोंडल्याची भाजी करतेस ते मला आवडत नाही' किंवा 'मोठ्यानं गाणी लावू नकोस, मला डिस्टर्ब होतोय' असं आपण जेवढ्या सहजतेनं म्हणतो, तेवढ्याच सहजतेनं एखाद्याचा स्पर्श आवडत नसेल तर तसं सांगता आलं पाहिजे. पण, जेव्हा आर्थिक किंवा इतर कारणामुळे असहायता आलेली असते तेव्हा हा नकारहक्क काम करत नाही. म्हणून, अधिक सुदृढ आर्थिक-सामाजिक परिस्थितीचा समाज निर्माण करणे हा दीर्घकालीन खरा उपाय आहे.

जर मी आहे या नोकरीवर कुठल्याही क्षणी लाथ मारू शकत असेन तर माझं नोकरीच्या ठिकाणी शोषण होऊ शकत नाही. जर माझं यश माझ्याबरोबर काम करणाऱ्या चांगल्या व्यक्तींवर अवलंबून असेल तर चांगल्या व्यक्तींना हातचं घालवणं अधिकारी व्यक्तीलाही परवडणार नाही. अशी परिस्थिती असेल तर अधिकाराचा गैरवापर होऊ शकणार नाही. असं संतुलन जिथे असेल तिथे लैंगिक शोषणाची शक्यता जवळपास शून्यावर येते. पण बेकारी, गरिबी, आर्थिक परावलंबित्व, कुठल्याही गोष्टीतील एकाधिकारशाही असेल तर लैंगिक शोषण होणार हे गृहीत धरलं पाहिजे. त्यावर कितीही कायदे केले किंवा आरडओरड केली तरी ते बंद होणार नाही.

आनंददायी संभोग ही प्रकृती

कोणत्याही प्रकारच्या स्त्री-पुरुष संबंधामध्ये उभयपक्षी संमती सर्वांत महत्त्वाची आहे. स्त्री-पुरुषांमधील आनंददायी संभोग ही प्रकृती आहे आणि यात दोघांचाही आनंद गृहीत आहे. पण आजच्या समाजात दोघांच्या आनंदाचा सारखा विचार होताना दिसत नाही, त्यामुळे एकीकडे लग्नांतर्गत घडणारे बलात्कार होतात. त्याला समाजाचा काही विरोध होताना दिसत नाही. दुसरीकडे लग्नांतर्गत बलात्काराविषयी मौन पाळणारा समाज उभयतांच्या संमतीने घडून येणाऱ्या विवाहबाह्य संबंधांना मात्र अमान्य करतो. म्हणजे सध्याचा समाज तरी उभयपक्षी संमतीला फारसं महत्त्व

देत नसल्याचं दिसतं. यालाच खरं तर विकृती म्हटलं पाहिजे. लग्नाच्या पडद्याआड केलेल्या सगळ्याच गोष्टी समाजमान्य आणि त्या पडद्याखेरीज केलेल्या सगळ्याच गोष्टी चूक असं मानणं हे अनैसर्गिक आहे.

उभयतांच्या संमतीमध्ये एका कललेल्या काट्याचा उल्लेख करायला हवा. जीवशास्त्रीय रचनेमुळेच प्रत्यक्ष संभोग हा पुरुषाला सक्तीनं घडवून आणता येतो. पुरुषाची अनिच्छा असेल तर स्त्री मात्र तो सक्तीनं घडवून आणू शकत नाही किंवा अगदी मर्यादित अर्थानंच आणू शकते. त्यामुळे बलात्कार म्हणजे 'पुरुषानं स्त्रीवर केलेला' असाच साधारणपणे अर्थ होतो.

शरीर-रचनेप्रमाणे माणसामध्ये बलात्कार शक्य आहे. काही प्राण्यांची शरीररचना अशी असते, की मादीच्या संमतीशिवाय संभोग अशक्यच असतो, तसं माणसाचं नाही. म्हणजे जीवशास्त्रीयदृष्ट्या बलात्कार करण्याची क्षमता माणसामध्ये उत्क्रांतच झाली आहे, असं म्हणणं पूर्णपणे तर्कशुद्ध आहे. तरीसुद्धा आदिम शिकारी समाजात बलात्कार क्वचित घडतात. कारण आदिम समाजात एक प्रकारची समता आणि स्वातंत्र्य असतं. मानवी समाजात सत्ता आणि युद्धं आल्यापासून बलात्काराचं प्रमाण वाढलं याचा इतिहास आपण आधीच पहिला आहे.

वासना हेच कारण नाही

पुरुषाच्या स्वभावातल्या कोणत्या गोष्टी त्याच्यात बलात्कारी प्रवृत्ती वाढवतात, किंवा बलात्कारी पुरुषांमध्ये इतर पुरुषांपेक्षा वेगळं काय असतं, असा प्रश्न विचारला पाहिजे. याचं उत्तर 'वासना' असं नक्कीच नाही.

कारण त्या सर्वच पुरुषांमध्ये थोड्याफार फरकानं निसर्गतःच असतात. पण समोरच्या स्त्रीला आपल्या बरोबरीचं मानणाऱ्या पुरुषामध्ये त्याच्या 'वासनां'वर या समतेच्या विचाराचं वर्चस्व असतं. त्याखेरीज, समाजाच्या किंवा कायद्याच्या रोषाची भीतीही असते. हाच फरक मुख्य असतो.

वासनेतला फरक मोठा नसतो. मी चुकीची गोष्ट केली, तर समाजाच्या रोषाला बळी पडून माझं किती नुकसान होईल याचा सूक्ष्म हिशेब प्रत्येक मन करत असतं. जर मी आधीच बदनाम असेन तर आणखीन फार नुकसान होण्यासारखं नसतं. याशिवाय, समाजाचा रोष माझं काही वाकडं करू शकत नसेल तरी तोच परिणाम होतो. सत्ता, हिंसा, युद्धं आणि पुरुषाची असुरक्षितता या गोष्टी बलात्काराची प्रवृत्ती वाढवतात. हा सहसंबंधसुद्धा माणसाच्या उत्क्रांतीमधून आलेला आहे.

आकस्मिक मृत्यूची संभाव्यता अधिक असेल, तर आहे त्या आयुष्यात अधिकाधिक संतती होण्याचे सर्व मार्ग चोखाळणं हीच सजीवांची उपजत प्रवृत्ती आहे. त्यात बलात्काराची प्रवृत्तीही अंतर्भूत आहे. युद्धामध्ये तर सत्ता आणि असुरक्षितता हे दोन घटक एकत्र येतात, त्यामुळे युद्धं-गुंडगिरी जेवढी जास्त तेवढी पुरुषाची असुरक्षितता जास्त आणि म्हणून बलात्काराची प्रवृत्ती जास्त!

अर्थात, प्रत्येक असुरक्षित पुरुष बलात्कारी होतो असा याचा अर्थ नाही. किंवा स्वतःचा संसार असेल तर बलात्कारी प्रवृत्ती पूर्णपणे नाहीशी होते असंही नाही. आपला नफा-तोटा तोलून वागणं ही प्रत्येक माणसाची उत्क्रांत प्रवृत्ती आहे. जनुकीय स्वार्थ साधण्याचा एक मार्ग सुरू असल्यावर मुद्दाम मोठा धोका पत्करून किंवा खूप किंमत मोजून दुसरा मार्ग चोखाळण्याची गरज नसते. पण समजा, कुठलाही धोका न पत्करता किंवा फार कष्टही न घेता दुसरा मार्ग चोखाळण्याची संधी मिळाली, तर ती घेण्याकडे मनाचा कल होऊ शकतो.

भविष्याचा विचार करणं माणसाला अंगभूत आहे. आज एखादी गोष्ट करताना तिचे दूरगामी परिणाम काय होतील याचा विचार माणसाचं मन करतंच. मानवी समाजात प्रत्येक जण दुसऱ्यावर अवलंबून असतोच. ही सामाजिक वीण समतोल असेल तर दुसऱ्या व्यक्तीचा आदर करणं स्वार्थासाठीसुद्धा गरजेचं

असतं. माणसाला समाजातील आपली प्रतिमा जपावी लागते आणि इतरांचा रोष प्रमाणाबाहेर वाढवून घेणं परवडत नाही. पण सत्ता असंतुलित झाली की सत्ताधारी व्यक्तीला दुसऱ्या प्रत्येक व्यक्तीला राखण्याची गरज राहत नाही. आणि मग दुबळ्या व्यक्तीचा गैरफायदा घेता येतो.

बलात्कार ही उत्क्रांत प्रवृत्तीच

बलात्कार ही पुरुषामधली नैसर्गिक आणि उत्क्रांत प्रवृत्तीच आहे. पण तिच्यावर अंकुश ठेवणारे घटकही मानवी समाजात उत्क्रांत झाले आहेत. जेव्हा हे घटक काम करेनासे होतात अशा दिशेनं समाज बदलतो तेव्हा बलात्काराचं प्रमाण वाढतं. तेव्हा, बलात्काराची प्रवृत्ती हा पुरुषाच्या उत्क्रांत प्रकृतीचा भाग आहे. पण तिची अभिव्यक्ती परिस्थितीवर अवलंबून असते, आणि आहे त्या परिस्थितीतल्या संभाव्य नफ्या-तोट्याचा विचार करूनच ती प्रवृत्ती डोकं वर काढते. म्हणून कुठल्या परिस्थितीमध्ये ती डोकं वर काढते हे समजून घेऊन ती परिस्थितीच समाजातून नाहीशी करता येऊ शकेल का, हा खरा कळीचा प्रश्न आहे. कशी परिस्थिती निर्माण केली पाहिजे, याच्यावर फार चांगला प्रकाश टाकणारा एक प्रयोग आहे.

हा कुण्या शास्त्रज्ञानं केलेला प्रयोग नाही, तर युगोस्लाविया देशातील मरीना अब्रमोविक नावाच्या एका कलावंतिणीनं केलेला आहे. लोकांची स्त्रीविषयक भावना आणि वागणूक कशी असते, यावर प्रकाश टाकण्यासाठी तिनं एक जाहिरात दिली, की मी एका संध्याकाळी अमुक एका सभागृहात सहा तास निश्चल उभी राहणार आहे. त्या काळात लोकांनी माझ्याबरोबर काहीही केलं तरी मी त्यावर काही करणार नाही, बोलणार नाही.

ही अजब जाहिरात वाचून अनेक लोक कुतूहलानं आले. सुरुवातीला सगळे नुसतेच पाहत होते. मग कुणीतरी नुसता स्पर्श करून पाहिला. काहीच प्रतिक्रिया आली नाही. मग कुणी हात हातात घेतला... मग स्तनांना स्पर्श केला, असं हळूहळू वाढू लागलं. वाढता-वाढता कुणीतरी तिचे कपडे चक्क ब्लेड लावून फाडले. मग कुणी तिच्या त्वचेलाच ब्लेडनं थोडं ओरखडून पाहिलं. एकानं तर चक्क तिच्या डोक्याला पिस्तूल लावलं.

पण, या वेळपर्यंत एक वेगळी प्रतिक्रिया उमटू लागली होती. प्रेक्षकांपैकी काही पुरुषांनी काही हिंसक किंवा अश्लील गोष्टी करण्याला विरोध सुरू केला होता. त्यावरून वातावरण तंग होऊ लागलं होतं. याहून नवलाची गोष्ट त्यानंतर घडली.

दरम्यान, सहा तास संपून मरीना चालू-बोलू लागली. लोकांना 'हाय', 'हॅलो' म्हणू लागली. अजूनही तिनं कुठल्याही गोष्टीवर नापसंती दाखवली नव्हती किंवा निषेध व्यक्त केला नव्हता. पण ती चालू-बोलू लागताच मघाशी लगट करणाऱ्यांचं अवसान अचानक संपलं. ते तिची नजर टाळू लागले आणि शक्यतो मागच्या मागे काढता पाय घेण्याची संधी शोधू लागले. थोड्याच वेळात बहुतेक सभागृह रिकामं झालं.

आलेले प्रेक्षक काही व्यावसायिक गुंड होते असं नाही; चारचौघांमधलेच होते. स्त्रीचं आकर्षण होतंच आणि त्यात काही नवलही नाही. पण ते हळूहळू अंदाज घेत गेले, की आपल्याला असं करण्यात काही धोका आहे का?... तिची प्रतिक्रिया काय असेल?... बाकी प्रेक्षकांची काय असेल? जसजसं काही धोका नसल्याचं जाणवू लागलं तसतशी त्यांच्यातील हिंसक आणि बलात्कारी प्रवृत्ती वाढत गेली. प्रत्यक्षात मात्र बलात्कारापर्यंत कुणी गेलं नाही. याचं एक कारण प्रेक्षागृहात अनेक जण होते हे असावं. मरीना चालूबोलू लागताच त्यांचं वागणं एकदम बदललं, ही गोष्ट खूप काही सांगून जाते.

ही स्त्री काहीच करू शकत नाही ही भावना एकीकडे; आणि ही आपल्यासारखीच चालतेबोलते, आपल्या बरोबरीचीच वाटते हे दुसरीकडे! जेव्हा स्त्री स्वतःच बरोबरीच्या नात्यानं न वागता आपली असहायता प्रत्यक्ष-अप्रत्यक्षपणे व्यक्त करते तेव्हा बलात्काराची प्रवृत्ती वाढते. समता अथवा श्रेष्ठ-कनिष्ठ भाव या दोन प्रकारच्या भावनांनी सगळा फरक पडतो, 'वासना' कमी किंवा जास्त झाल्यामुळे नाही.

नफ्या-तोट्याचा विचार

पुरुषाच्या मनात स्त्री-शरीराचं आकर्षण असतं ही काही आश्चर्याची गोष्ट नाही. पण या प्रयोगातून हे दिसतं, की नुसतं हे आकर्षण बलात्कारी प्रवृत्तीसाठी पुरेसं नाही. पुरुष आपल्या नफ्या-तोट्याचा, आपल्याला काय संभाव्य सामाजिक किंमत

चुकवावी लागेल त्याचा खूप बारकाईनं अंदाज घेत जातो. धोका आणि किंमत शून्य असेल तर या प्रवृत्ती बाहेर पडू लागतात. किंमत जास्त वाटली तर लगेच गप्प बसतात.

या किमतीचे दोन भाग असतात : एक, एकूण दूरवरच्या सामाजिक प्रतिक्रियांचा; आणि दुसरा, त्याक्षणी त्या स्थळी असलेल्या परिस्थितीचा. ज्या पुरुषाला एकुणात बरीच मोठी किंमत चुकवावी लागेल असं वाटतं, तो आपल्यातल्या बलात्कारी प्रवृत्तींना वर येऊ देत नाही. पण त्याक्षणी 'काही धोका नाही' असं वाटत असेल तर त्यालाही तितकंच महत्त्व आहे.

या प्रयोगातील दुसरा भागही महत्त्वाचा आहे. काही लोक अत्याचारी प्रवृत्ती दाखवू लागल्यावर प्रेक्षकांमधल्या काहींनी त्याला विरोध सुरू केला. हे लोक कोण असतील आणि ते सर्व काळी असंच वागले असते का? या प्रश्नाचं उत्तर सोपं नाही. एकतर नीतिमत्तेची चाड बाळगून त्यांनी विरोध केला असेल ही शक्यता आहेच. पण याहून इतर कारणं आणि इतर घटकही महत्त्वाचे असतीलच. एक म्हणजे, बाकी लोक एका पद्धतीनं वागत असतील तर आपण त्यापेक्षा वेगळी भूमिका घेण्याचे काही सामाजिक फायदे असतात, नीतिमत्तेचे प्रदर्शन करण्याचेही असतात. हे करतानाही धोका, किंमत आणि संभाव्य फायदा याचं गणित नेणीवमनामध्ये मांडलं जात असतंच.

प्रत्यक्ष नर-मादी संबंधातलाही एक संभाव्य फायदा असतो; तो म्हणजे, त्या स्त्रीच्या मनात घर करण्याची एक संधी आयती चालून आलेली असते. त्याचा लाभ घेणंही जनुकीय हिशेबाच्या दृष्टीनं चांगलं पडू शकतं. किमान तशी एक संभाव्यता निर्माण होते. नेहमीच तसं घडेल असं नाही; पण घडू शकेल हे माणसाच्या मूळ प्रवृत्ती वर यायला पुरेसं ठरू शकतं.

इतर जण त्रास देत असतील तर आपण मदत करणं हे स्वार्थासाठीही उपयुक्त ठरू शकतं. म्हणजे, माणसाच्या स्वार्थामधूनही काही चांगल्या गोष्टी बाहेर पडू शकतात आणि संतुलित समाज निर्माण होण्यासाठी त्याचा उपयोग केला जाऊ शकतो. अशा सर्व गोष्टींचा वापर करून एक सामाजिक परिस्थिती अशी निर्माण करावी, की पुरुषात उपजत असलेल्या बलात्कारी प्रवृत्ती वर येणार नाहीत, हा बलात्कारावरचा खरा उपाय आहे.

मरीनाच्या प्रयोगाचा आणखी एक अर्थ असा, की विरोध झाला नाही तर टप्प्याटप्प्यानं बलात्कारी वृत्ती फोफावतात. विरोध सोडा, मरीनानं नुसतं चाला-

बोलायला सुरुवात केल्यानंतरही लोकांचं अवसान संपलं. जिथे सत्तेमधला असमतोल नाही तिथे एवढ्या साध्या गोष्टीसुद्धा पुरतात. ही स्त्री आपल्यासारखीच चालूबोलू शकते. उद्या तिनं आपल्याला काही प्रश्नही विचारले तर काय उत्तर द्यायचं, एवढी भावनाही पुरली.

> सत्तेमधला असमतोल जास्त तेवढी अधिक प्रखर विरोधाची किंवा उपायांची गरज पडेल. कदाचित, अनियंत्रित सत्तेवर कशाचाच उपाय चालणार नाही. इतिहासात याची उदाहरणं सापडतील. आज जगाची एकूण वाटचाल अनियंत्रित सत्ता संस्थांकडून जास्त लोकशाही संस्थांच्या दिशेनं सुरू आहे. अजून पुरता पल्ला गाठला नाही. पण, मध्ययुगापेक्षा स्थिती चांगली आहे. उद्या ती आणखी चांगली असेल अशी आशा करायला हरकत नाही. किंबहुना, तो खरा आशेचा किरण ठरेल.

पण, याचा विचार करण्यापेक्षा आज कायदे जास्त कडक करण्याविषयी आणि सामाजिक कावकाव वाढवण्याविषयी बोललं जात आहे. कडक कायदे आणि कडक शिक्षा केल्यामुळे नफ्या-तोट्याच्या हिशेबात तोट्याची बाजू थोडीशी बळकट होईल ही गोष्ट खरी; पण नुसत्या शिक्षेच्या तरतुदीनं काम होईल असं अजिबात नाही. शिक्षेमुळे एकीकडे काही प्रमाणात गुन्हेगारीला आळा बसत असेलही; पण दुसरीकडे त्यातल्या विकृतीचा भागही वाढतो.

उदाहरणार्थ, बलात्कारानंतर खून ही गोष्ट उत्क्रांतीच्या दृष्टिकोनातून निव्वळ अतर्क्य आहे. कारण अनौरस संतती हा खरं तर बलात्काराचा मूळ जीवशास्त्रीय फायदा! बलात्काराची प्रवृत्ती त्यातून उत्क्रांत झाली. खून केला तर हा मूळ उद्देशच नाहीसा होतो. ही खुनाची प्रवृत्ती केवळ शिक्षेच्या किंवा समाजाच्या भीतीतून आली आहे. एरवी त्याचं काहीच कारण दिसत नाही.

लहान मुलामुलींना शिकार बनवणं यामध्येही जीवशास्त्रीय फायदा काहीच नाही. पण, इथेही या अपरिपक्व मनांना धाकदपटशा दाखवून गप्प बसवणं त्यामानानं सोपं! त्यांची शारीरिक ताकदही कमी, त्यामुळे काही विरोध होण्याचीही शक्यता नाही. मग अल्पवयीन मुलामुलींना बळी केलं जातं, कारण ते जास्त सोपं असतं. उघडकीला येण्याचीही शक्यता कमी असते. सक्षम स्त्रीचा गैरफायदा

ध्यायचा झाला तर धोके अधिक. त्यामुळे नुसत्या कडक कायद्यानं समस्या कमी होते की अधिक गंभीर आणि विकृत होते, हे सांगणं कठीण आहे.

समाजाच्या रोषाची भीती हवी...

कायद्यापेक्षा मानवी मनाला समाजमनाची जास्त पर्वा असते. आणि आजच्या आपल्या समाजाची मूळ समस्या इथेच आहे. बलात्कारी पुरुषाला खरं तर समाजाच्या रोषाची भीती हवी. ते नैसर्गिक आहे. पण आजच्या समाजात सत्तास्थानाच्या जोरावर पुरुषाला त्यातून सुटता येतं. याउलट, बलात्कारित स्त्रीकडे समाज परत नेहमीसारख्या नजरेनं पाहत नाही. या सामाजिक दृष्टिकोनाच्या उत्क्रांतीमागेसुद्धा जीवशास्त्रीय अनिश्चितता आहे. बलात्कारित स्त्रीला कालांतरानं मूल झालं तर ते कुणाचं समजायचं? ते स्वीकारायला कुठला पुरुष तयार होईल? ज्या काळात माणसाच्या पुनरुत्पादन संस्थेविषयी अर्धवट ज्ञान होतं त्या काळात निर्माण झालेले हे प्रघात आहेत. पुरुषाच्या जीवशास्त्रीय अनिश्चिततेमुळे बलात्कारित स्त्रीला तो पत्नी म्हणून स्वीकारत नाही; पर्यायाने समाजच स्वीकारत नाही. शारीरिक आघातापेक्षा हा सामाजिक आघात जास्त गंभीर असतो. आपल्या बदनामीच्या भीतीने पीडित स्त्री तक्रार करायलाही क्वचित जाते. हीच समाजाची सर्वांत मोठी विकृती आहे. समाजाचा निकोप आधार असता तर हा प्रश्न निश्चितच दूर झाला असता.

आदिम मानवी समाजात पुरेसं व्यक्तिस्वातंत्र्य होतं, आणि मुख्य म्हणजे एकमेकांना राखण्याची गरज भासत होती. पुढे सत्ता, संपत्ती, युद्धं आणि गुंडगिरीनं मानवी समाजात शिरकाव केल्यानंतर हा समतोल मोठ्या प्रमाणावर ढासळला. पण, एका वेगळ्या प्रकारे आज परत चित्र बदलत आहे. व्यक्तिस्वातंत्र्य हा परत नव्या समाजाचा मंत्र होत आहे. दुसरी गोष्ट अशी, की मूल कुणाचं असू शकेल याच्या अनिश्चिततेमधून स्त्री-पुरुष नात्यांमधली अनेक प्रकारची गुंतागुंत निर्माण होते. आज तंत्रज्ञानानं या मूळ समस्येवर आपण मात करू शकतो आहोत. त्यामुळे तंत्रज्ञान युगात स्वातंत्र्याच्या आणि समतेच्या नव्या संधी उपलब्ध होत आहेत.

अजून सर्व पातळीवर समता आणि स्वातंत्र्य आलेलं नाही. पण, ते येत नाही तोवर कितीही कायदे केले आणि अंमलबजावणी कडक केली, पुरुषांच्या मानसिकतेवर कितीही जहरी टीका केली, अगदी पुरुषांनी स्त्रीकडे नुसत्या पाहण्यावर किंवा साध्या स्पर्शावरसुद्धा बंदी घातली, तरी लैंगिक शोषण आणि बलात्कार कमी होण्याची शक्यता नाही.

थोडक्यात, प्रकृती काय, विकृती काय हे ओळखून मूळ कारणांकडे दुर्लक्ष करण्याऐवजी ती समजून घेऊन दूर करण्याचा प्रयत्न करणं हाच योग्य मार्ग आहे. लैंगिक शोषण आणि बलात्काराची मूळ कारणं समाजाच्या राजकीय, आर्थिक आणि मानसिक घडणीत आहेत, पुरुषाच्या 'वासने'मध्ये नाहीत. माणसाची उत्क्रांत प्रकृती बदलणं आपल्या हातात नाही. पुरुषाच्या जीवशास्त्रीय प्रवृत्ती बदलणं हे अशक्य आहे. म्हणून केवळ पुरुषाच्या दुष्टपणाला दोष देऊन, जी प्रकृती आहे, तिलाच विकृत ठरवून आणि कायदे करून मूळ प्रश्न दूर होण्यासारखे नाहीत. त्यावर नियंत्रण ठेवणारी सामाजिक परिस्थिती परत आणणं, टप्प्याटप्प्यानं का होईना; पण शक्य आहे. तोच उपाय काम करू शकेल.

वेश्या व्यवसाय : नैतिकता-अनैतिकता

वेश्या व्यवसायाबद्दल आपण असेच मूलभूत प्रश्न विचारू शकतो आणि उत्क्रांतीच्या दृष्टिकोनातून तो कसा दिसतो ते पाहू शकतो. यातलं उत्क्रांत काय, माणसाच्या उपजत प्रकृतीतलं काय, आणि विकृत काय? आज वेश्या व्यवसायातील स्त्रियांची स्थिती सर्वच बाजूंनी अत्यंत वाईट आहे.

गेल्या काही दशकांमध्ये काही स्वयंसेवी संस्थांच्या पुढाकारानं वेश्या आणि खासकरून त्यांची मुलं यांचं आयुष्य जगण्यालायक व्हावं यासाठी बराच प्रयत्न सुरू आहे. आणि बराच असूनही तो अतिशय तोकडा आहे हे आपल्याला उघडच दिसत आहे. ही अशी अवस्था का आहे? त्याचं मूळ, त्याचा इतिहास यावरून त्याचं वर्तमान अधिक चांगलं समजेल का? आणि त्याचं भविष्य काही वेगळं घडू शकेल का?

वेश्या व्यवसाय म्हणजे काय? शरीरविक्रय करून पैसे कमवणं एवढाच त्याचा अर्थ असेल तर त्याला समाज एवढं वाईट का मानतो? पैसे कमवण्याच्या वेगवेगळ्या मार्गांमध्ये शरीराचे इतर अवयव वापरले जातात, इतर कौशल्यं विकली जातात. कुणी स्नायूंची शक्ती विकतो, कुणी कलाकौशल्य, कुणी बुद्धिचातुर्य! या सगळ्यांना समाजात प्रतिष्ठा आहे. बरं, यांपैकी सगळं नैतिकदृष्ट्या योग्य असतंच असंही नाही. गुन्हेगाराची वकिली करण्यासाठी बुद्धिचातुर्य विकणाऱ्या वकिललाही समाजात प्रतिष्ठा आहे. ते अनैतिक मानलंही जात नाही. यौन विक्रयाला मात्र प्रतिष्ठा

नाही. तेच तेवढं अनैतिक मानलं जातं. असं का असावं? हे योग्य आणि तर्कसंगत आहे का?

तर तो अनैतिक कसा?

यातला एक तात्त्विक मुद्दा असा असू शकतो, की वेश्यांनी हा व्यवसाय स्वेच्छेनं निवडलेला नसतो. नाइलाजानं, फसवणुकीमुळे किंवा सक्तीनं त्या त्यात ढकलल्या गेल्या असतात. हे अर्थातच विकृत आहे. पण अशी उदाहरणं आणखीही आहेत. माझ्या एका हुशार मित्राला डॉक्टर होण्यात अजिबात रस नव्हता. पण वडिलांनी त्याला सक्तीनं मेडिकललाच घातलं. हे सक्तीनंच झालं असलं, तरी आपलं 'संस्कारित' मन या दोन उदाहरणांची तुलनासुद्धा करू शकत नाही. म्हणजे साध्या तर्कशास्त्रानं, जर कुणी स्वेच्छेनं, उजळ माथ्यानं दारावर स्वतःची पाटी लावून वेश्या व्यवसाय केला तर तो अनैतिक मानला जाण्याचं तत्त्वतः काही कारण नाही, असं म्हटलं पाहिजे. हे नवीन नाही.

इतिहासकथांमधल्या गणिका पाहिल्या तर त्यांची स्थिती आजच्या तुलनेत खूप चांगली होती असं दिसतं. आम्रपालीसारख्या कथांमध्ये गणिका श्रीमंत होत्या आणि स्वतःचे व्यवहार स्वतःच सांभाळत होत्या. प्रसंगी त्यांच्या हाताखाली नोकरचाकर होते. ग्राहकाला स्वीकारणं-नाकारणं याचं त्यांना स्वातंत्र्य होतं असं दिसतं. त्या पूर्णतः स्वेच्छेनं या व्यवसायात आल्या की नाही, ते ठरवणं सोपं नाही. पण व्यावसायिक स्वातंत्र्य आणि काहीएक सामाजिक स्थान त्यांना निश्चितच होतं, आणि ते आजच्या तुलनेत खूपच वरच्या दर्जांचं होतं. हे मला सक्तीनं डॉक्टर झालेल्या; पण नंतर इमानेइतबारे वैद्यकीय व्यवसाय केलेल्या माझ्या त्या मित्राशी तुलना करण्यायोग्य वाटतं. व्यवसायाच्या प्रतिष्ठांमध्ये सोनारा-लोहारामध्ये जसा थोडाफार कमीजास्त दर्जा असतो तसा थोडाफार राहणारच. पण बाकी सगळे व्यावसायिक उजळ माथ्यानं सगळे व्यवहार करतात; मग वेश्या व्यवसायालाच अनैतिक समजण्याचं काय कारण? मुख्य फरक कुठे आहे?

बहुतेक देशांमध्ये कायद्यानंसुद्धा वेश्या व्यवसाय हा गुन्हा नाही, तर वेश्येची दलाली हा गुन्हा आहे. काही प्रगत देशांमध्ये वेश्यागमन करणारा गुन्हेगार आहे; पण वेश्या गुन्हेगार न ठरता ती परिस्थितीचा बळी मानली जाते. यामागे असं गृहीत आहे, की स्त्री कधीही स्वेच्छेनं या व्यवसायात येणार नाही, आली तर ती परिस्थितीचा बळी म्हणूनच येईल. ही गोष्टसुद्धा पूर्णपणे खरी आहे का? वेश्या व्यवसाय हा पूर्णपणे पुरुषी वासनांवरच चालतो आणि स्त्री ही फक्त बळीच असू शकते, हे समजुतीचं एक टोक झालं. मुळात स्त्री-पुरुषांमध्ये जी जीवशास्त्रीय असमानता आहे, त्यामुळे स्त्री-वेश्यांचं प्रमाण पुरुष-वेश्यांच्या प्रमाणापेक्षा बरंच जास्त आहे. किंबहुना, पुरुष-वेश्यांबद्दल आपण काही बोलतच नाही आहोत. ही टोकाची भूमिकाही वस्तुस्थितीला धरून नाही.

प्राणी आणि पक्षी यांच्यामध्ये जिथे जोडीनं संसार करतात अशा जातींमध्येसुद्धा अनेकदा 'विवाहबाह्य' संबंध असलेले दिसतात; आणि ते कित्येकदा मादीच्या पुढाकारानं सुरू होतात, हे मागच्या एका प्रकरणात आपण काहीशा विस्तारानं पाहिलं आहे. म्हणजे, जीवशास्त्रीय असमानता असली तरी ही प्रेरणा फक्त नरांमध्येच असते हे जीवशास्त्रीयदृष्ट्या सत्य नाही.

अनेक माद्यांशी जुगण्यामुळे नराला होणाऱ्या पिल्लांची संख्या वाढते, हा जीवशास्त्रीय फायदा मादीला नाही. असं असूनही अनेकदा मादी अनेक नरांशी जुगण्यात रस का दाखवते? याचा काही अभ्यासकांनी लावलेला अर्थ असा, की अनेक नरांशी संबंध ठेवल्याचे मादीला अप्रत्यक्ष फायदे मिळतात; ते अन्न, संरक्षण अथवा इतर स्वरूपाचे असतात. किमान काही जातींमध्ये तरी असे फायदे दाखवून दिले गेले आहेत.

प्राण्यांमध्ये पैसा नसतो. पण असे फायदे हे माणसातल्या आर्थिक फायद्यासारखेच समजले पाहिजेत. म्हणजे आर्थिक फायद्यासाठी मादीनं सेक्सचा वापर करणं ही गोष्ट फक्त माणसातच असते, अशी वस्तुस्थिती नाही. आणि मादी स्वेच्छेनं ते करत असल्यामुळे त्याला अनैतिक मानण्याचीही गरज नाही. अशा फायद्यासाठी पिल्लांची संख्या वाढत नसतानाही मादीनं अनेक नरांशी जुगण्यात पुढाकार घेणं अनेक जातींमध्ये नोंदलं गेलं आहे. अनैतिक नसलेल्या वेश्या व्यवसायाचं मूळ असं जीवशास्त्रातच आहे.

लैंगिकतेचे व्यावहारिक फायदे

लैंगिक गोष्टींचे इतर व्यावहारिक फायदे मिळवणं ही गोष्ट माणसामध्येही प्राचीन कालापासून आहे. ते जर स्वेच्छेनं असेल तर ते नैतिक स्वरूपाच्या वेश्या व्यवसायाचं सूक्ष्म स्वरूप आहे. ही गोष्ट आजच्या समाजानंही स्वीकारली आहे. मॉडेलिंग, सौंदर्याचा - शारीरिक आकर्षकतेचा जाहिरातींसाठी उपयोग हे यातच येतात. हे समाजमान्य आहेत; तर मग वेश्या व्यवसायावर अजून अनैतिकतेचा शिक्का का आहे?

जीवशास्त्र आणि अर्थशास्त्र यांच्या संगमात या प्रश्नाचं संभाव्य उत्तर आहे. अनेकांशी लैंगिक संबंध ठेवण्याची प्रवृत्ती दोघांमध्येही उत्क्रांत झालेली असली तरी स्त्री-पुरुषांत प्रमाणाचा फरक नक्कीच आहे. ही प्रवृत्ती दोघांमध्येही असते. पण पुरुषांमध्ये जीवशास्त्रीयदृष्ट्याच ती बऱ्याच अधिक प्रमाणात असते. दुसरीकडे माणसाच्या मुलाचं दीर्घकालाचं परावलंबित्व विवाहाची आवश्यकताही निर्माण करतं. त्याहून स्थावर संपत्ती आणि वारसाहक्काच्या कायद्यांनी विवाहाचं स्वरूप आणखी बदललं आहे. पण, हा बदल जीवशास्त्रीय नाही. यातून जो प्रेरणांचा आतंरिक संघर्ष निर्माण होतो, त्यातून पुरुष-वेश्यांपेक्षा स्त्री-वेश्यांची गरज अनेक पटींनी अधिक असते. स्वेच्छेनं अनेकविध संबंधांची इच्छा असलेल्या स्त्रियांची संख्या मात्र कमी; म्हणजे मागणीपेक्षा पुरवठा कमी. मग मागणी आणि पुरवठ्यातल्या फरकापायी असंतुलित बाजार निर्माण होतो. त्यामुळे मागणी भागवण्यासाठी इतर मार्गांचा अवलंब करणे भाग पडते. अर्थकारणात जेव्हा मागणी-पुरवठ्यात तफावत येते तेव्हा दोन गोष्टी संभवतात. एक तर, मागणी असलेल्या दुर्मीळ गोष्टींची किंमत वाढते किंवा दुसरं म्हणजे, त्याचा चोरटा व्यवहार सुरू होतो. खुली बाजार व्यवस्था असेल तर पहिल्या पर्यायाची संभाव्यता अधिक असते. कायद्याची किंवा समाजाची बंधनं कडक असतील तर दुसऱ्या पर्यायाची संभाव्यता वाढते. नेमकी हीच गोष्ट आज या बाबतीत झालेली दिसते.

आपली कारणमीमांसा बरोबर असेल तर त्यावर उपाय सापडणं सोपं आहे. तीन संभाव्य मार्ग असू शकतात. एक म्हणजे, समाजातील गरजच कमी केली तर मागणी-पुरवठ्यातलं असंतुलन कमी होईल. हा प्रयत्न आजवर सगळ्या धर्मशास्त्रांनी आणि नीतिशास्त्रांनी केला आहे. त्याचं यश मात्र फारच मर्यादित आहे. कारण हे माणसाच्या उत्क्रांत प्रेरणेच्या विरुद्ध आहे.

कायद्यानं नियंत्रण

दुसरा उपाय, कायद्यानं बाजार नियंत्रित करणं. हाही उपाय फसलेलाच दिसतो. आजवर जगातल्या कोणत्याही कायद्याला वेश्या व्यवसायापासून मुक्त समाज निर्माण करता आलेला नाही. तेव्हा, तिसऱ्या उपायाला यश मिळण्याची शक्यता निश्चितच जास्त आहे. तो म्हणजे बाजार खुला करणं.

बाजार खुला करणं म्हणजे वेश्या व्यवसायाला कायदेशीर मान्यता आणि काही किमान सामाजिक प्रतिष्ठा बहाल करणं. आपल्याला असं वाटेल, की या बाजारामध्ये कदाचित खूप कमी स्त्रिया स्वेच्छेनं उतरतील किंवा कुणीच उतरणार नाही. पण, ही समजूत चुकीची ठरेल. याची दोन कारणं आहेत. एक म्हणजे, माणसामधलं उत्क्रांत व्यक्तिवैविध्य, ज्यामुळे सर्व समाजांत सर्व काळी सर्व प्रकारच्या व्यक्ती असतातच. दुसरं म्हणजे, समजा, अशा स्त्रिया अगदी अपवादात्मक असल्या तर मागणी-पुरवठ्याच्या गणितामुळे त्यांना भरपूर डिमांड मिळेल. स्वेच्छेनं यात येऊन पैसा आणि प्रतिष्ठा मिळत असेल तर चित्र काही प्रमाणात तरी बदलेलच. तसं झालं तर आपोआपच दलाली, सक्ती आणि मानवी तस्करी (human trafficking) बंदच पडेल. थोडक्यात, बाजार खुला झाला तर वेश्या व्यवसाय विकृतीकडून स्वेच्छेकडे म्हणजे प्रकृतीकडे जाईल.

वेश्या व्यवसाय नैतिकसुद्धा!

आजचा आणखी एक अनुकूल बदल म्हणजे आधुनिक वैद्यकीयशास्त्राने आणि तंत्रज्ञानाने नैतिक वेश्या व्यवसायाच्या मार्गातले महत्त्वाचे अडथळे दूर केले आहेत. एक म्हणजे, लैंगिक संबंधातून पसरू शकणारे रोग. यांना समजून घेऊन योग्य मार्गांनी आपण आज त्यांना दूर ठेवू शकतो. दुसरा, गर्भधारणेवर नियंत्रण, वेश्या व्यवसाय खूप जुना असल्यामुळे गर्भधारणा रोखण्यासाठी पूर्वीपासून काहीतरी झाडपाल्याचे, क्रूड किंवा अघोरी उपाय केले जात असणारच. आज मात्र ते अगदी सोपे आणि सुरक्षित बनले आहेत. खरं तर वेश्या व्यवसाय अनैतिक समजला जाण्यामागे जननेंद्रियं आणि गर्भधारणेविषयी अर्धवट ज्ञान आणि नियंत्रणाचा अभाव मोठ्या प्रमाणावर कारणीभूत आहेत. आज हीच कारणं जवळपास पूर्णपणे दूर झाली आहेत. त्यामुळे न्याय्य आणि नैतिक वेश्या व्यवसायाकडची वाटचाल सुलभ झाली आहे.

अधिक न्याय्य आणि नैतिक वेश्या व्यवसाय कसा दिसेल? मुळात आपण ही समाजाची गरज म्हणून ते खुलेआम मान्य करणं ही पहिली पायरी. प्रमाणात फरक राहणार असला तरी मागणीप्रमाणे स्त्री आणि पुरुष वेश्यांची उपलब्धता असणं ही दुसरी. स्त्री-पुरुष दोघांच्याही स्वभावात व्यक्तिवैविध्य असतंच. त्यामुळे स्वभावाचा कल पाहून योग्य स्वभावाच्या व्यक्तींनंच या व्यवसायात शिरणं हे महत्त्वाचं. काही व्यक्तींचा असा स्वभाव असणं नैसर्गिक आहे. लैंगिक व्यवहारांमध्ये व्यक्तिवैविध्य का उत्क्रांत झालं आहे, हे आपण मागे विस्तारानं पाहिलं आहे. सर्व प्रकारचे स्वभाव पुरुष आणि स्त्री दोघांमध्येही असतात. प्रमाणात फरक असतो इतकंच. म्हणून योग्य स्वभावाच्या व्यक्ती या व्यवसायासाठी उपलब्ध होणं अशक्य नाही. पुढे ग्राहक म्हणून येणाऱ्या व्यक्तीला स्वीकारण्याचे किंवा नाकारण्याचे हक्क त्यांना असणं; आपला व्यवसाय अधिक चांगला करण्यासाठी जसे इतर व्यावसायिक कष्ट घेतात तसेच याही व्यावसायिकांनी घेणं; आणि त्यातून सुरक्षित, आनंददायी, प्रगल्भ सेवा उपभोक्त्याला प्राप्त करून देणं शक्य आहे.

हर्मन हेस या जर्मन लेखकाच्या 'सिद्धार्थ' या कादंबरीतलं 'कमला' हे पात्र आठवतं. कमलाकडे जाऊन सिद्धार्थ आयुष्याविषयी अनेक गोष्टी शिकतो, अधिक प्रगल्भ होतो. तो फक्त शरीराचा उपभोग घेत नाही, तर कमला त्याला त्या अनुषंगानं येणाऱ्या अनेक गोष्टी शिकवते. यात कमलाची प्रगल्भता, स्वातंत्र्य हे सगळंच जाणवून जातं. कादंबरीतच दिसणारी प्रगल्भ गणिका प्रत्यक्षात येणं अशक्य का असावं?

समलिंगी संबंधांबाबत...

समाजातल्या आणखी काही गोष्टी अशा आहेत, की त्यांचे नीट अर्थ लावणं अवघडच आहे. समलैंगिक संबंध हे त्याचं ठळक उदाहरण. हा निव्वळ दुराचार आहे, या भूमिकेतून समाज थोडा पुढे नक्कीच गेला आहे. यामागचं जीवशास्त्र आणि मानसशास्त्र अजूनही नीट समजलं आहे असं मात्र वाटत नाही.

प्राण्यांमध्ये कधी-कधी नर-नरांमध्ये जुगण्यासारखे संबंध दिसतात. पण त्याचे खूप वेगळे अर्थ प्राणिमानसशास्त्रानं लावले आहेत. माणसातल्या समलिंगी संबंधाशी त्याचं प्रत्यक्ष नातं दिसत नाही. उत्क्रांतीच्या दृष्टिकोनातून तर हे एक मोठंच कोडं आहे. कारण ज्या वर्तनानं आपले जनुक पुढच्या पिढीत जाणार नाहीत, ते उत्क्रांतीत टिकणार कसं? समलिंगी संबंधात पिल्लं होण्याची शक्यताच नसल्यामुळे हे वर्तन उत्क्रांतीमध्ये टिकेल कसं?

उंदरांवरच्या काही प्रयोगात असं दिसलं आहे, की काही संप्रेरकांमध्ये प्रयोगकर्त्यांनं काही विशिष्ट बदल केले तेव्हा नर मादीप्रमाणे किंवा माद्या नरांप्रमाणे वागू लागल्या. माणसाची जीवनशैली बदलल्यामुळे माणसाच्या संप्रेरकांच्या प्रमाणात जे बदल घडत आहेत, त्यामुळे मनोप्रवृत्ती समलिंगी होण्याचा कल वाढत आहे, असा एक तर्क करता येईल. पण, त्याला अजून सज्जड पुरावा नाही.

एक मात्र नक्की, की हे अनैतिक वर्तन नसून तो त्या व्यक्तीच्या प्रेरणांचा भाग आहे. म्हणून त्याला 'अनैतिक', 'त्याज्य', 'गुन्हा' असं काही रूप देता कामा नये. या व्यक्तींना इतर व्यक्तींच्या बरोबरीनंच वागवलं गेलं पाहिजे. आपण समलिंगी आहोत हे लपवून ठेवण्याची गरज भासता कामा नये. हीच गोष्ट तृतीयपंथींनाही लागू होते. त्यांचं बाकी सर्व जीवन इतरांसारखंच गेलं पाहिजे. शिक्षण, नोकरी, व्यवसाय, क्रीडा, कला यांच्यात इतरांइतकाच मुक्तपणे सहभाग घेता आला पाहिजे.

एखादी परिचित गोष्टसुद्धा वेगळ्या दृष्टिकोनातून पाहिली तर खूप वेगळी दिसते आणि तिची आधी न दिसलेली वैशिष्ट्ये दिसू लागतात. वेगळ्या नजरेनं बघताना बऱ्याचदा आपले पायाभूत विचार इतके हलवले जातात, की आपली पहिली प्रतिक्रिया हा दृष्टिकोन नाकारण्याचीच असते. पण कुठेतरी आपणही आपल्या नकळत त्या नवीन दृष्टिकोनाचा विचार करू लागतो. आधी अमान्य करण्यासाठींच भक्कम कारणं शोधतो; आणि कधी-कधी ती शोधताशोधता तो दृष्टिकोन मान्य करण्यापर्यंतही पोहोचतो, तर कधी त्यातून अजून नवीन दृष्टिकोनाची निर्मितीही होते. समाजानं विकृत, अनैतिक किंवा गुन्हाच मानलेल्या अनेक गोष्टींकडे वेगळ्या दृष्टिकोनातून पाहण्याची वेळ आली आहे. आणि आजच्या समाजात ही प्रक्रिया वेगवेगळ्या पातळीवर सुरूही झाली आहे.

१५.
उद्याची वाट...

इतिहास नीट समजला तर भविष्याचा थोडाफार अंदाज लावता यायला पाहिजे. 'इतिहास काय घडला' हे शिकून असं करता येत नाही; पण 'इतिहास कसा घडतो' हे शिकता आलं तर भविष्याविषयी थोडंफार तरी बोलता येणं शक्य आहे. कारण इतिहासाच्या घटना नसल्या तरी इतिहासाची तत्त्वं भविष्यालाही लागू असतात. आपण स्त्री-पुरुष संबंधांचा इतिहास पाहिला तो घटनांसाठी नाही, तर तत्त्वांसाठी! मुख्य तत्त्वं अशी...

माणसाच्या भावभावना विशिष्ट परिस्थितीत उत्क्रांत झालेल्या आहेत. त्यांना प्राण्यांसारखीच उत्क्रांतीची तत्त्वं लागू होतात. आज आपली परिस्थिती, आपला समाज, आपली नीती, आपले कायदे बदलले असले तरी आपल्या मूलभूत भावना बदललेल्या नाहीत. या मूलभूत भावना आणि काळाबरोबर बदलत जाणारी राजकीय, आर्थिक, सामाजिक, धार्मिक परिस्थिती यांच्या परस्परसंबंधांमधून स्त्री-पुरुष नात्यांचे धागे विणले जातात. सामाजिक आणि धार्मिक नीतिनियमांची चौकटसुद्धा या प्रक्रियेमधून घडलेली असते. कुणी एक प्रेषित येऊन नीतीचे नियम सांगतो आणि समाज त्याप्रमाणे वागू लागतो असं नसतं. इतिहासाच्या प्रक्रियेतूनच ते घडतात. पण, याचा अर्थ आपण नेहमी इतिहासाला शरण गेलंच पाहिजे असं नाही.

नैतिक व न्याय व्यवस्था

माणसाला आपल्या उत्क्रांत भावनांवर ताबा ठेवून आपल्या विवेक-विचारांप्रमाणे वागणं शक्य आहे. त्यासाठी उत्क्रांत काय आहे, इतिहासातून काय आणि का आलं

आहे, आणि ते तसं का आहे हे समजून घेणं आवश्यक आहे. आपल्या सगळ्याच भावना आणि वागणूक या जीवशास्त्रीय आणि सांस्कृतिक उत्क्रांतीमधून आल्या आहेत. त्यात जसं प्रेम उत्क्रांत झालं तशी हिंसाही, प्रामाणिकपणा तशी लबाडीही, न्याय तसा अन्यायही! उत्क्रांती जनुकीय स्वार्थावर चालत असली तरी त्यातूनच उच्च दर्जाचं समाजजीवनही निर्माण होतं, स्वार्थाच्या गणितातूनच स्वार्थत्याग आणि निरपेक्ष प्रेमही येतं. पण, ते एकटं येत नाही. कुणीतरी त्याचा बुरखा पांघरून फसवणूक करणाराही येतो. त्याची उत्क्रांतीही तितकीच नैसर्गिक आणि अपरिहार्य आहे. माणसाच्या नैसर्गिक भावना आणि वागणूक नाकारून आपण काही दिव्य, न्याय्य, प्रामाणिक, आदर्श भावनांचं नवं विश्व निर्माण नाही करू शकणार. त्यापेक्षा आहे त्या वस्तुस्थितीला स्वीकारून आणि समजून घेऊन त्यातल्या त्यात चांगली, न्याय्य आणि विषमता कमी करणारी व्यवस्था कशी आणता येईल, त्याचा प्रयत्न नक्की करू शकतो.

पारंपरिक व्यवस्थेतही दोष

पारंपरिक व्यवस्थेतले अनेक दोष झटकून नवी व्यवस्था उभारायला आजचा काळ अनेक प्रकारे अनुकूल आहे. फक्त त्यासाठी आपल्याला सर्व पूर्वग्रह बाजूला ठेवून नव्यानं विचार करावा लागेल. स्त्री-पुरुष संबंधांमधली जटिलता ही बरीचशी पुरुषाच्या जीवशास्त्रीय असुरक्षिततेमधून आली आहे, हे आपण अनेक संदर्भांत पाहिलं. आपले जनुक अधिकाधिक प्रमाणात पुढच्या पिढीत पोहोचावेत, म्हणजे जास्तीत जास्त पिल्लं व्हावीत आणि जगावीत, ही उत्क्रांतीची अगदी मूलभूत प्रेरणा. त्यामुळे आपण एखाद्या पिल्लामध्ये आपल्या कष्टांची, वेळेची, साधनांची गुंतवणूक करत असू तर ते मूल आपलंच असलं पाहिजे, आणि त्याची खात्री करण्यासाठी आपल्या स्त्रीवर बंधनं घातली पाहिजेत, तिचं इतर नरांपासून रक्षण केलं पाहिजे, ही मूळ भावना. त्याला राजकीय, सामाजिक, आर्थिक परिस्थितीनुसार वेगवेगळे रंग येत गेले.

आज आपली स्थिती यापेक्षा खूपच वेगळी आहे.

एक तर, संतती कमीच असणं हे सूत्र आपण स्वीकारलं आहे.

दुसरं म्हणजे, गर्भधारणेवर आपलं नियंत्रण आहे.

तिसरं म्हणजे, 'मूल कोणाचं?' हे कोही तपासण्या वा चाचण्या करून निश्चित करणं अवघड राहिलेलं नाही.

थोडक्यात, जी पुरुषाची जीवशास्त्रीय अनिश्चितता सगळ्या गोंधळाचं मूळ होती तिचंच मूळ तंत्रज्ञानानं उखडलं आहे. त्यामुळे स्त्री-पुरुष संबंधातील सगळी गुंतागुंत आता खरं तर संपली पाहिजे.

प्रत्यक्षात ती इतक्या सहजासहजी संपणार नाही. कारण आपल्या उत्क्रांत भावना आपण नाहीशा करू शकत नाही. त्यांना वळण देऊ शकतो किंवा आवर घालू शकतो. पुरुषाच्या असुरक्षिततेमुळे अनेक मानवी भावना उत्क्रांत झाल्या आहेत. आपल्या नीती-अनीतीच्या अनेक कल्पना आणि सामाजिक बंधनं या असुरक्षिततेमुळे तयार झाली आहेत, त्या ती असुरक्षितता कमी झाली तरी एकाएकी नाहीशा होणार नाहीत. प्रेमाबरोबर येणारी मालकीची भावना, मत्सर, संशय हे मनात निर्माण होणार हे साहजिक आहे. पण त्याचं मूळ काय आहे? आजची स्थिती कशी आहे? संशयाचं खरं कारण राहिलं आहे का? यांचा नीट विचार करून आपल्याच भावनांवर चांगलं नियंत्रण ठेवणं शक्य आहे. एकमेकांशी खुली चर्चा करून मनं साफ ठेवणं शक्य आहे. नैतिक-अनैतिकतेच्या कालबाह्य कल्पनांना मधे न आणता एकमेकांच्या भावना समजून घेणं शक्य आहे.

नीतिनियम त्रिकालाबाधित नाहीत

मुळात नीतिनियम विशिष्ट परिस्थितीत बनलेले आहेत, ते त्रिकालाबाधित नाहीत. समाज बदलतो तसे ते बदलतात, त्यामागे काही कारणमीमांसा असते, हे आपण पाहिलं. आज समाज झपाट्यानं बदलतो आहे आणि तितक्या झपाट्यानं आपल्या नीतीच्या कल्पना बदलत नाहीयेत, हे आजच्या संघर्षाचं महत्त्वाचं कारण आहे. उद्याच्या समाजाचे नीतिनियम कसे असले पाहिजेत? काही अगदी कमीत कमी आणि मूलभूत नीतितत्त्वे ठेवली तर चांगला समाज उभा करायला तेवढी पुरेशी आहेत. स्त्री-पुरुष नात्यांच्या संदर्भात व्यक्तीचं स्वातंत्र्य, आणि संधीची समता ही दोन तत्त्वं आवश्यकही आहेत आणि पुरेशीही आहेत. व्यक्तीच्या स्वातंत्र्याची मर्यादा ही, की एकाच्या वागण्यामुळे दुसऱ्याच्या स्वातंत्र्यावर गदा येत नाही, दुसऱ्यावर एखादी गोष्ट सक्तीनं लादली जात नाही. स्त्री-पुरुष समतेबद्दल बरंच बोललं गेलं आहे आणि जात आहे.

निसर्गतः स्त्री-पुरुषांच्या स्वभावात काय साम्य, काय भेद आहेत, हे आपण अनेकदा पाहिलं आहे. जे नैसर्गिक फरक आहेत ते राहणार, ते बळेच पुसून टाकण्याचं कारण नाही. पण त्याचा साचा बनवण्याचंही कारण नाही.

निसर्गत: लहानपणी मुलग्यांना गाडी, विमानं, डायनासोरशी खेळायला जास्त आवडलं, आणि मुलींना बाहुल्या आणि भातुकली जास्त आवडली, तर त्यात काही गैर नाही. पण, 'तू मुलगा असून भातुकली काय खेळतोस' किंवा 'मुलगी असून बंदुकीशी काय खेळतेस' असं म्हणणं ही सक्ती झाली.

एखाद्या मुलीला साहसी आणि मारामारीचे खेळ आवडत असले किंवा मुलाला बाहुलीशी खेळायला आवडत असलं तर ते त्यांचं स्वातंत्र्य आहे. त्यात अनैसर्गिक किंवा गैर काहीच नाही. मुलांचे किंवा मुलींचे स्टीरिओटाईप नाही बनवले म्हणजे झालं. मग प्रत्येकाला आपली आवड जोपासण्याचं स्वातंत्र्य मिळेल. ते मिळालं तर जेवढे फरक नैसर्गिक आहेत तेवढेच राहतील. लादले गेलेले फरक आपोआपच कमी होत जातील.

व्यक्तीचं स्वातंत्र्य हे एक तत्त्व स्वीकारलं, तर समता हे तत्त्व वेगळं स्वीकारण्याची आवश्यकताच नाही. 'संधीची समता' असा शब्द वापरला तर तो पुरेसा आहे आणि तो व्यक्तीच्या स्वातंत्र्याचाच भाग आहे. ते वेगळं तत्त्व म्हणण्याचीही आवश्यकता नाही. त्यामुळे व्यक्तीच्या स्वातंत्र्याचं तत्त्व चांगलं मुरवलं तर इतर कुठल्याच तत्त्वाची सार्वत्रिक गरज राहणार नाही. उलट, इतर कुठलीही गोष्ट सार्वत्रिक करण्याचा प्रयत्न कुणा ना कुणावर तरी अन्याय करणाराच ठरेल.

आत्तापर्यंत समाज, धर्म, पंथ यांचे नीतिनियम बनवण्यात एक मोठी चूक होत आली आहे. ती म्हणजे, सर्वांसाठी एकच साचेबद्ध वा एकसुरी पद्धत (स्टीरिओटाईप) असल्याचं गृहीत धरलं गेलं. उत्क्रांतीच्या विचारात काही काळ पुरुषाच्या स्वभावाचा एक आणि स्त्रीच्या स्वभावाचा एक असे दोन स्टीरिओटाईप उत्क्रांत झाल्याचा सिद्धान्त मांडला गेला. पुढे तो खोडूनही काढला गेला. स्वभावतःच काही व्यक्ती प्रेमामध्ये एकनिष्ठ असतात, काही नसतात. काही अधिक भावुक, काही व्यावहारिक असतात. हे व्यक्तिवैविध्य उत्क्रांतीनंच आणलं आहे, असा उत्क्रांतिशास्त्राचा आधुनिक विचार आहे.

सर्वांसाठी एकच आदर्श असणं आणि सर्वांनी तो पाळण्याचा आग्रह धरणं ही नीतिशास्त्राची मोठी चूक आहे. ज्यांच्या स्वभावात आणि समाजाच्या आदर्शांमध्ये मोठा फरक असतो, त्यांना मोठ्या मानसिक संघर्षाचा सामना करावा लागतो. ही गोष्ट टाळता येण्यासारखी आहे आणि ती टाळण्याचे मार्ग शोधले पाहिजेत.

स्वतःला समजून घेणं, त्याप्रमाणे अनुरूप आणि समविचारी जोडीदाराची निवड डोळसपणे करणं आणि मग पारदर्शक जीवन जगणं हा उत्तम मार्ग असू शकतो. लग्नाचं वय आता वाढत आहे. साक्षरता, शिक्षण, माहिती आणि विचारवाङ्‌मयाची उपलब्धताही वाढत आहे, त्यामुळे तोपर्यंत जोडीदाराची निवड आणि सहजीवनाचं स्वरूप याची डोळसपणे निवड करता येण्याइतकी विचारांची प्रगल्भता येण्याची अपेक्षा करणं अनाठायी ठरणार नाही.

स्त्री-पुरुष नातेसंबंध बदलणारच

पुढच्या पिढीचे स्त्री-पुरुष नातेसंबंधांबद्दलचे विचार आत्ताच खूप बदललेले आहेत आणि ते आणखीन बदलणार. त्यात अधिक खुलेपणा आणि प्रामाणिकपणा येत आहे. लिव्ह इन, पॉलीअमोरी, ओपन मॅरेज, कॉन्ट्रॅक्ट मॅरेज यांसारख्या संकल्पना त्यांना किमान विचारात घेण्यासारख्या आणि कदाचित प्रत्यक्षात आणण्यासारख्यासुद्धा वाटतात. यांसारख्या संकल्पनांमुळे समाजात सर्वत्र अनाचार माजेल हे जुन्या पिढीचं भय फारसं खरं नाही. कारण एकनिष्ठ प्रेमसुद्धा माणसाच्या स्वभावात आहेच आणि अनेक जण तसे वागत राहणारच. फक्त एकाचा आदर्श सर्वांवर थोपण्यापेक्षा आपला स्वभाव ओळखून आपली जीवनपद्धती निवडण्याचं स्वातंत्र्य उद्याच्या पिढीत प्रत्येकाला असलं पाहिजे.

थोडक्यात, दुसऱ्याच्या स्वातंत्र्यावर आक्रमण न करण्याचं मुख्य तत्त्व पाळून नीतिमत्तेचं अधिक खुलं आणि व्यक्तिवैविध्य जपणारं चित्र उभं करणं शक्य आहे. या चित्रात एकाच पद्धतीचं सहजीवन असण्याची, एकाच साच्यातील प्रेमसंबंध असण्याची गरज नाही. आपला स्वभाव आपण ओळखून त्याप्रमाणे आपला मार्ग निवडावा, त्याबद्दल पारदर्शकता असावी. म्हणजे, आपल्यासारख्याच विचारांचा जोडीदार शोधणं शक्य होईल.

विवाह हा सहजीवनाचा एकमेव मार्ग नाही, हे नव्या पिढीनं बऱ्याच अंशी स्वीकारलेलंच आहे. इतर मार्ग, इतर मॉडेल रूढ होतच आहेत. यातून विवाहसंस्था

नाहीशी होईल का ? तर, नाही. माणसाला आपल्या स्वभावाप्रमाणे निवड करण्याची परिपक्वता असेल तर अनेक जण विवाहमार्ग आपखुशीने स्वीकारतील. कारण मुलांच्या संगोपनासाठी ते मॉडेल अजूनही सर्वांत चांगलं आहे. ज्यांना मूल होण्याची - असण्याची - वाढवण्याची आवड आहे, त्यासाठी इतर अनेक गोष्टींबाबत तडजोड असण्याची तयारी आहे, ती जोडपी आपण होऊन तो मार्ग स्वीकारतील.

अनेक-शेजी चूक नाही

पारंपरिक संपत्तीची मालकी आणि वारसा याची व्यवस्थाही विवाहसंस्थेबरोबर बांधली गेली आहे. याचा संबंधही मुलं होण्याशी आहेच. त्यामुळे विवाहसंस्था मध्यवर्ती आपोआपच राहील. पण इतर मॉडेल सहजतेनं उपलब्ध असली पाहिजेत आणि ती निवडण्याचं स्वातंत्र्यही असलं पाहिजे, अशी पुढच्या पिढीची धारणा असेल आणि असली पाहिजे. प्रत्येक मॉडेल प्रेमाच्या एकनिष्ठतेवरच आधारित असेल असं नाही. अनेक-शेजी असण्यात निसर्गतः काही चूक नाही. ते माणसाच्या स्वभावात आहे आणि या बाबतीत व्यक्तिगणिक फरक आहेत, सगळे एकसारखे नाहीत. त्यामुळे इथेही वेगवेगळी मॉडेल अस्तित्वात येणार आणि येणं योग्यच राहील.

त्याचबरोबर मूल होऊ देण्याचा आणि झाल्यावर त्याची शारीरिक - मानसिक - भावनिक घडण चांगली व्हावी यासाठी आपल्या स्वभावाशी, आपल्या आवडीशी आवश्यक तिथे तडजोड करण्याचा विवेकही असायला हवा. निसर्गतः तो अनेकांचा असेलही. तो नसेल तर संततीच्या भानगडीत पडू नये. मूल नसण्यात काही कमीपणा आहे, हा विचार आता कालबाह्य झालेलाच आहे, आणि आजच्या वैद्यकशास्त्रामुळे हे स्वातंत्र्य आपल्याला उपलब्ध आहे. पण, मूल असण्यात एक नैसर्गिक ओढ, आनंद, आव्हान आहेच, त्यामुळे अनेक जोडपी आपखुशीनं हा मार्ग स्वीकारतीलच. आपल्याला असलेल्या पर्यायांचा विचारपूर्वक लाभ घेता येण्याची क्षमता माणसाच्या स्वभावाची उत्क्रांती आणि इतिहासाच्या अभ्यासातून येऊ शकते आणि म्हणून त्याचं महत्त्व आहे.

चांगल्या आयुष्याच्या मनोभूमिकेसाठी...

या पुस्तकाचा प्रपंच ही विचारपद्धत आणि अभ्यासाची आवश्यकता स्पष्ट करण्याचा आहे. मुळात माणसाची नाती, त्यांतला आनंद आणि त्यातल्या समस्या यात इतके बारकावे आहेत, की त्यासाठी मोठमोठे ग्रंथही कमी पडतील.

अंतिम सत्य सांगण्याचा या पुस्तकाचा दावा नाही. त्यांतल्या एकेका पैलूबद्दल खोलवरचे अभ्यास शक्य आहेत, आवश्यक आहेत आणि तसे सुरू झालेही आहेतच. हे अभ्यास केवळ प्रबंध आणि विद्यापीठं यांच्यापुरते मर्यादित न राहता सामान्य माणसाला अधिक चांगलं आयुष्य उभं करायला उपयोगी पडावेत, अशी मनोभूमिका तयार करण्याचा प्रयत्न हा याचा उद्देश असणं मात्र नक्कीच व्यवहार्य आहे. ही अपेक्षा या पुस्तकानं काही प्रमाणात पूर्ण केली, तर त्याचा उद्देश सफल झाला असं नक्कीच म्हणता येईल.